Blučina in Mähren
Mušov –
Dolni Věstonice
Mikulčice
im oberen Marchtal
CSSR
Pollauerberge
Fluß Thaya
Drasenhofen
Laa an der Thaya
Bernhartsthal
Poysdorf
Horn
Eggenburg
Asparn/Zaya
Kamptal
Gars/Tunau
Leiserberge
Maissau
Plank am Kamp
Ernstbrunn
Manhartsberg
March
Gföhler Wald
Schönberg/Kamp
Großmugl
Krems
eich
Mautern
Traismauer
Leopoldau (Wien Floridsdorf)
Zwentendorf
Tulln
Zeiselmauer
Klosterneuburg
Tullnerfeld
St. Pölten
Wienerwald
Untersiebenbrunn
rtsgebiet Linz
Melk
Wien
Hainburg
nell/Carnuntum
Mödling
Guntra
Leitha
Niederösterreic
Enns
Neusiedler See
Eisenstadt
Katzelsdorf
Pitten
Zillingtal
Ungarn
Graz
△ Ausgrabungsstätten

Die vielen Väter Österreichs: Herwig Friesinger, Brigitte Vacha

*„Im Grunde aber sind wir alle*
*kollektive Wesen, wir mögen uns stellen, wie*
*wir wollen. Denn wie Weniges haben wir und sind wir,*
*was wir im reinsten Sinn unser Eigentum nennen!*
*Wir müssen alle empfangen und lernen, sowohl von*
*denen, die vor uns waren, als von denen,*
*die mit uns sind . . .“*

J. W. Goethe

Römer – Germanen – Slawen. Eine Spurensuche

2. Auflage

Reproduktion: Zimmer, Wien
Druck und Bindung: Carl Ueberreuter Druckerei Ges. m. b. H.,
2100 Korneuburg

ISBN: 3-900607-03-6

# Die vielen Väter Österreichs

## Römer · Germanen · Slawen
## Eine Spurensuche

COMPRESS-VERLAG

*Univ.-Prof. Dr. Herwig Friesinger*
*Vorstand des Instituts für Ur- und Frühgeschichte der Universität Wien*

# Spuren unserer Vergangenheit

Niederösterreich, Kernland des heutigen Österreich, ist uralter Siedlungsgrund, in dem viele Völker und Stämme ihre Spuren hinterlassen haben: Kelten und Römer, Germanen und Slawen, Awaren und Magyaren – Völker des Ostens und des Westens. Sie fanden hier eine Heimstatt – manche nur vorübergehend, viele jedoch auf Dauer. Im friedlichen und im kriegerischen Miteinander gestalteten sie dieses Land, das noch keinen eigenen Namen hatte und doch schon unverkennbar österreichische Züge trug.
Seit mehr als zwanzig Jahren arbeiten wir nun am sogenannten „Kamptalprojekt“. Es umfaßt den niederösterreichischen Donauraum sowie das Wald- und das Weinviertel. Ein Team von Wissenschaftern – Archäologen, Historiker, Anthropologen und Biologen – erschließt planmäßig das ganze Gebiet, dokumentiert möglichst lückenlos seine geschichtliche Kontinuität.
Was kann man, unter Anwendung aller modernen Hilfsmittel und Methoden, aus einer Landschaft herausbekommen?
Bei ihrer Spurensuche wirbeln speziell die Archäologen Staub auf – und modeln nicht selten gängige Geschichtsbilder um.
Über Kelten, Germanen und Römer hat man allgemein schon viel gehört und gelesen. Was aber wissen wir vom „österreichischen“ Anteil der Slawen, Awaren und Magyaren? Das vorliegende Buch erzählt die Geschichte dieser Region neu – auf Grund der Grabungen und Fundauswertungen der letzten zwei Jahrzehnte.
Brigitte Vacha berichtet über die Lokalforscher des 19. Jahrhunderts, die im nördlichen Niederösterreich lange vor den Berufsarchäologen fündig wurden und der Wissenschaft wertvolle Dienste erwiesen haben.
Das Buch illustriert im konkreten Sinn des Wortes die Abenteuer heutiger Archäologie. Denn die Erben von Heinrich Schliemann agieren nicht mehr als „Detektive mit dem Spaten“. Sie benützen für ihre Spurensuche Kompressoren und Metallsuchgeräte, Luftbilder und chemische Analysen, Röntgenaufnahmen und Fotogrammetrie. Die Technik erleichtert ihre Arbeit, deren Sinn unverändert geblieben ist. Es gilt, die Vergangenheit zu entschlüsseln, Antworten zu finden auf uralte Menschheitsfragen: „Woher kommen wir? Wie haben wir gelebt? Wer hat das Land bebaut, in dem wir heute wohnen?“
So widerlegt die Forschung in dieser Region historische Fehleinschätzungen und nationale Vorurteile. Völker des Ostens und Westens zogen durch den Donauraum, strömten in ein nahezu menschenleeres Gebiet, machten es bewohnbar. Kelten, Römer, Germanen, Awaren und Slawen nahmen teil am Werden dieses Landes. Österreich hat viele Väter.

*Dr. Brigitte Vacha*
*Wissenschaftsjournalistin des ORF Wien*

# Spurensuche

Spurensuche – ein griffiges Wort. Ein Wort, das Spannung erzeugt, Unruhe stiftet, Fragen auslöst. Wohin geht die Fährte? Wer hat welche Spuren hinterlassen – und wer sucht danach?
Am Anfang war dieses Wort, war der Wunsch, den Begriff Spurensuche ins Anschauliche zu übersetzen. Nun wurden schon etliche Filme über das „Abenteuer Archäologie“ gedreht, erzählten „Detektive mit dem Spaten“ vor laufender Kamera über ihre Grabungstätigkeit. Wir aber wollten nicht nur die Feldforschung zeigen, sondern das ganze wissenschaftliche Umfeld der Archäologie, das Zusammenwirken verschiedener Disziplinen, die langwierigen Prozesse der Fundauswertung und deren Ergebnisse.
Würde das Fernsehen dazu imstande sein? Jenes Medium, von dem Neil Postman behauptet, es wäre absolut geschichtsfeindlich, ausgerichtet „auf Augenblicklichkeit, nicht auf Kontinuität, auf Zusammenhanglosigkeit, nicht auf Zusammenhang“.
Wir haben es dennoch gewagt, haben die Ausgräber ein Jahr lang begleitet, um zu erfahren, wie sie die Vergangenheit entschlüsseln. Denn jede noch so ferne Kultur, jede menschliche Existenz hinterläßt Zeugnisse im Boden – Lebenszeichen, Leidensspuren. Während unserer Arbeit fand ein ständiger Dialog statt, ein Dialog zwischen Forschenden und interessiert Fragenden, zwischen Fachleuten und Laien. Als Fortsetzung dieses Gesprächs ist auch das vorliegende Buch aufzufassen. Im Buch wie im Film wollten wir zu einer gemeinsamen Sprache finden, ohne den wissenschaftlichen Inhalt zu verraten.
Konnten wir voneinander lernen?
Der Wissenschafter war bereit, sich der Öffentlichkeit mitzuteilen, sich verständlich zu machen. Er überprüfte so seinen Auftrag und durfte erwarten, vor allem von jenen Menschen verstanden zu werden, um die es ihm geht: um die Bewohner der Region, die ihre eigene Herkunft erfahren sollen. Die Wissenschaftsjournalistin erlebte das gemeinsame Vorgehen als einen einzigen Lernprozeß, als eine Schule der Selbstbescheidung. Immer wieder stießen wir an die Grenzen unserer Möglichkeiten, im Hier und Heute des Fernsehens riesige Zeiträume (der Geschichte) zu durchmessen, komplizierte Zeitabläufe (der Geschichtsforschung) darzustellen.
Das Buch entstand nach dem Film – nachher und darüber hinaus: ein Protokoll der Verständigung, Dokument einer guten Zusammenarbeit.
Der Wiener Compress Verlag ermöglichte nicht nur dieses Buch, er subventionierte auch eine Grabung in Plank am Kamp, die wichtige Erkenntnisse brachte – über den Aufenthalt der Römer nördlich der Donau, im damals mährischen Hoheitsgebiet.

*Herwig Friesinger*

# Spuren unserer Vergangenheit



*Brigitte Vacha*

# Spurensuche

ARRIFLEX

Herwig Friesinger

# Spuren unserer Vergangenheit

# SPUREN UNSERER VERGANGENHEIT

Vielfältig sind die Spuren, die der Mensch auf dem Boden und im Boden hinterlassen hat, Spuren, die der Prähistoriker und Archäologe sucht, erkennt, erforscht, dokumentiert und zu deuten versucht. Die meisten dieser Spuren, die wir als Quellen bezeichnen, wurden nicht absichtlich hinterlassen, sondern sind zufällig auf uns gekommen. Während die monumentalen hallstattzeitlichen Grabhügel von Großmugl, Nieder- und Oberfellabrunn, heute noch sichtbar, als Denkmal für die Nachwelt geschaffen wurden, sind die Pfostengruben eines ur- und frühgeschichtlichen Holzbaues nur zu dem Zweck gegraben worden, um die senkrechten Holzpfosten des Hauses aufzunehmen. Dennoch sind die Spuren dieser Pfosten dem Fachmann, der daraus den gesamten Hausbau rekonstruieren kann, in vielen Fällen wichtiger als der monumentale Grabbau an sich.

Die Sitte, den Toten, für sein Leben im Jenseits bekleidet und versehen mit Schmuck, Geräten und Waffen, versorgt mit Speisen und Getränken, zu bestatten, bietet dem Prähistoriker nicht nur Einblick in die Jenseitsvorstellungen. Sie ermöglicht auch, das tägliche Leben anhand der im Grabe gefundenen Gegenstände zu studieren.

Noch viel mehr wird das tägliche Leben vorstellbar in den Funden der verlassenen Siedlungen, den Abfallgruben, den Speichern und Kellern, den Öfen und Herden, den Häusern, Werkstätten und Stallungen, in denen alles das, was unbeabsichtigt verlorenging oder nicht mehr gebraucht wurde, liegenblieb.

Grundmauern und Fundamentgräben, Spuren der Pflüge, der Feldeinteilungen, der alten Straßen und Wege sind wichtige Mosaiksteinchen für den Fachmann.

Zu allen Zeiten der menschlichen Entwicklung wurden aber auch Gegenstände, die für den Besitzer von besonderer Bedeutung waren, wie Münzen, Wertgegenstände, Metalle, aber auch Gefäße und anderes Hab und Gut, verborgen aufbewahrt. In vielen Fällen sind diese Gegenstände aufgrund der Ereignisse in ihren Verstecken geblieben und werden, als Hort- und Verwahrfunde bezeichnet, meist zufällig wiedergefunden.

Reste gewaltiger Befestigungsanlagen, die sich als Gräben und Wälle, in manchen Fällen auch nur mehr als Verfärbungen im Boden abzeichnen, sind genauso wichtig wie die Spuren großer kreisförmiger Grabenanlagen neolithischer Kultplätze oder die Fundamente früh- und hochmittelalterlicher Kirchen. In gleicher Weise bedeutungsvoll sind auch einzelne Fundgegenstände an sich, besonders wenn sie im Zusammenhang mit einer datierbaren Fundschichte geborgen werden konnten. Als berühmtestes Beispiel sei hier die Venus von Willendorf in der Wachau genannt, eine kleine Frauenfigur, die, in der Schicht II/9 von Willendorf gefunden, aus einer jungpaläolithischen Siedlung des Gravettien in der Wachau stammt. Eine Figur, die in ihrer wirklichkeitsnahen Ausfertigung mit ähnlichen Frauenfiguren aus der Ukraine vergleichbar ist. Reste von roter Bemalung zeigen uns die Verwendung von Rötel als Malfarbe, wie er auch bei den berühmten Höhlenmalereien Ostspaniens und Südfrankreichs im Jungpaläolithikum verwendet wurde. Rötelstücke und die zum Mahlen dieses Rötels notwendigen Steinplatten finden wir in den verschiedenen frühen Jägersiedlungen der Lößzonen im Jungpaläolithikum Mittel- und Osteuropas. Sie sind damit gleichsam eine Spur, die zu den nicht erhalten gebliebenen Wandmalereien auf den Innenseiten der ledernen Zeltwände dieser Jäger führt.

Reste mittelalterlicher Herrensitze, Stadtmauern, Burgen und Schlösser, Wirtschafts- und Industriebauten, Arbeiterwohnstätten und Flaktürme, Steinbrüche und Bergwerke, sie alle stellen Spuren dar, die uns helfen, unsere Vergangenheit zu verstehen und damit unsere Zukunft zu gestalten.

Alle diese Spuren auf dem Boden und im Boden sind durch die intensive Landnutzung, durch die Errichtung von Straßen und Bauwerken und auch durch die Umweltverschmutzung überaus gefährdet. Der Einsatz von chemischen Dünge- und Pflanzenschutzmitteln zerstört die durch tiefgreifende Pflüge an die Oberfläche gebrachten Kleinfunde, wie Münzen und Schmuck. Um dieser Zerstörung entgegenzuwirken, ist es heute mehr denn je notwendig, eine gezielte Bestandaufnahme aller dieser Spuren zu versuchen, besonders fundreiche Zonen durch entsprechende gesetzliche Maßnahmen vor der Zerstörung zu schützen und umfassende Rettungs- und Forschungsgrabungen vorzunehmen, um zumindest einen Teil dieser Quellen zu retten.

Alle diese vielen Mosaiksteinchen müssen vorerst in eine zeitliche Abfolge gebracht werden, um so als Bausteine für die Geschichte einer Region oder eines Landes zu dienen. Einer Geschichte, die nur im Zusammenspiel zwischen Prähistoriker, Archäologem und Historiker geschrieben werden kann. Während, wie wir gesehen haben, die Quellen des Prähistorikers und Archäologen fast ausschließlich dinglicher Natur sind, beschäftigt sich der Historiker vornehmlich mit der Deutung und Interpretation von Schriftquellen verschiedenster Art. Dazu kommt noch eine Fülle von naturwissenschaftlichen Untersuchungen an den zutage gekommenen Fundmaterialien. Besonders bedeutsam ist hier die Arbeit des Anthropologen, der sich mit der Erforschung des Menschen an sich beschäftigt; des Paläozoologen und des Paläobotanikers, die die tierischen und pflanzlichen Reste bearbeiten und in Zusammenarbeit mit dem Geologen ein Bild von den naturräumlichen Gegebenheiten schaffen. Auch Chemiker und Physiker leisten wertvolle Arbeit bei der Untersuchung von Werkstoffen und bei der Anwendung von naturwissenschaftlichen Datierungsmethoden. Darüber hinaus schaffen sie die Voraussetzungen für eine werkstoffgerechte Restaurierung der vielfältigen Fundgegenstände, die in den Forschungsinstituten und Museen von hochqualifizierten Fachleuten, den Restauratoren, durchgeführt wird.

Während die Urgeschichte Österreichs vom ersten Auftreten des Menschen bis zur römischen Landnahme an der Donau ausschließlich von Prähistorikern betreut wird, ist der Archäologe mit der Untersuchung und Bearbeitung der Spuren provinzialrömischen Lebens im Süden der Donau befaßt. Da aber zur Zeit der römischen Herrschaft an Rhein und Donau den schriftlichen Überlieferungen neben den archäologischen Fundmaterialien eine gleichrangige Bedeutung zukommt, ist die Arbeit des Historikers besonders wichtig. Der Numismatiker hingegen untersucht und bestimmt mit seinen Methoden die Münzen, die in den letzten Jahrhunderten v. Chr. als Zahlungsmittel aufkamen.

Das Ende Roms an der Donau bedeutet zwar nicht, daß die schriftlichen Traditionen aufhören, aber „der dunklen Jahrhunderte goldene Spuren“, die Fürstengräber und Schatzfunde der Völkerwanderungszeit sind es, die der Frühmittelalterarchäologe erforscht und in Zusammenarbeit mit dem Historiker interpretiert. Es sind aber nicht nur die Spuren von Schmuck und Zierat aus Gold, Silber und Edelstein, die diese dunklen Jahrhunderte erhellen, sondern auch die Reste und Überbleibsel des täglichen Lebens der Krieger, Bürger, Bauern und Sklaven. Sie sind aus allen Himmelsrichtungen im Zuge der europäischen Völkerwanderungen hierher gelangt, länger oder kürzer verblieben und hatten ihren Anteil an der Prägung dieses ersten Österreich, eines Österreich, dessen Name „Ostarrichi“ zum ersten Mal 996 schriftlich erwähnt wurde.

□

# DIE KELTEN – KRIEGERISCHE WANDERER AUS DEM WESTEN

Die letzten Jahrhunderte v. Chr. werden nach dem Fundort von La Tène am Neuenburger See in der Schweiz als „Latène-Kultur" bezeichnet. Wir verstehen darunter eine Kulturform, die, auf der Basis der späthallstattzeitlichen Entwicklung, des sogenannten Westhallstattkreises, aufbauend, mit dem Begriff der Kelten, eines der großen Völker Alteuropas, gleichgesetzt wird. Die Kelten hatten zwar keine eigene Geschichtsschreibung, aber eine ganze Anzahl von Nachrichten über sie ist von ihren südlichen Nachbarn, den Griechen und Römern, erhalten. Mit ihnen trieben sie Handel, verdingten sich in deren Heeren und griffen sie in Feldzügen an.

Deutlich zeichnen sich die rechteckigen Grabumfriedungen und die Grabschächte im hellen Schotter ab

Ein durch den Straßenbau angeschnittener Friedhof bei Pottenbrunn

Spuren der Kelten fanden sich in den letzten Jahren mehrfach in Niederösterreich, besonders im Traisental. Dort wurde eine ganze Reihe von Friedhöfen beim Bau einer neuen Schnellstraße angeschnitten und durch sofortige Rettungsgrabungen des Bundesdenkmalamtes geborgen. So wurden in Pottenbrunn 17 Körper- und 12 Brandgräber entdeckt. Die Toten waren in Grabschächten beigesetzt, rechteckige und quadratische grabenförmige Einfriedungen umgrenzten den Bestattungsplatz. Die ehemals über den Gräbern aufgeworfenen Grabhügel sind durch die ständige Beackerung dieser landwirtschaftlichen Böden abgetragen und nicht erhalten. Charakteristische Beigabe in den Männergräbern waren vor allem die Schwerter aus Eisen, deren Qualität nicht immer die beste gewesen sein kann, wird uns doch vom griechischen Historiker Polybios (201–120 v. Chr.) anläßlich der Schilderung der Schlacht bei Telamon in der Toskana im Jahre 225 v. Chr. berichtet: *„Die Kelten hatten kleine Schilde, obwohl sie selbst groß waren; sie rissen sich die Kleider vom Leib und kämpften nackt; ihre Schwerter verbogen sich leicht, und sie mußten sie mit dem Fuß wieder geradebiegen."*

Aus einem Frauengrab stammt eine silberne Flechtwerkkette mit einer rankenverzierten Bommel, die uns die charakteristische Verzierungsmotivik dieser keltischen Schmuckstücke zeigt. Ein weiteres Gräberfeld, das im Zuge dieses Straßenprojektes ausgegraben werden mußte, lag in Ossarn. Besonders qualitätsvoll sind die Funde aus dem Grab einer jungen Frau, die mit reichem Schmuck ausgestattet war. Um den Hals der Toten lag ein tordierter (= gedrehter) Bronzering, eine Bronzefibel in Form eines Tier-Mensch-Mischwesens mit einer eingesetzten roten Koralle war am Obergewand, und eine kleine Bronzedrahtfibel am Unterhemd aufgesteckt. Ein Fingerring aus Bronzedraht und eine blaue Glasperlenkette ergänzten den Schmuck. Zum Gürtel, der das Oberge-

Lanze und Schwert eines keltischen Kriegergrabes aus Guntramsdorf

Bronzefibel in Form eines Tieres mit menschlichen Gesichtszügen aus einem Frauengrab in Ossarn

wand zusammenhielt, gehörte eine bronzene Schnalle, die, reich verziert, zu einem der besterhaltenen Stücke im Donauraum gehört. Für den Aufenthalt im Jenseits war die Tote mit einem Gefäß, das sicher ein Getränk enthalten hatte, sowie einer Mahlzeit, von der sich nur das Fleischmesser erhalten hat, ausgerüstet.

Gürtelhaken aus einem Frauengrab in Ossarn

Silberne Flechtwerkkette mit aus Silberblech getriebener Hohlbommel aus Pottenbrunn

Wer waren nun die Kelten, die wir in diesen Gräbern vor uns haben? Mit dieser Frage hat sich nicht nur der Prähistoriker und Althistoriker beschäftigt, sondern vor allem die vergleichende Sprachwissenschaft, die schon zu Beginn des 1. Jts. v. Chr. ein Zentrum keltischer Sprache vom östlichen Frankreich über den Donauraum bis nach Böhmen erfassen kann. Für die griechisch-etruskisch-römische Welt des mediterranen Raumes waren sie nichts anderes als Barbaren, in gleicher Weise wie Skythen, Thraker, Daker sowie Germanen und Hunnen nach ihnen. Sie waren die Nachfahren jener hallstattzeitlichen Fürsten, die zwischen Frankreich und der Enns eine der Zielgruppen des griechisch-etruskischen Handels nach dem Norden waren.

Als im Verlauf des 5. Jhdts. v. Chr. die prunkvollen Fürstensitze in Rauch und Asche aufgingen und an anderer Stelle kleinere Siedlungseinheiten, meist Einzelhöfe, entstanden, war dies nicht Tat fremder Scharen. Archäologische Untersuchungen gerade in Südwestdeutschland machen deutlich, daß eine innere Revolution, die verschiedene Ursachen hatte, dafür verantwortlich war. Eine Revolution, wie wir sie auch in der griechisch-römischen Welt kennen, wo Tyrannen und Könige gestürzt wurden. Verschiedene kriegerische Gruppen mit aus ihrer Mitte kommenden Anführern, also gentile Verbände, prägten nun das Bild dieser Zeit, die man gerne mit dem Begriff der „keltischen Wanderungen" umschreibt. Einer der Gründe dieser Wanderungen wird uns von Plinius dem Älteren anschaulich geschildert: *„Man erzählt, daß Gallien, durch den damals als unüberwindlich geltenden Schutzwall der Alpen zurückgehalten, zuerst zum Anlaß genommen habe, Italien zu überfluten, weil der Helvetier Helico, der sich in Rom als Handwerker (Schmied) aufgehalten hatte, bei seiner Rückkehr eine trockene Feige und eine Traube sowie Proben von Öl und Wein mitbrachte."* In Kenntnis dieser Köstlichkeiten hätten sich dann die Kelten entschlossen, sich solcher durch Kriegszüge selbst zu bemächtigen, und damit die keltische Wanderung nach Italien ausgelöst.

Andere Wanderungen, die in Form von Beutezügen bis nach Delphi und in andere Städte Griechenlands führten, erfaßten auch einen Teil des Balkans. Wie diese Wanderzüge im Detail vor sich gingen, wissen wir nicht. Einer der wichtigsten Wege führte natürlich entlang der Donau – vielleicht auch auf der Donau selbst – nach Osten.

Im südlichen Wiener Becken wurden in den letzten Jahren in enger Nachbarschaft zahlreiche latènezeitliche Friedhöfe gefunden. Während uns in Mannersdorf an der Leitha in einem frühlatènezeitlichen Grab ein etruskisches Bronzegefäß als Exportgegenstand aus der Toskana begegnet, fanden sich in Katzelsdorf und Guntramsdorf Körperbestattungen mit nachweisbaren chirurgischen Eingriffen am Schädel der hier Bestatteten. Der in Katzelsdorf begrabene, etwa 30jährige Krieger – in seinem Grab fanden sich Schwert und Lanze – lebte zwischen dem Ende des 3. und der ersten Hälfte des 2. Jhdts. v. Chr. und litt an einer schweren Beinhaut- oder Knochenentzündung an der rechten Stirnseite. Wir kennen den Grund für diese Krankheit nicht. Wahrscheinlich war sie die Folge eines Schlages, dessen Auswirkung der sonst bei keltischen Kriegern übliche eisengepanzerte Helm nicht verhindern konnte. Jedenfalls machten die rasenden Kopfschmerzen einen drastischen chirurgischen Eingriff notwendig. Die noch bis ins 19. Jhdt. in Europa und noch teilweise heute bei Naturvölkern übliche Trepanation, das Herausschneiden eines kleinen Knochenstückes aus dem Schädel, wurde bei diesem Bedauernswerten angewandt. War es normalerweise üblich, diese Trepanation mittels einer kleinen Säge oder durch Abschaben des Knochens durchzuführen, so deutet in unserem Fall die Behandlungsmethode auf einen wahren Spezialisten. Mittels eines Hohlbohrers wurde dem Erkrankten, der sicherlich narkotisiert war, ein kreisrundes Knochenscheibchen herausgebohrt. Da der Chirurg am Knochen weitere Entzündungsherde sah, erweiterte er die Operationsfläche und setzte zwei weitere Bohrungen an. Allerdings verstarb der Patient bei der letzten davon.

Die Spuren dieses Chirurgen lassen sich aber weiter verfolgen. Er wurde offensichtlich auch in das heutige Guntramsdorf bei Mödling gerufen. Hier hatte er drei weitere Patienten, die seine Dienste in Anspruch nahmen. Besonders interessant ist hier ein 30- bis 35jähriger Krieger, ebenfalls mit Lanze und Schwert bestattet. Sein Schädel wies auch mehrfache Trepanationen auf. Eine erste Schabtrepanation am rechten Scheitelbein dürfte nur von vorübergehendem Erfolg gewesen sein. Unser Mann aus Guntramsdorf wechselte also den Arzt. Dieser setzte nun sein bewährtes Bohrgerät ein und bohrte am linken Scheitelbein ein Scheibchen heraus.

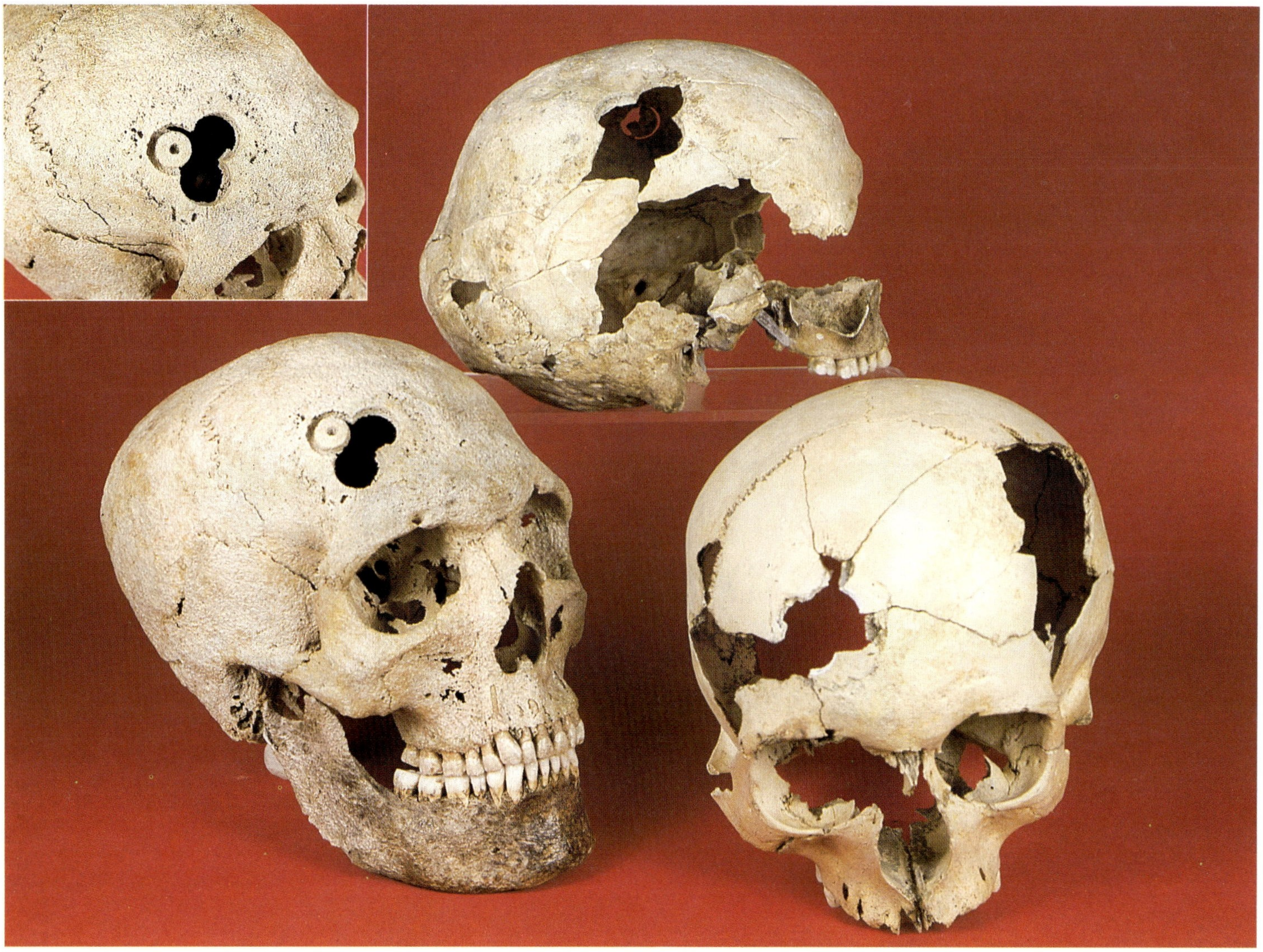

Drei Schädel aus Katzelsdorf und Guntramsdorf mit eindrucksvollen Spuren der Trepanation

Nachdem der Druck gewichen war, setzte er das Knochenscheibchen wieder ein, und die Wunde verheilte. Anscheinend sind dem Kranken die Kopfschmerzen aber geblieben. Nun griff man zu einer Radikalkur, wie im Falle des Kriegers aus Katzelsdorf. Eine dreifache, kleeblattförmige Trepanation wurde angeordnet und auch durchgeführt. Der Patient überlebte diese Operation zwar, doch entzündete sich die Eingriffstelle, woran er schließlich verstarb.

Wie ein anderes Grab aus Guntramsdorf zeigt, nahm man einen derartigen Eingriff auch an einem 12- bis 15jährigen Knaben vor, dem eine prächtige Fußvase in das Grab mitgegeben wurde. In seinem Fall wurde eine zweifache achterförmige Bohrtrepanation am rechten Stirnbein vorgenommen, die er nicht überlebte. Zwei weitere Schädelfragmente aus Guntramsdorf, die leider heute verschollen sind, wiesen ebenfalls einfache bzw. mehrfache Bohrtrepanationen auf.

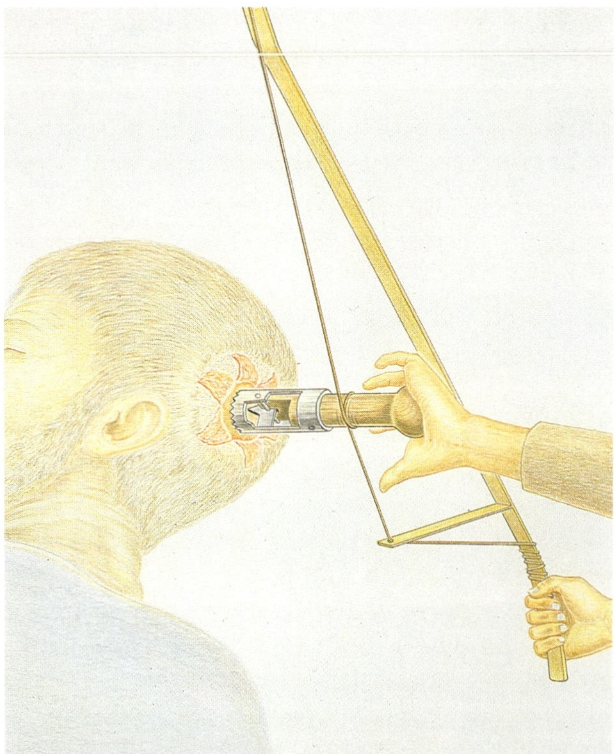

Rekonstruktion einer einfachen Trepanation

Eine solche, für unsere Begriffe ungewöhnliche Operation dürfte sich folgendermaßen abgespielt haben: Nachdem der Patient durch entsprechende, aus Pflanzen gewonnene Narkotika betäubt worden war, wurde der Schädel in ein Gestell eingespannt, und nach Entfernung der Haare wurde die Kopfhaut eingeschnitten und der Schädelknochen freigelegt. Nach der genauen Lokalisierung des Krankheitsherdes entschied der Operateur über die Größe der Bohrung und des zu verwendenden Instruments. Da bei den Dreifachbohrungen in einem exakt gleichseitigen Dreieck gearbeitet wurde, muß das dafür verwendete Bohrgerät mit dem Rahmen, in den der Schädel eingespannt war, verbunden gewesen sein. Die Bohrung wurde nun bis zur lamina interna durchgeführt und dann wurden die Knochenscheibchen herausgebrochen. Ein nun sichtbares allfälliges Hämatom wurde entfernt. Falls der Knochen nicht entzündet war, wurde die herausgebohrte Scheibe wieder eingesetzt und die Wunde verschlossen und versorgt.

Diese vier Befunde sind die einzigen bekannten Bohrtrepanationen innerhalb der keltischen Welt, wenngleich Schab- und Schneidetrepanationen zu den durchaus bekannten chirurgischen Eingriffen keltischer Ärzte gehören. Bekannt und üblich war diese Bohrtechnik in Griechenland. So wird sie auch bei Hippokrates geschildert. Ob es sich bei unserem Chirurgen um einen keltischen Arzt handelte, der im Zuge der Kelteneinfälle in Griechenland mit dieser Technik vertraut wurde, oder ob es sich um einen griechischen Chirurgen handelte, der mit rückwandernden keltischen gentes hierher gekommen war, können wir nicht sagen.

Gefäße aus dem Gräberfeld von Katzelsdorf

Schere, Schleifstein und Messer, die charakteristische Ausstattung vieler keltischer Gräber; Katzelsdorf

Scheibengedrehtes Gefäß mit hohem Standfuß. Imitation eines Vorbildes aus Gallien

Als im frühen 3. Jhdt. v. Chr. der Expansion keltischer gentes durch das Vordringen der Römer nach Norden eine Ende gesetzt wurde, haben sich diese Stammesgruppen wieder in ihre ehemaligen Ausgangsgebiete zurückgezogen. Damals entstand jenes „regnum Noricum“, das ein Bündnis verschiedener keltischer Stämme darstellte, dessen westliche Grenze der Inn und dessen östliche Grenze der Plattensee bildete. Nördlich davon waren die Siedlungsgebiete der keltischen Boier, von deren Namen sich Boiohaemum (Böhmen) ableitet. Sie verließen im Laufe des 1. Jhdts. v. Chr. das von ihnen bewohnte Böhmen, um sich in der Slowakei und dem angrenzenden Ungarn niederzulassen. Hier kam es alsbald zu Auseinandersetzungen

Ab der zweiten Hälfte des 2. Jhdts. tauchten neue, bis dahin unbekannte Funde in den Siedlungen auf oder wurden als Schätze im Boden versteckt. Goldmünzen, sogenannte Regenbogenschüsselchen, und vor allem Silbermünzen waren es, die als Zahlungsmittel unterschiedliche Werte darstellten. Vermutlich durch die Soldzahlungen der mazedonischen Könige an die keltischen Krieger in ihren Armeen lernten diese das Münzwesen kennen und waren davon so beeindruckt, daß jeder keltische Stammeshäuptling von einiger Bedeutung nach diesen Vorbildern für sich eigene Münzbilder schneiden und mit Stempeln prägen ließ. Diese Münzen stellte man in Handarbeit her. Zuerst wurden mit Hilfe von sogenannten Tüpfelplatten (gebrannte Tonplatten mit Mulden zur Aufnahme des Metalles) Rohlinge oder Schrötlinge gegossen. Der Schrötling wurde dann zwischen zwei Stempeln eingespannt und mittels Hammerschlag geprägt. Eine derartige Münzprägewerkstätte hat sich unter anderem auf dem Oberleiserberg befunden, wie der Wiener Numismatiker Robert Göbl erst jüngst festgestellt hat.

Keltische Münzen vom Oberleiserberg

Keltische Silbermünzen vom Typus Oberleis

Eines der wichtigsten Exportgüter aus dem regnum Noricum war das Eisen, das „ferrum Noricum“. Spuren einer intensiven bergmännischen Eisengewinnung und anschließenden Verhüttung haben sich im Burgenland im Raum um Mitterpullendorf gefunden, wo ausgedehnte, sogenannte Pingenfelder unübersehbare Spuren dieses Eisenbergbaues sind. Wie intensiv der Eisenhandel war, zeigen nicht zuletzt die Ausgrabungen auf dem Magdalensberg in Kärnten, der in dieser Zeit eine bedeutende römische Handelsstation war.

Zu Beginn des letzten Jahrzehnts v. Chr. änderte sich die Situation ganz entscheidend. Rom, der Aufkäufer von Eisen, beschloß, seine Grenzen nach Norden vorzuverlegen. Nach blutigen Kämpfen im rätisch-vindelicischen Gebiet, in Tirol, Vorarlberg und Bayern, wurde Noricum kampflos gewonnen. Als die XV. Legion Apollinaris aus Emona (Laibach) an die Donau verlegt wurde, hieß es, daß dieser Ort Carnuntum ein „locus regni Norici“ gewesen sei. Damit war die Donau die Nordgrenze des römischen Reiches geworden und sollte es fast fünf Jahrhunderte lang bleiben.

## RÖMER UND GERMANEN – BARBARISCHE KÖNIGE IM KAMPF GEGEN ROM

Vorerst änderte sich für die einheimische norische Bevölkerung wenig. Südwärts der Donau finden wir eine große Anzahl von neu angelegten Friedhöfen. Die Toten wurden nun auf Scheiterhaufen verbrannt und in zum Teil sehr aufwendig aus Steinen gebauten Gräbern bestattet, über denen man größere Erdhügel errichtete. Die nach römischer Sitte aufgestellten Grabsteine zeigen vielfach die einheimischen Frauen in ihrer Tracht. Die dabei dargestellten großen Flügelfibeln, die das über dem langärmeligen Untergewand getragene Kleid an den Schultern rafften, finden sich zusammen mit den verbrannten menschlichen Knochen und den Metallbeschlägen von Gürteln, Bronzehalsreifen, Armreifen und Fingerringen sowie Glas- und Bernsteinperlen in den Gräbern. Als Kopfbedeckung wurden Pelzhüte und mit Schleiern verzierte Hauben bevorzugt.

Wie die einheimische Männertracht zu dieser Zeit ausgesehen hat, wissen wir nicht.

Alsbald wurden die Provinzen Rätien, Noricum und Pannonien eingerichtet und die römische Lebensweise eingeführt. Auch nördlich der Donau sollten sich die Besiedlungsverhältnisse nun rasch ändern. Hier waren es die Germanen, die nun in das Geschick dieses Gebietes eingegriffen. Verschiedene Ereignisse, wie Meeresspiegelschwankungen, Klimaveränderungen, eine Bevölkerungszunahme und anderes mehr, hatten dazu geführt, daß germanische Bevölkerungsgruppen in den letzten Jahrhunderten v. Chr. in Richtung Süden wanderten. Das erste Mal wurden sie für das expandierende römische Reich zu einer Gefahr, als sie dessen Nordgrenze angriffen und bis weit nach Italien vordrangen. Dennoch blieben diese Einfälle der Kimbern und Teutonen ohne nachhaltige Wirkung und haben auch keine archäologisch faßbaren Spuren hinterlassen. Sicherlich haben aber die dabei gefangengenommenen Germanen eine willkommene Bereicherung für die Sklavenmärkte Italiens dargestellt.

Für das Gebiet unseres Donauabschnittes wurde jedoch die Abwanderung zweier germanischer Stammesgruppen, der Markomannen und Quaden, aus dem Maingebiet nach Böhmen und in weiterer Folge in den südmährisch-west-

Römisches Grabrelief mit der Darstellung zweier Damen; Neumarkt i. T.

Zeichnerische Rekonstruktion eines norisch-pannonischen Grabhügels mit Dromos, Grabkammer und Grabstelen

slowakischen und niederösterreichischen Raum bedeutungsvoll. Die Markomannen – sie gehörten zur westgermanischen Gruppe der Sueben – wurden vom römischen Feldherrn Drusus, der einen Feldzug ins germanische Gebiet in Richtung Elbe führte, schwer geschlagen. Als Folge der Niederlage erhielten sie einen König von Roms Gnaden. Dieser, Marbod, war vorher längere Zeit als Söldner im römischen Heeresdienst gestanden. Er führte zwischen 8 und 3 v. Chr. seine Markomannen aus der Maingegend nach Osten, nach Böhmen, in ein Gebiet, in dem nach der Abwanderung der Boier schon andere kleinere germanische Gruppen lebten. Dem markomannischen Zug hat sich auch eine andere suebische Stammesgruppe, die Quaden unter ihrem König Tudrus, angeschlossen. Sie ließen sich im Marchgebiet nieder. Das kleine markomannische Königreich in Böhmen war, wie uns die römischen Autoren berichten, von Marbod nach römischem Vorbild organisiert und hatte auch eine entsprechend trainierte Streitmacht. Es war aber nicht nur ein die eben errichtete Nordgrenze Roms gefährdendes Reich, es war im gleichen Maße auch ein willkommener neuer Markt für die römischen Händler. Diese, die auf den uralten Verkehrswegen entlang der Flüsse und auf ihnen hierher kamen, überschütteten die Markomannen geradezu mit ihren Produkten. Vor allem Bronzegeschirr war sozusagen der Verkaufsschlager. Wir finden es als Geschirrsets überaus häufig in den Brandgräbern dieser Germanen. Der intensive Handel führte sicherlich dazu, daß die Germanen immer näher an seine Zentren heranrückten. Durch die Berichte der Händler war Rom bestens informiert, sicherlich waren sie zugleich auch als Spione für Rom tätig. Und so beschloß der spätere römische Kaiser Tiberius einen Feldzug gegen Marbod, denn „in Germanien war außer dem Volk der Markomannen nichts mehr zu besiegen übrig". Mit 12 Legionen versuchte er, die Gefahr im Norden auszuschalten. Sechs Legionen marschierten vom Rhein aus gegen Böhmen, sechs Legionen unter Führung des Tiberius drangen von Carnuntum aus marchaufwärts vor. Da brach jedoch, knapp bevor man die feindlichen Vorhuten erreichte, in Pannonien ein Aufstand aus, der dazu führte, daß die römischen Truppen zur Niederschlagung desselben dorthin zurück beordert wurden. So mußte Tiberius mit Marbod Frieden schließen.

Drei Jahre sollte es dauern, bis in Pannonien wieder Ruhe einkehrte. Doch kaum war dies geschehen, mußten die römischen Kriegsberichterstatter von der schweren Niederlage des Publius Quinctilius Varus im Teutoburger Wald berichten. Der Sieger Arminius versuchte nun, auch mit anderen germanischen Königen gemeinsame Sache gegen Rom zu machen. Da sich König Marbod aber weigerte, einem solchen Bündnis beizutreten, kam es zu Kämpfen zwischen der Cheruskergruppe und den Marbod'schen Markomannen. Marbod vertrat den Standpunkt, daß Arminius die tatsächliche Lage überhaupt nicht richtig erkannt habe. Der Sieg über Varus sei eher ein glücklicher Zufall, durch Verrat herbeigeführt worden und bedeute nur Unglück für Germanien. Er selbst hingegen habe sich sogar zwölf Legionen gestellt und kampflos einen

Römische Bronzekasserole mit angerosteten Eisenfragmenten aus einer germanischen Siedlung in Hanfthal, unrestauriert

Frieden mit guten Bedingungen erreicht. Dennoch führten die kriegerischen Auseinandersetzungen und innermarkomannischen Wirren dazu, daß Marbod flüchten mußte. Er floh über die Donau auf römisches Reichsgebiet und ersuchte in einem Schreiben an Tiberius, in Hinblick darauf, daß er ja Vertragspartner Roms war, um politisches Asyl. Dieses wurde ihm gewährt, und er lebte 18 Jahre in Ravenna. Den Markomannen, die nun von seinem Nachfolger, einem Edlen namens Katwald, beherrscht wurden, stellten die Römer die Rückkehr Marbods in Aussicht, falls sie sich nicht ordentlich verhalten sollten. Doch auch Katwalds Tage waren gezählt. Nach nur zwei Jahren mußte er mit seinem Gefolge nach Noricum fliehen, von wo er nach Südfrankreich geschickt und dort interniert wurde.

Die Gefolgschaften der beiden schickte man über die Donau zurück und siedelte sie zwischen March und Waag an, denn in den soeben befriedeten Provinzen wären sie ein Unruheherd gewesen. Der Quade Vannius wurde von Rom als ihr König eingesetzt.

Die Lokalisierung dieses Vannius-Reiches ist durch archäologische Ausgrabungen völlig gesichert. Im Gebiet zwischen March und Gran finden sich eine Reihe von großen Friedhöfen, deren Grabinventare im wesentlichen zeitgleich sind mit jenen, die wir aus böhmischen Friedhöfen kennen. König Vannius organisierte seine Markomannen, die nun eigentlich Quaden waren, nach römischer Sitte und hob Steuern und Zölle ein. Er wurde im Jahre 50 von einer ostgermanischen und hermundurischen Kriegergruppe, bei der auch die Söhne seiner Schwester, Wangio und Sido, waren, angegriffen und mußte, da Rom offensichtlich seinem Klientelkönig nicht zu Hilfe kommen wollte, ebenfalls über die Donau flüchten. Er selbst wurde interniert, seine Gefolgschaft im Gebiet um den Neusiedler See angesiedelt. In diesem ehemals boischen Gebiet finden sich tatsächlich eine ganze Reihe von Spuren, die uns zeigen, daß hier vornehme germanische Krieger in den römischen Hügelgräberfriedhöfen bestattet wurden.

Am westlichen Abhang des Rosaliengebirges, auf einer Terrasse der Leitha, liegen einige Hügelgräber in der Gemeinde Katzelsdorf. Schon seit Beginn des 20. Jhdts. bekannt, wurden 1983 durch den geplanten Bau der Schnellstraße Mattersburg–Wr. Neustadt Grabungen notwendig. Dabei kamen in den Brandgräbern Funde eindeutig germanischer Provenienz zutage. Es sind einerseits vornehme Krieger, die mit Schwert und Schild, kostspieligen Bronzegefäßen, aber auch terra sigillata – römischem Tafelgeschirr – verbrannt und begraben wurden. Andererseits fand man Kriegergräber mit Lanzen, aber ansonst einfacherer Ausstattung, sowie Gräber mit Bronzegefäßen und einzelnen germanischen Fundgegenständen; und schließlich Gräber mit Stücken boisch-germanischer Herkunft.

So können wir in diesen Funden die ehemalig markomannischen Gefolgschaften Marbods und Katwalds erkennen, die ja, nachdem sie zum zweiten Mal mit ihrem König Vannius flüchten mußten, eigentlich Quaden waren. Für die Römer freilich blieben sie Barbaren, die man, in einem größeren Gebiet verstreut, im Hinterland von Carnuntum angesiedelt hatte. Ebenso aber deuten die ausgegrabenen Gegenstände auf die keltischen Boier hin.

Funde aus den norisch-pannonischen Grabhügeln von Katzelsdorf, in denen deportierte Germanen neben Einheimischen und Römern bestattet waren

Römische Grabsteine mit germanischen Namensnennungen

Zwei Grabsteine mit Inschriften künden von hier lebenden Germanen. In einem Fall, in Lichtenwörth, war es Tudrus, der Sklave des Boiers Ariomanus, welcher ihn freigelassen hatte. In einem zweiten Fall handelt es sich um eine Frau namens Strubilo, eine Germanin. Sie war Sklavin eines Germanen namens Scalleo. Auch sie war von ihm freigelassen worden und mit Cassus, einem einheimischen Diener am Hofe der Musa, verheiratet.

Rom schloß mit den Quaden einen neuen Klientelvertrag ab, und die Neffen des Vannius, Wangio und Sido, wurden als „reges Sueborum", d. h. als Könige, bestätigt. Im Zuge der Erfüllung dieser Klientelverträge haben dann Sido und der Sohn des Wangio, Italicus, mit den von ihnen zu stellenden Hilfstruppen im Heere Vespasians bei Cremona gekämpft.

Erst 20 Jahre später wurden Markomannen und Quaden wieder in den Schriftquellen genannt. Beide weigerten sich trotz bestehender Klientelverträge, Kaiser Domitian bei seinem Kampf gegen die Daker in Transsylvanien Hilfe zu leisten. Eine Strafexpedition gegen die Quaden endete mit einer Niederlage der Römer. Da Markomannen und Quaden zu dieser Zeit auch die nördlich von ihnen sitzenden Vandalen, einen ostgermanischen Stamm, welcher aber auch einen Klientelvertrag mit Rom hatte, angriffen, schickte Rom zu deren Unterstützung eine kleine Gruppe nach Norden. Dies war für Quaden und Markomannen der Anlaß, in Pannonien einzufallen. Diesem Angriff schlossen sich auch sarmatische Jazygen an, und dabei wurde eine komplette römische Legion, die XXI., samt ihrem Offizierskorps vernichtet. Kaiser Domitian mußte Verhandlungen aufnehmen, und der Frieden wurde mit hohen Geldzahlungen erkauft. Wir sehen also, daß zu diesem Zeitpunkt Markomannen und Quaden die Donau erreicht hatten und, wie Tacitus berichtet, gleichsam die Stirnfront Germaniens bildeten. Er berichtet auch weiter, daß sie bis vor kurzem noch Könige aus dem berühmten Geschlecht des Marbod und des Tudrus gehabt hätten, heute aber müßten sie sich auch Könige von fremden Stämmen gefallen lassen, denn Amt und Macht dieser Könige beruhten auf der Gunst Roms. Bisweilen würden sie Roms Waffenhilfe erhalten, öfter aber nur Geld.

Die ältesten germanischen Funde, die wir aus Niederösterreich besitzen, es handelt sich um Gräber, stammen vom rechten Ufer der March und gehören zum Siedlungsgebiet der Quaden unter ihrem König Vannius. Erst in der zweiten Hälfte des 1. Jhdts. verödeten die bis dahin noch immer bestehenden keltischen Siedlungen, und allmählich wurde das Gebiet zwischen Donau und Thaya durch neue germanische Siedler bevölkert. Erste größere Friedhöfe, wie z. B. in Mistelbach, aber auch schon nahe der Donau in Eggendorf am Wagram, zeigen uns, daß hier germanische Höfe entstanden sind. Oft aber ist es auch nur ein einziges Grab, fernab eines Friedhofes, das ans Tageslicht kommt.

1984 wurde unweit der österreichischen Staatsgrenze bei Laa an der Thaya mit der Untersuchung eines künstlich aufgebauten völkerwanderungszeitlichen Grabhügels begonnen. Dabei wurden auch einige germanische Brandgräber, die aus der ersten Hälfte des 2. nachchristlichen Jhdts. stammen, gefunden. Die Toten wurden auf dem Scheiterhaufen verbrannt, wobei ihre Bewaffnung, Kleidung sowie Speisen und Getränke in Gefäßen mitverbrannt wurden. Die übriggebliebenen Reste einer derartigen Leichenverbrennung wurden in einem Tongefäß in einer kleinen Grube beigesetzt: die weiß ausgeglühten menschlichen Knochenfragmente, die durch den Brand verzogenen Schmuckstücke, die Waffen, Schild, Schwert und Lanze, die Schere und das römische Tafelgeschirr aus Bronze und Messing.

Ein germanisches Kriegergrab mit Urne aus Laa a. d. Thaya

Zur Ausstattung derartiger Kriegergräber gehören auch Trinkhörner, von denen sich nur die Metallbeschläge des Rinderhorns erhalten haben. Bisher ist es in Niederösterreich noch nicht gelungen, einen größeren germanischen Friedhof freizulegen. Dies mag daran liegen, daß diese Bestattungen vielfach nicht sehr tief im Boden liegen und daher durch die Ackertätigkeit weitgehend vernichtet sind. In Laa an der Thaya haben sich diese Bestattungen nur deshalb so gut erhalten, weil Jahrhunderte später zufällig an der gleichen Stelle ein mächtiger Grabhügel aufgeschüttet wurde.

Anders hingegen ist die Situation, was die Siedlung der Germanen betrifft. Durch die Regulierung der Thaya wurden Notgrabungen in einer ausgedehnten germanischen Siedlung in Bernhardsthal notwendig. Etwas mehr als 1 km östlich der hoch aufragenden hallstattzeitlichen Grabhügel von Bernhardsthal befindet sich eine etwas mehr als 2 Hektar große germanische Siedlung, die am Anfang des 2. Jhdts. entstand und in der Mitte des 3. Jhdts. verödete. Da zu dieser Zeit ein trockeneres Klima als heute herrschte und der Grundwasserspiegel niedriger war, wurde die Siedlung direkt an einer heute verlandeten Thayaschlinge angelegt.

Hier konnte bei den Grabungen eine Reihe von kellerartig eingetieften Gebäuden, sogenannten Sechspfostenhütten, gefunden werden.

Grundriß einer komplett ausgegrabenen, eingetieften Sechspfostenhütte aus Bernhardsthal

Ebenerdige Ständerbauten, von denen sich Pfostengruben, Gräbchen und der Wandbewurf der Flechtwerkwände aus Lehm erhalten haben, finden sich genauso wie in den Boden eingegrabene Speichergruben und die Reste von Back- und Kochöfen. Da hier etwa 150 Jahre lang gesiedelt wurde, sind viele der Bauten mehrmals umgebaut und auch neu gebaut worden. Zumindest drei verschiedene Umbauphasen lassen sich in Bernhardsthal nachweisen.

Rechteckiger Bau mit lehmverputzten Wänden aus Bernhardsthal

Dies erklärt die Vielfalt der übereinander und nebeneinander liegenden Grundrisse, die im ersten Augenblick an eine dörfliche Siedlung denken lassen. Teilt man jedoch die einzelnen Grundrisse auf 150 Jahre auf, so bleibt ein germanisches Gehöft mit allen dazugehörigen Nebengebäuden übrig, das von einer bäuerlichen Großfamilie mit ihrem gesamten Gesinde bewohnt wurde. Auch Tacitus beschreibt diese Art der Einzelhöfe als charakteristisch für die Germanen und geht auch im Detail auf die Bauweise aus Holz mit lehmverputzten Wänden ein.

Wiederaufbau und Zerstörung durch Feuer eines Sechspfostenbaues von Bernhardsthal. Um die bei Grabungen festgestellten Befunde interpretieren zu können, müssen archäologische Experimente, wie dieses Beispiel zeigt, durchgeführt werden

Die aus diesen Grabungen in Bernhardsthal stammende Keramik zeigt die typischen handgeformten Gefäße, die vielfach derb mit Fingernagelkerben und flächendeckenden Schwungbogenmustern verziert sind. Daneben gibt es auch eine fast hochglänzend polierte, schwarze, ansprechende Keramik, die mittels eines Rollrädchens fein verziert sein kann. Aber auch römisches Tafelgeschirr, terra sigillata, und die Alltagsware der römischen Töpfer wurde von den Germanen gekauft und verwendet. Nicht selten sind diese römischen Gefäßformen auch von den germanischen Frauen, die die Töpferwaren herstellten, so gut sie es konnten, imitiert worden.

Der germanische Töpfer kannte die schnell rotierende Töpferscheibe noch nicht. Gefäße wie diese aus Bernhardsthal zeigen die typischen Verzierungen, wie Schwungbogen, Knubben und Rillen

Die wirtschaftliche Grundlage eines solchen Gehöftes war die Landwirtschaft, nämlich Viehzucht und Getreideanbau. Rinder, Schweine, Schafe und Ziegen, aber auch Hühner und Gänse wurden gehalten. Fast alle Tiere waren gegenüber den heutigen Rassen deutlich kleiner. So erreichten z. B. die Rinder eine Körperhöhe von knapp über 1 m und damit betrug ihr Schlachtgewicht zwischen 60 und 150 kg, bei Schweinen zwischen 28 und 58 kg und bei Schafen und Ziegen zwischen 12 und 25 kg. Ein Großteil der Jungtiere wurde im Herbst geschlachtet, da über die Wintermonate nicht genug Futter zur Verfügung stand. Gerste, Weizen, Roggen und Hirse, auch Erbsen und Bohnen wurden angebaut. Wichtig war auch der Anbau von Flachs, aus dem dann Leinen hergestellt werden konnte. Die Wolle der Schafe wurde mit Hilfe von einfachen Handspindeln, einem Holzstab mit einer Schwungmasse aus Ton, dem Spinnwirtel, zu Fäden gedreht und dann auf senkrechten Webstühlen, deren Kettfäden durch größere Tongewichte straff gespannt waren, zu einzelnen Kleidungsstücken verarbeitet.

Das geerntete Getreide wurde meist in Vorratsgruben, die oft mit Lehm ausgekleidet waren, gelagert. Sie waren an der Oberfläche dicht abgeschlossen, wodurch man den Zutritt von Sauerstoff verhinderte, um damit ein Austreiben des für die Frühjahrssaat benötigten Kornes zu vermeiden. Das zur Ernährung notwendige Getreide, aber auch alle anderen Nahrungsmittel bewahrte man in sogenannten gestelzten Speichern, lehmverputzten kleinen Holzbauten auf Pfählen, auf. Das Getreide wurde mittels Handmühlen gemahlen. Sie bestanden aus zwei Steinen, einem Bodenstein und einem darauf beweglichen sogenannten Läufer, die in einem Holzgestell eingespannt waren. Diese Mühlen und auch die Verwendung der Sense zum Ernten übernahmen die Germanen von den Kelten.

Das Pferd, mit einer Widerristhöhe von etwa 115 cm, wurde vornehmlich zum Reiten gebraucht. Zur Feldbestellung verwendete man im Joch eingespannte Rinder. Hunde waren als Jagdgehilfen und Wächter selbstverständlich vorhanden, aber auch die Hauskatze ist im germanischen Bereich bereits nachgewiesen. Die Ergebnisse von Jagd und Fischfang waren nicht zu vernachlässigende Grundlagen der Ernährung. Die Jagd erbrachte überdies auch die Felle, auf denen, nach den Berichten der antiken Schriftsteller, „die Germanen gerne lagen".

Diese bäuerliche Wirtschaftsform verwendete auch, soweit wie möglich, alle bei Jagd und Tierzucht anfallenden Abfallprodukte. Aus den Hörnern von Rindern und Auerochsen konnten Trinkhörner hergestellt werden und alle Arten von Geräten fertigte man aus Geweihen und Langknochen an. Besonders auffällig ist die große Anzahl von Knochenkämmen, die immer wieder zu den Funden in germanischen Siedlungen zählen. Bei den Sueben trugen auch die Männer langes Haar, das seitwärts gekämmt und zu einem Knoten verschlungen wurde. Vornehme trugen, so berichtet Tacitus, das Haar besonders kunstvoll geknotet.

Kämme aus Knochenplatten, kunstvoll gefertigt und verziert, dienten nicht nur zum Aufstecken der Haare, sondern vor allem zum Entfernen lästiger Insekten

Auf diesen germanischen Höfen, die sich, gleichsam wie auf einer Perlenschnur aufgefädelt, entlang aller Wasserniederungen, wie March, Thaya und Kamp, aber auch an den kleinen Bächen befanden, wurde auch das benötigte Eisen aus den bestehenden Raseneisenerzadern gewonnen. In Rennöfen verarbeitete man es zu schmiedbarem Roheisen, aus dem dann die verschiedensten Geräte hergestellt wurden. Durch Aufkohlung härtete man die Schneidenteile in entsprechender Weise. Der Rest eines solchen Eisenschmelzofens, bei dem sich noch die Einlässe der Tondüsen für die Blasbälge – eine große Luftzufuhr war zur Erreichung der hohen Schmelztemperatur notwendig – erhalten haben, wurde erst jüngst in Zaingrub im östlichen Waldviertel entdeckt. Kleine verglaste Schmelztiegel, wie sie auch in Bernhardsthal gefunden wurden, verwendete der germanische Buntmetallschmied zum Schmelzen von Bronze. Als Rohmaterial wurden defekte römische Importgegenstände und sonstiges Bruchmaterial, wahrscheinlich auch Münzen, verwendet.

Die Kleidung der Germanen ist uns, abgesehen von den Moorfunden aus Dänemark und

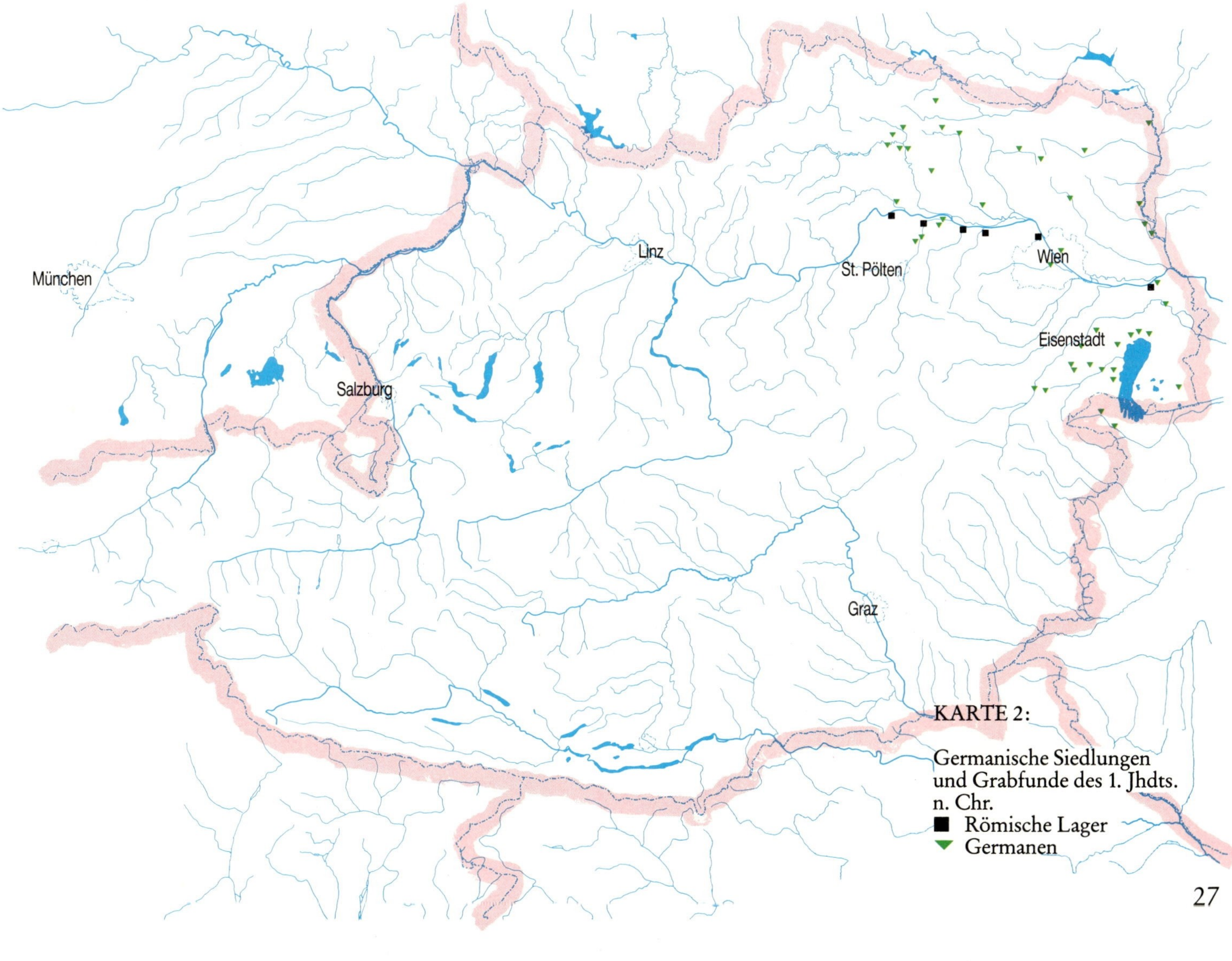


KARTE 2:

Germanische Siedlungen und Grabfunde des 1. Jhdts. n. Chr.
■ Römische Lager
▼ Germanen

Reste eines aus Lehm aufgebauten Rennfeuerofens mit den beiden gegenüberliegenden Öffnungen für die Luftzufuhr; Zaingrub

Nordwestdeutschland, auch durch die römischen Darstellungen einigermaßen gut bekannt. Eine interessante Ergänzung dazu sind natürlich die Schmuckgegenstände, die in den Brandgräbern gefunden wurden. Die Frauen trugen lange ärmellose Gewänder, die an den Schultern durch Fibeln zusammengehalten waren. Diese Fibeln, aber auch Bronzenadeln mit verzierten Köpfen, waren modischen Veränderungen unterworfen und sind eine wichtige Quelle für die relative Altersbestimmung der Fundkomplexe. Außerdem trugen die Frauen noch langärmelige Jacken und Umhänge sowie gewebte Gürtel. Das Haar wurde durch ein Netz oder Kopftuch zusammengehalten und mittels einer Nadel festgesteckt.

Die Männer hatten lange Hosen und einen hemdartigen Kittel an. Darüber trugen sie einen viereckigen, an der rechten Schulter meist mit einer Fibel zusammengehaltenen Umhang. An den Füßen hatten sie Bundschuhe, die aus Leder hergestellt waren, manchmal reichten die Lederbinden dieser Schuhe bis zu den Knien.

Die wichtigste Waffe für den Reiter wie auch für den Fußkämpfer war die Lanze mit eiserner Spitze, die als Wurf- und Stoßwaffe benutzt wurde. Während des 1. Jhdts. waren einschneidige Kurzschwerter gebräuchlich, die aber bald von zweischneidigen Langschwertern abgelöst wurden. Als Schutz gegen Schwerthiebe und Wurfgeschoße wurde ein runder oder lang-ovaler Schild aus Holz verwendet, manchmal mit Leder überzogen, dessen Ränder durch Bronze- und Eisenleisten verstärkt wurden. Der Traggriff, aus Bronze gegossen, wurde auf der Schildaußenseite durch einen eisernen Schildbuckel geschützt. Die Reste dieser Metallbeschläge haben sich, wie die Funde von Mannersdorf und auch die Brandgräber von Laa an der Thaya zeigen, gut erhalten. Die Reiter benützten häufig einen bronzenen, an der Ferse eines Schuhes angenieteten Sporn. Das Zaumzeug war in den meisten Fällen aus vergänglichem Material, Leder oder Stoff, hergestellt, nur selten findet sich ein Bronzezaumzeug.

Schildbuckel, Schildfessel und Schildrandbeschläge aus dem Kriegergrab von Mannersdorf

Einem glücklichen Zufall verdanken wir, daß heute im Krahuletz-Museum in Eggenburg ein prachtvolles Zaumzeug aus Bronze und Eisen mit Silberbeschlag, das in Mödring gefunden wurde, zu besichtigen ist. Es stammt aus dem späten 4. Jhdt. und ist sicherlich das Werk einer provinzialrömischen Werkstatt. In seinen Aufzeichnungen beschreibt der Eggenburger Heimatforscher Johann Krahuletz, wie er das Stück, das von einem Bauern beim Stockgraben gefunden wurde, für sein Museum sichern konnte: *„Eines Tages verständigte mich der Pfarrer Zack aus Pernegg, welcher verdienstvoll für unsere Landeskunde schriftstellerisch tätig ist, er habe in der Schule in Mödring eine Kette herumliegen sehen, welche ihm auffiel, deren Zweck er aber nicht kannte. Am anderen Tag war dieses Stück schon in meinem Besitz. Wie der Eigentümer, ein Wirtschaftsbesitzer, sah, daß ich Wert darauf legte, ging der Handel los. Ich war natürlich nicht mehr fortzubringen. Die anderen hätten* *es so leicht nicht ohne Bezahlung haben können, ich aber nimmermehr, wenn sie den hohen Altertumswert erkannt hätten. Mir war zu tun, die Fundumstände näher zu erforschen, und da war der Herr Lehrer Frankl und der Wirtschaftsbesitzer Huber so freundlich, mich zur Fundstelle zu führen, welche ich nachher noch öfters aufsuchte. Ich fand keine Merkmale, welche mich weiterhin beschäftigen konnten. Nach Angaben lag diese Kette in einer Felsspalte, welche wir noch auffanden, und war mit dem Wurzelstock verwachsen. Eine Ansiedlung oder ein Begräbnisplatz war es nicht. Wahrscheinlich ein Versteck. In der Nähe soll sich einmal eine Burg befunden haben.“*

Spätrömisches Zaumzeug aus Mödring

Die plötzlich einsetzende dichte Besiedlung des Weinviertels, des Ostteiles des Waldviertels, Mährens und der Slowakei dürfte der Anlaß für eine Reorganisation der römischen Verteidigungslinie an der Donau gewesen sein. Bis zum Beginn des 2. Jhdts. wurden die meisten der ursprünglich aus Holz errichteten römischen Lager aus Stein neu gebaut und zusätzlich neue Stützpunkte geschaffen. Münzschätze, die in der Zeit des Kaisers Antoninus Pius in den Provinzen Noricum und Pannonien vergraben wurden, sind ein Beweis für die nun öfter vorkommenden germanischen Beutezüge in die Provinzen.

Daß germanische Könige von Roms Gnaden eingesetzt wurden, zeigt besonders die aus der Regierungszeit von Antoninus Pius stammende Münze mit der Umschrift „rex Quadis datus“.

In der 2. Hälfte der 60er Jahre des 2. Jhdts. ist es dann schließlich zu den jahrelang dauernden kriegerischen Auseinandersetzungen zwischen Römern und Germanen gekommen, die unter dem Namen Markomannenkriege in die Geschichte eingingen.

166 und 167 erfolgten die ersten größeren markomannischen und quadischen Einbrüche in römisches Reichsgebiet. 169 überquerten die Markomannen wieder die Donau und konnten bis Italien vordringen. Dies war möglich, weil die an der Donau stationierten römischen Truppen ein Jahr vorher, nach ihrem Einsatz im Orient, die Pest mitgebracht hatten und so dezimiert waren, daß die Grenze nicht überall gehalten werden konnte.

Die Münze mit der Umschrift „rex Quadis datus“ zeigt deutlich links den germanischen Krieger und, ihm gegenüberstehend, etwas größer Antoninus Pius

Erst 172 war die Reorganisation der Verteidigung soweit fortgeschritten, daß man zum Gegenangriff übergehen konnte. Unter persönlicher Führung des Kaisers Mark Aurel überquerten die Römer auf einer Schiffsbrücke in Pannonien die Donau und gingen gegen die Quaden vor. Nach mehreren erfolgreichen Unternehmungen kehrten sie in die Provinz zurück, wo mit den quadischen Unterhändlern die Friedensbedingungen und ein neuer Klientelvertrag ausgehandelt wurden. Die Quaden erhielten einen neuen von Rom bestellten König namens Furtius. Zum Zeichen des Sieges wurde eine Münze mit der Inschrift „Germania subiacta“ geprägt.

Ein römischer Soldat setzt mit einer Fackel ein aus Holz gebautes germanisches Haus in Brand. Rundhütten dieser Art gab es an der Donau nicht, offensichtlich hatte der Künstler dabei die einheimischen Bauten der Provinz Britannia (England) vor Augen. Relief, Markussäule; Rom

Die Friedensbedingungen für die Quaden waren überaus hart. Vieh und Gefangene mußten abgeliefert werden, und den Germanen wurde verboten, die römischen Märkte in der Provinz zu besuchen.

Ein Jahr später wurde der Kampf mit den Markomannen aufgenommen. Nach mehreren Rückschlägen blieb Rom auch hier erfolgreich, und der Kaiser nahm zum Zeichen seines Erfolges den Titel „Germanicus" an. Die den Markomannen auferlegten Friedensbedingungen waren noch härter. Sie durften keine Märkte in ihrem eigenen Land abhalten, mußten Geiseln stellen und einen Grenzstreifen entlang der Donau von 14 km Breite räumen. Überdies wurden Besatzungstruppen in dieses Klientelreich gelegt.

Doch kaum waren die Verträge in Kraft getreten, hielten sich die östlich siedelnden Quaden nicht mehr daran, nahmen geflüchtete Markomannen auf, vertrieben ihren König von Roms Gnaden und wählten aus ihrer Mitte einen anderen, Ariogais.

Links:
Römische Truppen übersetzen auf einer von Pionieren gebauten Schiffsbrücke die Donau; Relief, Markussäule, Rom

Blick auf den nördlichen Randwall der befestigten Höhensiedlung von Mušov (Muschau), ČSSR

Als in den 20er und 30er Jahren bei Grabungen auf markanten Höhenkuppen in Mähren, der Slowakei und Niederösterreich, ein bis zwei Tagesmärsche von der Donau entfernt, römische Steinbauten, gestempelte Ziegel, Reste von Heiz- und Badeanlagen und römische Ausrüstungsgegenstände gefunden wurden, dachte man vorerst, daß es sich hier um „Lager" handelte, die von den römischen Einheiten im Zuge der Markomannen- und Quadenkriege errichtet worden waren. Als jedoch bei Untersuchungen in den 50er und 60er Jahren vor allem in der Slowakei eine Reihe neuer Anlagen entdeckt wurde und die dabei freigelegten Grundrisse immer weniger dem entsprachen, was wir von römischen Militärbauten im Feindesland erwarten durften, begann die Suche nach den Spuren solcher Marsch- und Winterlager. Man mußte auch versuchen, die bisher gefundenen römischen Bauten auf ihre Funktion hin zu überprüfen. Ein glücklicher Zufall führte zur Entdekkung eines ersten römischen Marschlagers. Als Horst Adler, der Leiter der Ausgrabungen der

Zentimeter für Zentimeter werden die dunklen Verfärbungen, in denen sich die verrosteten, abgebrochenen Nägel römischer Militärsandalen befinden, abgetragen. Mušov (Muschau), ČSSR

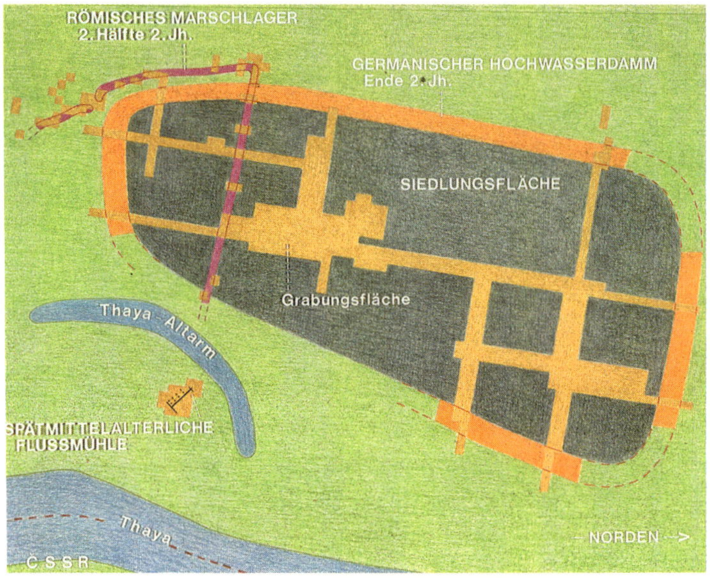


Schematischer Plan der Grabungen von Bernhardsthal

In einer Grabungsfläche von 5 × 5 m hebt sich der negativ ausgehobene Spitzgraben des römischen Marschlagers von Bernhardsthal deutlich ab

schon erwähnten germanischen Siedlung von Bernhardsthal, im südlichen Teil Reste eines rasch wieder zugeschütteten, in den Sandboden steil eingetieften V-förmigen Spitzgrabens fand, war die erste Spur eines römischen Marschlagers gefunden. Es gelang ihm, die nördliche und südliche Seite des Lagers anhand des Verlaufes des Grabens nachzuweisen. Da der Befestigungsgraben dieses Lagers sofort nach dem Abzug der hier kampierenden römischen Einheit von den Bewohnern des germanischen Gehöftes wieder zugeschüttet wurde, fand sich germanisches Fundmaterial, der Abfall aus der Siedlung, in den Gräben. Als alle sichtbaren Spuren des Lagers vernichtet waren, dehnte sich das Gehöft auch über einen Teil des ehemaligen Lagers aus. Noch überraschender waren die Spuren im Boden, die sich im Zuge von systematischen Erkundungsflügen dank der Hilfe des österreichischen Bundesheeres und seiner Piloten fanden. In Plank am Kamp konnten wir eines Tages in einem Getreidefeld eine deutlich sichtbare, rechtwinkelig abbiegende, schmale, anders gefärbte Getreidezeile erkennen. Aufgrund dieses ersten Bewuchsmerkmales wurde nun durch einige Jahre zu verschiedensten Jahreszeiten dieses relativ ebene Feld immer wieder aus der Luft fotografiert, um so auch etwaige andere Verfärbungen von Siedlungsresten und Ähnlichem erkennen zu können. 1985 wurde begonnen, diese Spuren zu untersuchen. Zuerst war es jedoch notwendig, mit Hilfe modernster fotogrammetrischer Einrichtungen aus den Luftaufnahmen Pläne herzustellen, um herauszufinden,

Im Schnitt wird dieser in den Sandboden eingetiefte Lagergraben besonders deutlich sichtbar

Nur geringe Reste haben sich von den beiden Steinbauten innerhalb der germanischen Siedlung von Cifer Pac in der Slowakei erhalten

Deutlich zeichnet sich knapp vor der Ernte im Getreide der Umriß des römischen Marschlagers von Plank am Kamp ab

wo genau sich die Reste des vermuteten Grabens, der ja an der Oberfläche nicht mehr sichtbar ist, befinden. Ein Bagger wurde geholt, der den dunklen Humus abhob. Dann begannen die Studenten des Instituts für Ur- und Frühgeschichte, den Boden mit Hauen und scharf geschliffenen Kellen gleichmäßig abzuziehen, und schon zeigte sich ein schmales, quer über den Acker laufendes, dunkles Band im gelben felsigen Boden, das annähernd rechtwinkelig umbog. Somit hatten sich die auf den Luftaufnahmen erkennbaren Reste eines verfüllten Grabens bestätigt. Anschließend wurde die Verfärbung durch Quer- und Längsschnitte untersucht, um feststellen zu können, wie dieser Graben gebaut war. Alle Schnitte wurden maßstabgetreu gezeichnet, fotografiert und ihre Lage zueinander eingemessen. Auch hier handelte es sich um einen V-förmigen Spitzgraben, wie wir ihn in Bernhardsthal gesehen haben.Ganz ähnlich lagen die Verhältnisse in Kollnbrunn. Am Südwestrand des Ortes konnten ebenfalls aus der Luft die Reste eines rechteckigen Grabensystems entdeckt werden. Dieses war jedoch bedeutend größer als das von Plank am Kamp. Schließlich konnten in Engelhartstetten im Marchfeld gegenüber von Carnuntum ebenfalls derartige Spuren festgestellt werden. Aber auch in Fels am Wagram wurden derartige Grabenverfärbungen aus der Luft gesehen, und zwar an

Von der obersten Humusschicht befreit, mit Kelle und Pinsel geputzt, wird der Graben als dunklerer Streifen im helleren Felsschuttmaterial dieses ebenen Siedlungsplatzes deutlich sichtbar

einer Stelle, wo bereits spätrömische Ziegel gefunden worden waren. So wie in Plank am Kamp wurde in Kollnbrunn ein erster Schnitt durch die Verfärbung gezogen. Auch hier zeigte sich ein V-förmiger Spitzgraben exakt in den Boden geschnitten und alsbald wieder verschüttet. Es fanden sich nur kümmerliche, wenig aussagekräftige Funde. Dennoch erlaubt die Art und Weise der Anlage, die Form und die Bauweise des Grabens den Schluß, daß es sich um die Reste der Schanzarbeit römischer Soldaten handelt.

Das römische Heer war bestens organisiert, hatte vorgeschriebene Marschgeschwindigkeiten und errichtete täglich ein rechteckiges bis quadratisches Lager. In dessen Zentrum wurden die wertvollsten Dinge, Insignien, Sold etc. von Offizieren bewacht, die, genauso wie die Mannschaften, wenn es sich nur um eine Nacht handelte, in Zelten schliefen. Rund um das Lager wurde ein Spitzgraben ausgehoben, der Aushub des Grabens diente, häufig mit einem Palisadenzaun versehen, zugleich als Wall. Als Platz für ein solches Lager wurde meist eine möglichst ebene Fläche ausgesucht, die einen weiten Ausblick erlaubte. Um eine derartige Arbeit schnell und effizient durchführen zu können, mußte dies, wie beim Militär üblich, entsprechend oft geübt werden. Daher finden wir auch zahlreiche Übungslager entlang der Reichsgrenzen Roms. Daß in diesen, oft nur für eine Nacht angelegten Marschlagern besondere Funde gemacht werden, ist nicht wahrscheinlich, da der Soldat ja nur mit dem Notwendigsten unterwegs war. Anders jedoch wird es sein, wenn es einmal gelingt, eines der Winterlager zu entdecken, in denen größere Truppeneinheiten einige Monate

Reich verzierter römischer Reiterhelm aus Bronze, Theilenhofen, Bayern

lang stationiert waren. Ein besonderer Glücksfall wäre die Entdeckung jenes Winterlagers, in welchem Mark Aurel mit einem großen Heer in der Slowakei überwinterte.

Wenn nun aber die römischen Bauten mit Heizung und Bad keine Militärlager waren, was waren sie dann? Um diese Frage zu beantworten, wurden sowohl in Österreich als auch in Mähren und der Slowakei die Ausgrabungen auf diesen Plätzen wieder aufgenommen. Besonders interessant sind die Untersuchungen am Burgstall bei Mušov (Muschau), die 1985 wieder begannen. Direkt an der Straße von Wien nach Brünn liegt hier eine markante Höhenkuppe, auf der an der höchsten Stelle die durch eine Mauer eingefriedeten Reste von römischen

Deutlich sind die beiden tief eingeschnittenen Lagergräben des einzigen römischen gemauerten Lagers nördlich der Donau in Iža (Bez. Komárno, ČSSR) sichtbar

Ziegelstempel der X. Wiener Hauslegion, gefunden am Burgstall von Mušov, ČSSR

Steinbauten mit Fußbodenheizung sowie Teile einer Badeanlage freigelegt wurden. Besonders aufschlußreich sind die großen römischen Ziegel mit Sohlenstempeln der legio X., der Wiener Hauslegion, die in den Markomannenkriegen mit größeren Abteilungen eingesetzt war. Von einem sicherlich hochrangigem Offizier stammt ein Paradepanzerteil, auf dem noch in kleinen Punkten eingraviert zu lesen ist: „legio X." und darunter das Wort „bruti", offensichtlich die Kohorte. Alle diese Funde und eine Reihe weiterer, wie Münzen, römische Sigillaten, Fragmente von Metallpanzern usw., zeigen, daß hier römische Offiziere und Mannschaften anwesend gewesen waren. Die Bauten jedoch liegen

Bronzeplatte von einem Paradepanzer mit dem nach rechts blikkenden Stier, dem Symbol der X. Legion, darüber in gepunzter Inschrift „legio X", darunter, über dem Stier, die Inschrift „BRUTI". Mušov, ČSSR

innerhalb einer sich über den ganzen Berg ziehenden Siedlung und sind durch eine schwache Steinmauer von ihr getrennt. An der Kante des Berges finden sich Reste einer aus Holz und Erde errichteten Befestigung. Es zeigt sich demnach hier ein nach Art der römischen Landhäuser errichteter Gebäudekomplex, der nach römischer Art aus Stein und Ziegeln errichtet und mit den entsprechenden römischen Heizanlagen

Fragment eines Schuppenpanzers, wie er auch auf vielen anderen Fundorten am Limes, aber auch in Germanien, vorkommt. Mušov, ČSSR

ausgestattet war. Er lag innerhalb einer größeren Siedlung, die, wie uns die Funde insgesamt zeigen, im Zuge der Markomannenkriege zugrunde ging und auch nie mehr wieder aufgebaut und besiedelt wurde. Spuren dieser Kämpfe haben sich bei den Grabungen des Jahres 1985 gefunden. Ob es Germanen waren, die die beiden eisernen Lanzen gegen die nördliche Holzmauer warfen, oder römische Truppen, wissen wir nicht.

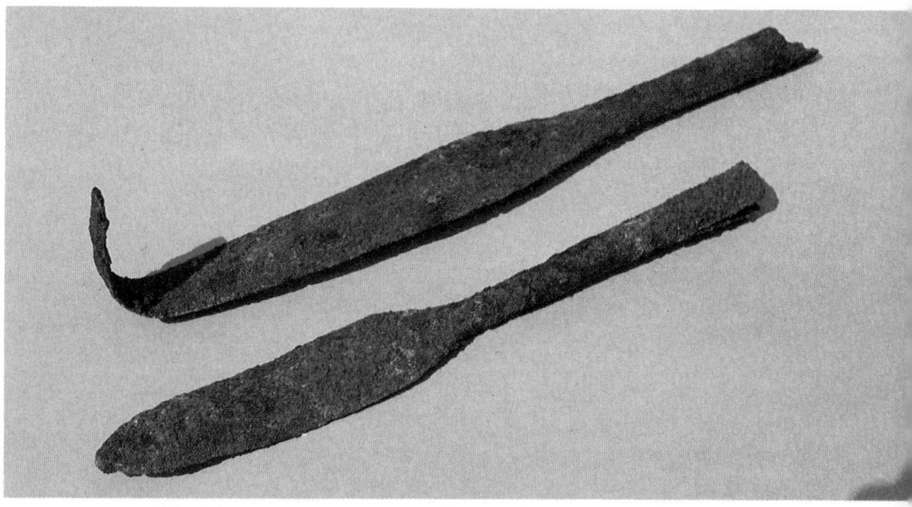

Zwei eiserne Lanzenspitzen aus den Grabungen am Burgstall von Mušov, 1985

einer Stelle, wo bereits spätrömische Ziegel gefunden worden waren. So wie in Plank am Kamp wurde in Kollnbrunn ein erster Schnitt durch die Verfärbung gezogen. Auch hier zeigte sich ein V-förmiger Spitzgraben exakt in den Boden geschnitten und alsbald wieder verschüttet. Es fanden sich nur kümmerliche, wenig aussagekräftige Funde. Dennoch erlaubt die Art und Weise der Anlage, die Form und die Bauweise des Grabens den Schluß, daß es sich um die Reste der Schanzarbeit römischer Soldaten handelt.

Das römische Heer war bestens organisiert, hatte vorgeschriebene Marschgeschwindigkeiten und errichtete täglich ein rechteckiges bis quadratisches Lager. In dessen Zentrum wurden die wertvollsten Dinge, Insignien, Sold etc. von Offizieren bewacht, die, genauso wie die Mannschaften, wenn es sich nur um eine Nacht handelte, in Zelten schliefen. Rund um das Lager wurde ein Spitzgraben ausgehoben, der Aushub des Grabens diente, häufig mit einem Palisadenzaun versehen, zugleich als Wall. Als Platz für ein solches Lager wurde meist eine möglichst ebene Fläche ausgesucht, die einen weiten Ausblick erlaubte. Um eine derartige Arbeit schnell und effizient durchführen zu können, mußte dies, wie beim Militär üblich, entsprechend oft geübt werden. Daher finden wir auch zahlreiche Übungslager entlang der Reichsgrenzen Roms. Daß in diesen, oft nur für eine Nacht angelegten Marschlagern besondere Funde gemacht werden, ist nicht wahrscheinlich, da der Soldat ja nur mit dem Notwendigsten unterwegs war. Anders jedoch wird es sein, wenn es einmal gelingt, eines der Winterlager zu entdecken, in denen größere Truppeneinheiten einige Monate

Reich verzierter römischer Reiterhelm aus Bronze, Theilenhofen, Bayern

lang stationiert waren. Ein besonderer Glücksfall wäre die Entdeckung jenes Winterlagers, in welchem Mark Aurel mit einem großen Heer in der Slowakei überwinterte.

Wenn nun aber die römischen Bauten mit Heizung und Bad keine Militärlager waren, was waren sie dann? Um diese Frage zu beantworten, wurden sowohl in Österreich als auch in Mähren und der Slowakei die Ausgrabungen auf diesen Plätzen wieder aufgenommen. Besonders interessant sind die Untersuchungen am Burgstall bei Mušov (Muschau), die 1985 wieder begannen. Direkt an der Straße von Wien nach Brünn liegt hier eine markante Höhenkuppe, auf der an der höchsten Stelle die durch eine Mauer eingefriedeten Reste von römischen

Deutlich sind die beiden tief eingeschnittenen Lagergräben des einzigen römischen gemauerten Lagers nördlich der Donau in Iža (Bez. Komárno, ČSSR) sichtbar

Ziegelstempel der X. Wiener Hauslegion, gefunden am Burgstall von Mušov, ČSSR

Steinbauten mit Fußbodenheizung sowie Teile einer Badeanlage freigelegt wurden. Besonders aufschlußreich sind die großen römischen Ziegel mit Sohlenstempeln der legio X., der Wiener Hauslegion, die in den Markomannenkriegen mit größeren Abteilungen eingesetzt war. Von einem sicherlich hochrangigem Offizier stammt ein Paradepanzerteil, auf dem noch in kleinen Punkten eingraviert zu lesen ist: „legio X." und darunter das Wort „bruti", offensichtlich die Kohorte. Alle diese Funde und eine Reihe weiterer, wie Münzen, römische Sigillaten, Fragmente von Metallpanzern usw., zeigen, daß hier römische Offiziere und Mannschaften anwesend gewesen waren. Die Bauten jedoch liegen

Bronzeplatte von einem Paradepanzer mit dem nach rechts blikkenden Stier, dem Symbol der X. Legion, darüber in gepunzter Inschrift „legio X", darunter, über dem Stier, die Inschrift „BRUTI". Mušov, ČSSR

innerhalb einer sich über den ganzen Berg ziehenden Siedlung und sind durch eine schwache Steinmauer von ihr getrennt. An der Kante des Berges finden sich Reste einer aus Holz und Erde errichteten Befestigung. Es zeigt sich demnach hier ein nach Art der römischen Landhäuser errichteter Gebäudekomplex, der nach römischer Art aus Stein und Ziegeln errichtet und mit den entsprechenden römischen Heizanlagen

Fragment eines Schuppenpanzers, wie er auch auf vielen anderen Fundorten am Limes, aber auch in Germanien, vorkommt. Mušov, ČSSR

ausgestattet war. Er lag innerhalb einer größeren Siedlung, die, wie uns die Funde insgesamt zeigen, im Zuge der Markomannenkriege zugrunde ging und auch nie mehr wieder aufgebaut und besiedelt wurde. Spuren dieser Kämpfe haben sich bei den Grabungen des Jahres 1985 gefunden. Ob es Germanen waren, die die beiden eisernen Lanzen gegen die nördliche Holzmauer warfen, oder römische Truppen, wissen wir nicht.

Zwei eiserne Lanzenspitzen aus den Grabungen am Burgstall von Mušov, 1985

Dort wo sich heute die mächtige hölzerne Aussichtswarte des Oberleiserberges befindet, stand einst der imposante mehrräumige Steinbau, der heute im Grundriß wieder rekonstruiert ist

Die Ostseite des römischen Gebäudekomplexes während der Ausgrabungen

Als Herbert Mitscha-Märheim und Ernst Nischer-Falkenhof in den 20er Jahren ihre Ausgrabungen auf dem Oberleiserberg begannen, konnten sie gleich in den ersten Jahren einen größeren mehrräumigen Steinbau freilegen, der von einer, damals als Kastellmauer interpretierten, steinernen Einfriedung umgeben war. Auch hier nahm man an, daß es sich um ein römisches „Kastell" handelte, und der Steinbau wurde als Kommandantenhaus angesehen. 1975 wurden diese Grabungen wieder aufgenommen und seither alljährlich fortgeführt. Dabei zeigte sich, daß neben dem gemauerten Hauptgebäude, dessen Wände zum Teil in Holzfachwerkbauweise errichtet waren und das ein Dach aus gebrannten Lehmziegeln hatte, eine ganze Reihe von aus Holz gebauten Wirtschaftsgebäuden standen. Sie waren von einer schmalen, man könnte fast sagen „Gartenmauer" umgeben, die das Areal umschloß. Wenn auch die Grabungen noch lange nicht abgeschlossen sind, so können wir hier bereits deutlich einen für zivile Zwecke errichteten Bau erkennen.

Nördlich des einstöckigen Steinbaues fanden sich mehrere Holzhäuser, deren Fundamentgräbchen und Pfostengruben als dunkle Verfärbungen sichtbar werden

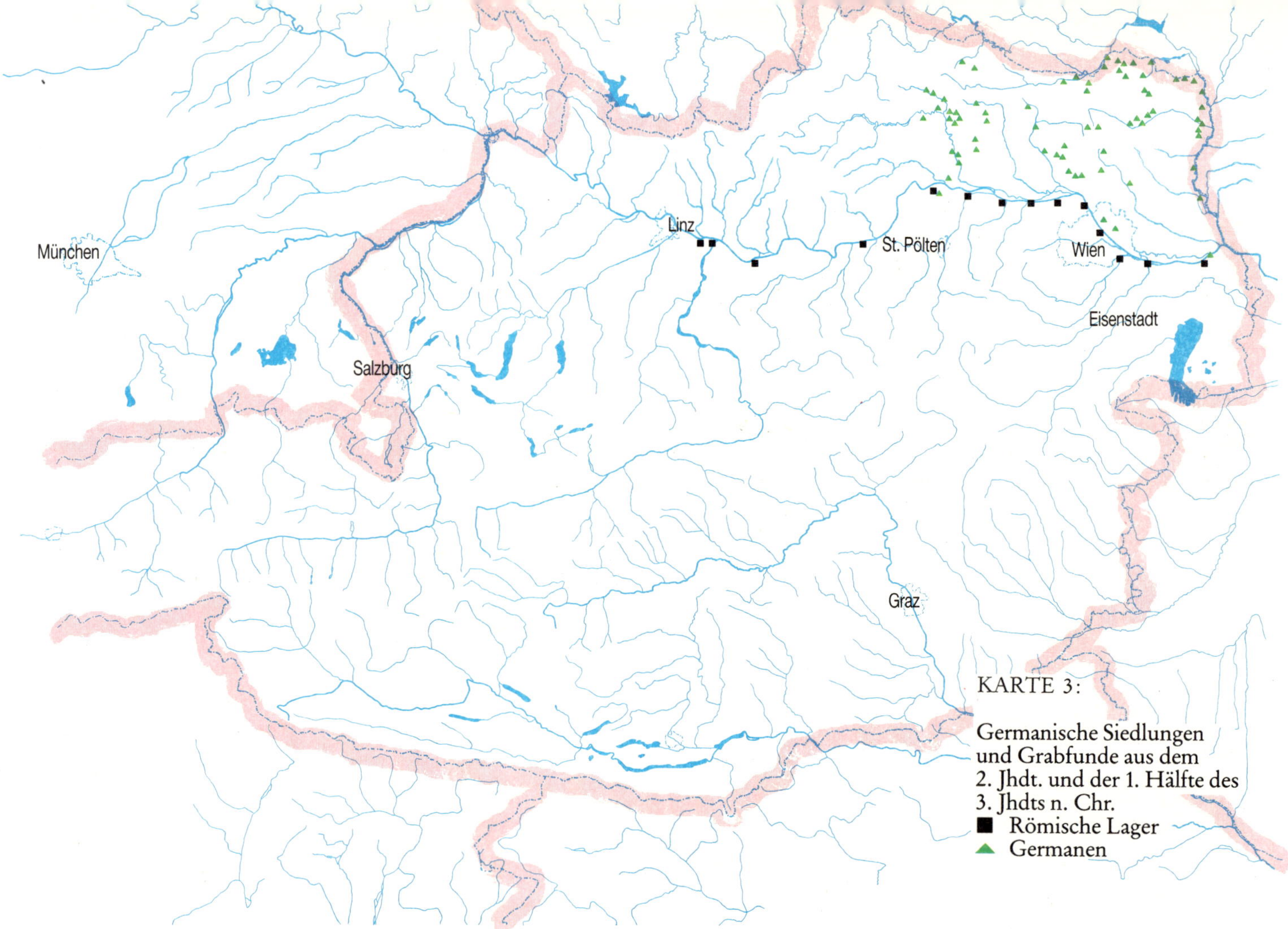


KARTE 3:

Germanische Siedlungen und Grabfunde aus dem 2. Jhdt. und der 1. Hälfte des 3. Jhdts n. Chr.

Ganz ähnlich sind auch die Ergebnisse von Untersuchungen in den aus jüngerer Zeit stammenden Anlagen von Cifer Pac und Stupava in der Slowakei, die genauso zivilen Charakter zeigen, wie die erst vor kurzem entdeckte, niemals in Betrieb genommene römische Badeanlage von Doubravka, ebenfalls in der Slowakei. Und auch in Niederleis sowie in Stillfried an der March sind bis jetzt keine Beweise vorhanden, daß die hier gefundenen römischen Steinbauten speziell für militärische Zwecke errichtet wurden.

Vielmehr können wir in all diesen eben besprochenen Bauwerken Landhäuser sehen, die die Römer als eine Art „Entwicklungshilfe“ für die germanischen Klientelfürsten der Markomannen und Quaden erbaut hatten. Fürstensitze, wo nicht nur der germanische König mit seinem Gefolge residierte, sondern auch die römischen Gesandtschaften vorsprachen, wo nach den harten Friedensbedingungen auch römische Einheiten zur Überwachung und zum Schutz der Könige von Roms Gnaden stationiert wurden, wo aber auch römische und germanische Händler ihre Waren feilboten und in deren Nähe sicherlich, wenn auch nicht an Ort und Stelle selbst, die Märkte abgehalten wurden. Es darf uns daher nicht wundern, wenn diese Zentralorte auch die Hauptangriffsziele in den Markomannenkriegen waren. Manche von ihnen, wie Mušov, wurden dabei zerstört und nicht mehr aufgebaut. Spuren dieser Kämpfe sind sicherlich die dabei verlorengegangenen und auf dem Schlachtfeld zurückgebliebenen Waffen und Ausrüstungsteile.

Diese kriegerischen Ereignisse haben ihren Niederschlag nicht nur auf der Markussäule in Rom gefunden. Sie sind auch der Grund, warum der zu Carnuntum gehörige kultische Bezirk auf dem Pfaffenberg, heute durch einen Steinbruch weitestgehend zerstört, ausgebaut und ganz besonders dem Wettergotte Jupiter und dem göttlichen, siegreichen Kaiser geweiht wurde. Eine Weihe, die in Zusammenhang steht mit dem sogenannten Blitz- und Regenwunder am 11. Juni 172. Damals, so berichten uns die antiken Autoren, sollen zwei für die Römer gefährliche Ereignisse dank dem Eingreifen des Wettergottes und der Fürbitte des Kaisers Mark Aurel abgewendet worden sein. In einem Fall hat ein Blitz eine den Römern gefährlich werdende Kriegsmaschine vernichtet (die Germanen kannten zwar keine Kriegsmaschinen, aber im Heimatland hört sich der Angriff einer

Solche aus Stoff gefertigte Hauszelte wurden für die römischen Offiziere bei ihren Unternehmungen im Quaden- und Markomannenland mitgeführt. Relief, Markussäule, Rom

Diese Aufnahme, Juni 1982, zeigt noch die letzten Reste des weit ausgedehnten Kultbezirkes auf dem Pfaffenberg in Petronell, der heute bereits zerstört ist

Kriegsmaschine immer drastischer an). Im anderen Fall waren die Römer offensichtlich auf einer wasserlosen Hochfläche eingeschlossen und von Durst zermürbt, hatten auch viele Verwundete. Die Quaden glaubten leichtes Spiel zu haben, als plötzlich der Regen, wohl als Folge des vorangegangenen Gewitters, in Strömen niederfiel. Da hätten sie und ihre Pferde auch wieder zu trinken gehabt, der römische Angriffsgeist wäre wieder erwacht, und sie hätten sich aus der hoffnungslosen Lage befreit.

Wo dieses Ereignis stattgefunden hat, wissen wir nicht, aber es wäre durchaus denkbar, daß es in den Pollauer Bergen war, wo die Felsklippen der Kalkstöcke berühmt und berüchtigt für ihre schweren Gewitter sind.

Als Mark Aurel am 17. März des Jahres 180 plötzlich in Wien verstarb, war sein Sohn und Nachfolger Commodus gezwungen, Frieden zu schließen. Klientelkönige wurden neu eingesetzt, die Germanen mußten alle Gefangenen und Überläufer übergeben, jährlich Getreide an die Provinzen liefern, und Quaden und Markomannen wurden verpflichtet, Hilfstruppen für die römische Armee zu stellen. Sie hatten sich jeder kriegerischen Auseinandersetzung mit anderen Germanen zu enthalten, bei Veranstaltungen mußte ein römischer Offizier mit einer Abteilung teilnehmen und die 14 km breite Sperrzone an der Donau durfte weiterhin nicht betreten werden. Letztere Bedingung dürfte aber die Germanen kaum getroffen haben, denn wir finden in dieser Zone schon vorher kaum eine germanische Siedlung. Nur Spuren von römischen Landungsstegen am linken Donauufer sind festzustellen, die zum Teil, wie in der Slowakei, sogar die Ausmaße eines römischen Auxiliarlagers annehmen konnten. Manchmal allerdings, wie in Wien-Leopoldau, gab es vielleicht nur eine kleine Wachmannschaft in einem geschützten Steinbau. Wirklich unangenehm war die Bedingung, daß sowohl Markomannen als auch Quaden die Stationierung von 20 000 römischen Soldaten hinnehmen mußten, die ihnen, wie der römische Schriftsteller Cassius Dio berichtet, immer Schwierigkeiten bereiteten, wenn sie ihre Viehherden in Ruhe weiden und ihr Ackerland bestellen wollten, und die sie selbstverständlich auch verpflegen mußten.

Die Klientelverhältnisse änderten sich auch im 3. Jhdt. kaum. So hören wir, daß um 215 der römische Kaiser Caracalla einen Quadenkönig namens Gaiobomarus hinrichten ließ, ohne daß es zu erwähnenswerten Unruhen unter den Quaden kam. Dennoch muß die germanische Siedlungsintensität im Laufe der ersten Hälfte des 3. Jhdts. stark nachgelassen haben. Sicherlich waren die Germanen durch den langen Krieg und die Entsendung von Hilfstruppen in zum Teil weit entfernte Gebiete des römischen Reiches stark dezimiert. So stehen den etwas mehr als 80 bis jetzt in Niederösterreich bekannt gewordenen Siedlungsplätzen des 2. Jhdts. kaum mehr als 20 aus der Zeit nach der Mitte des 3. Jhdts. gegenüber. Auch dürften aus dem Norden neue germanische Gruppen nach Süden vorgedrungen sein. Damals kam es auch zu den alamannischen Einfällen am rätischen Limes. Die Alamannen drangen bis in die innersten Alpentäler vor, sogar Aguntum bei Lienz in Osttirol wurde von ihnen geplündert, und der römische Limes in Rätien mußte rückverlegt werden. Sollte Rom früher noch die Vorstellung Mark Aurels genährt haben, eine weitere germanische Provinz „Marcomannia“ einzurichten, so war jetzt keine Rede mehr davon. Markomannen beteiligten sich auch an einer Plünderungsaktion der Alamannen, die bis nach Italien führte, aber auch knapp nach der Mitte des 3. Jhdts. ist man wieder über die Donau nach Pannonien eingefallen und hat hier ausgiebig das Land verheert. Die Provinzen sollten nicht mehr zur Ruhe kommen: 282 brandschatzten die Quaden Pannonien, 285, 295 und 299 wurden sie von Kaiser Diokletian geschlagen. Auch 310 mußte Kaiser Licinius die germanischen

Stämme im Norden der Donau wieder besiegen. Damals entstanden neue germanische Fürstensitze, wie das schon erwähnte Cifer Pac in der Slowakei, und auch direkt vor den Toren der römischen Kastelle kam es nun zu ständigen germanischen Siedlungen, wie in Wien-Aspern oder in Wien-Leopoldau.

Doch werfen wir jetzt einen kurzen Blick in die römischen Provinzen selbst. Seit der Regierungszeit von Kaiser Claudius gab es im mittleren Donauraum drei Provinzen, Rätien im Westen, anschließend Noricum, und Pannonien im Osten. Schon unter Claudius wurden die ursprünglich weit im Landesinneren stationierten römischen Besatzungstruppen an die Donau verlegt und ständige Lager errichtet, um die sich Lagerdörfer als zivile Siedlungen entwickelten. Ein erster Höhepunkt dieser Entwicklung ist unter den flavischen Kaisern, insbesondere unter Domitian (81–96 n. Chr.), merkbar. In dieser Zeit wurde ein Großteil der Lager noch in Holzbauweise errichtet und vielfach, wie in Tulln, wurden sogar Trockenmauern aus Lehmziegeln und Rasenstücken in die Holzbewehrung eingebaut. Im 2. Jhdt. lösten dann massive Steinmauern mit Zinnenbekrönung und mächtigen Toranlagen sowie flankierenden Türmen diese Bauten ab. Im Hinterland enstanden ausgedehnte Gutshöfe, und unter Kaiser Hadrian wurden dann im heutigen Niederösterreich die Stadtrechte für Cetium (St. Pölten) und für das Lagerdorf von Carnuntum erteilt. Letzteres wurde später vom Nachfolger des Commodus, dem Afrikaner Septimius Severus, dem ehemaligen Statthalter von Oberpannonien, wohl aus Dankbarkeit für seine dort stattgefundene Ausrufung zum Kaiser, in den Rang einer Koloniestadt erhoben. Sein Sohn Caracalla hat im Jahre 212 mit dem Erlaß der Constitutio Antoniniani dem Großteil der römischen Reichsbevölkerung, die den verschiedensten Völkerschaften angehörte, den sogenannten „peregrini", die bisher rechtlich schlechter gestellt waren als die „cives Romani", das römische Bürgerrecht verliehen. Eine Ehre, die den Betroffenen viele Vorteile brachte, die aber auch dem Staat entsprechende Steuereinnahmen bescherte. Damals wurde auch Vindobona zur Stadt erhoben.

Modell des spätrömischen Lagers von Zeiselmauer mit den charakteristischen Fächertürmen

Zahlreiche, heute noch gut sichtbare Baureste sind überall an der Donau vorhanden. Nicht nur im bekannten Carnuntum stehen die teilweise freigelegten Ruinen der Kastelle, der ummauerten Stadt, der Amphitheater und Heiligtümer; nicht nur in Wien finden sich die begehbaren Ruinen der römischen Vergangenheit, sondern auch in den kleinen Städten und Dörfern entlang der Donau haben sich reichliche Spuren erhalten. Die wohl am besten erhaltenen Reste eines römischen Lagers können wir in der kleinen Tullnerfelder Gemeinde Zeiselmauer sehen. Hier sind große Teile des in flavischer Zeit ursprünglich aus Holz erbauten, dann in Stein erneuerten Kohortenkastells vorhanden. Fächer- und Hufeisentürme und das Osttor des Lagers stehen hier als Zeugen der römischen Vergangenheit dieses Ortes. An der Nordwestecke des Lagers finden sich, vorzüglich restauriert, die hochaufragenden Mauern eines Kleinkastells aus der Spätzeit des Lagers, als im eigentlichen Kastell die Bevölkerung des Lagerdorfes und der Umgebung Zuflucht gefunden hatte. Unter der heutigen Kirche sind nicht nur die Vorgängerbauten des Gotteshauses erhalten, sondern auch Teile der Principia, des Gebäudes, in dem die Kohorte ihre Insignien und die Regimentskassa aufbewahrte, freigelegt und begehbar gemacht worden.

Der nordöstliche Fächerturm von Zeiselmauer

Die Reste des in die Nordwestecke des römischen Lagers von Zeiselmauer eingebauten Kleinkastells mit dem gegen das Lagerinnere zu offenen Eingang

Der mächtige, mehrstöckige Körnerkasten von Zeiselmauer, einst der Ostturm des römischen Lagers

△
Die Nordwestecke des Lagers von Zeiselmauer. In der Bildmitte finden sich die Reste des Kleinkastells. Durch den auf den Mauern liegenden Schnee werden drei der vier im Innenhof stehenden Steinfundamente des mehrgeschossigen Holzbaues sichtbar

Donauaufwärts in Tulln, dem römischen Comagenis, haben in den letzten Jahren größere Ausgrabungen stattgefunden. Im Park des heutigen Spitals wurde die Ostseite des ehemaligen Holzlagers entdeckt. Es ist zu hoffen, daß nach der Verlegung des Krankenhauses an seinen neuen Platz Teile dieser Befestigung sowie das mächtige doppelte Osttor restauriert und zugänglich gemacht werden. Ein mehrstöckiger Hufeisenturm dieses Alenlagers, das unter Trajan in Stein neu erbaut wurde, ist an der Donauseite bereits konserviert.

Der römische Meilenstein von Nitzing

Zwischen Tulln und Königstetten steht in einem Getreidefeld neben der heutigen Straße ein verwitteter, sagenumrankter Stein, der ursprünglich als römischer Meilenstein die Entfernungen zwischen den einzelnen Raststationen angab. Aus dem Jahre 236 stammt ein Meilenstein, der, bei einem Hausbau gefunden, heute in der Pfarrkirche von Königstetten aufgestellt ist. Die sinngemäße Übersetzung der heute noch gut sichtbaren Inschrift lautet: „Die gütigsten Herrscher Gaius Julius Verus Maximinus und sein Sohn, der Kronprinz Gaius Julius Verus Maximus, haben Brücken wieder errichtet, Straßen gebaut und Meilensteine wieder hergestellt. Die Entfernung von Cetium (St. Pölten) beträgt 33 km."

Der neu restaurierte Hufeisenturm von Tulln

Diese Inschrift, die auch die gesamten Ehrentitel des Kaisers und seines Sohnes anführt, diente in diesem Fall dem Reisenden nur nebenbei als Entfernungsangabe, hauptsächlich war sie aus propagandistischen Gründen angefertigt worden.

Der römische Meilenstein in der Pfarrkirche von Königstetten

Die Reste des teilweise von der Donau weggeschwemmten Lagers von Zwentendorf sind heute in einem Akazienwäldchen und dem rechts anschließenden grünen Feld verborgen

Eines der 1958 bei den Grabungen in Zwentendorf freigelegten Häuser (Haus A) mit den Resten von Heizkanälen

Auf halbem Weg zwischen Tulln und Traismauer sehen wir dann im Feld die unscheinbaren Reste des ehemaligen Kohortenkastells von Zwentendorf, von dem fast zwei Drittel durch die schweren Donauhochwässer im Mittelalter weggerissen wurden. Hier fanden in den 60er Jahren intensive Ausgrabungen statt. Bemerkenswert sind die vielen Kleinfunde aus der Spätzeit dieses Lagers, aus dem 4. und 5. Jhdt., insbesondere die Fragmente einer kolossalen Standfigur aus Bronze, die, in viele kleine Stücke zerschlagen, im 5. Jhdt. als Rohmaterial zur Herstellung von verschiedenen Geräten diente.

Fragmente einer zerschlagenen Kolossalstatue, wie sie in fast allen Lagern einst aufgestellt waren. Die Fragmente wurden in der Spätzeit von den lokalen Buntmetallschmieden als Rohmaterial wieder verwendet; Zwentendorf a. d. Donau

In einem der nördlichen Hufeisentürme von Traismauer befindet sich ein kleines Heimatmuseum

Römischer Grabstein einer Keltin namens Maveta

Spätrömisches Steinkistengrab aus Klosterneuburg. Die zeichnerische Darstellung zeigt die aufgebrochenen Steinplatten der Plünderung. Von der letzten Bestattung sind nur mehr Unterschenkel und Füße erhalten. Die vorhergehenden Bestattungen liegen, wirr durcheinandergeworfen, zur Seite geräumt

Während die Toten in den Landbezirken, wie wir gesehen haben, häufig in sogenannten norisch-pannonischen Hügelgräbern bestattet sind, wurden in den Kastellen und Städten die Leichen verbrannt und in Urnen, mit Beigaben versehen, begraben. Vielfach errichtete man zu ihrem Gedenken steinerne Monumente. Erst ab dem 3. Jhdt. wurde die Körperbestattung in Steinkisten, Sarkophagen, aber auch in aus Ziegeln und Steinen gemauerten Schächten, je nach sozialer Stellung und den finanziellen Möglichkeiten, üblich. Manche dieser Gräber waren auch Familiengrüfte. Bisweilen wurden mehrere Familienmitglieder darin bestattet und die Reste der vorher Verstorbenen zur Seite geräumt, teilweise sorgsam aufgestapelt.

Römisches Grab mit aufgeschichteten Schädeln und Langknochen der schon vorher bestatteten Familienmitglieder

Neben diesen Städten, Lagern und dazugehörigen Lagerdörfern fanden sich im ganzen Land verstreut Wirtschaftsbetriebe, teils prunkvolle Landhäuser mit prächtigen Mosaikböden, aber auch entlang der Grenze in der Spätzeit mit Wällen und Gräben befestigte Wachttürme. Ein relativ dichtes und gut ausgebautes Straßennetz ermöglichte dem Militär eine schnelle Verschiebung von Truppen im Falle von germanischen Einfällen, die natürlich vor allem die Landbevölkerung und die anfangs kaum geschützten Gutshöfe und Landhäuser am härtesten trafen. Reformen der Heeresorganisation, wie sie unter Kaiser Diokletian durchgeführt wurden, aber auch Verwaltungsreformen, wie unter Konstantin dem Großen – damals wurde die militärische von der zivilen Verwaltung getrennt –, änderten nichts am fortschreitenden Niedergang römischer Macht an der Donau. So berichtet der römische Historiker Ammianus Marcellinus, daß Carnuntum, wo im Jahre 308 noch das berühmte Vierkaisertreffen stattgefunden hatte, um 375 „ein verfallenes, schmutziges Nest“ war. Wohl versuchte man noch, vor allem unter Valentinian I. (364–375), die alten Kastelle instand zu setzen, die zu groß gewordenen Lager umzubauen und Kleinkastelle zu errichten. Auch wurden zum letzten Mal römische Abteilungen in das Klientelgebiet der Markomannen und Quaden verlegt. Dennoch war römisches Leben in der bisherigen Form nicht mehr möglich. Die Zivilbevölkerung wurde in die zu groß gewordenen Kohortenlager aufgenommen, um sie in diesen ummauerten Befestigungen besser schützen zu können. Hier lebten die Familien der diensttuenden Soldaten, die Handwerker, aber auch die Bauern, die ihre Felder und Gärten im freien Land hatten.

Als sich die Quaden über die Aktivitäten des römischen Militärs beschwerten, wurde in Pannonien eine ihrer Gesandtschaften freundlich empfangen. Aber ihren Führer, einen der quadischen Könige, erstach man bei einem auch damals durchaus üblichen „Arbeitsessen“. Dies war das Signal für einen Überfall in Pannonien. Im Sommer 374 fielen Quaden gemeinsam mit ihren Nachbarn, den Sarmaten, in Pannonien ein und vernichteten dabei zwei römische Legionen, die sich ihnen entgegenstellten. Daraufhin wurde im Herbst 375 eine Strafexpedition ins Quadenland unternommen. Nach der Unterwerfung der Quaden kam es zu Friedensverhandlungen in Brigetio (Komorn, Ungarn). Anläßlich dieser Verhandlungen – es wurde auch ein neuer Klientelvertrag ausgehandelt – regte sich Kaiser Valentinian über die fadenscheinigen Entschuldigungen der quadischen Delegation so auf, daß er einen tödlichen Schlaganfall erlitt. Dennoch muß der Klientelvertrag mit den Quaden erneuert worden sein, auch mit den Markomannen muß er aufrecht gewesen sein. Wenig später hören wir auch, daß eine quadische Reiterabteilung in Ägypten Dienst tat. Quaden und Markomannen waren in diesem ausgehenden 4. Jhdt. die direkten Nachbarn der römischen Provinzialbevölkerung und deckten sicherlich einen Großteil ihrer Bedürfnisse über den grenznahen Handel.

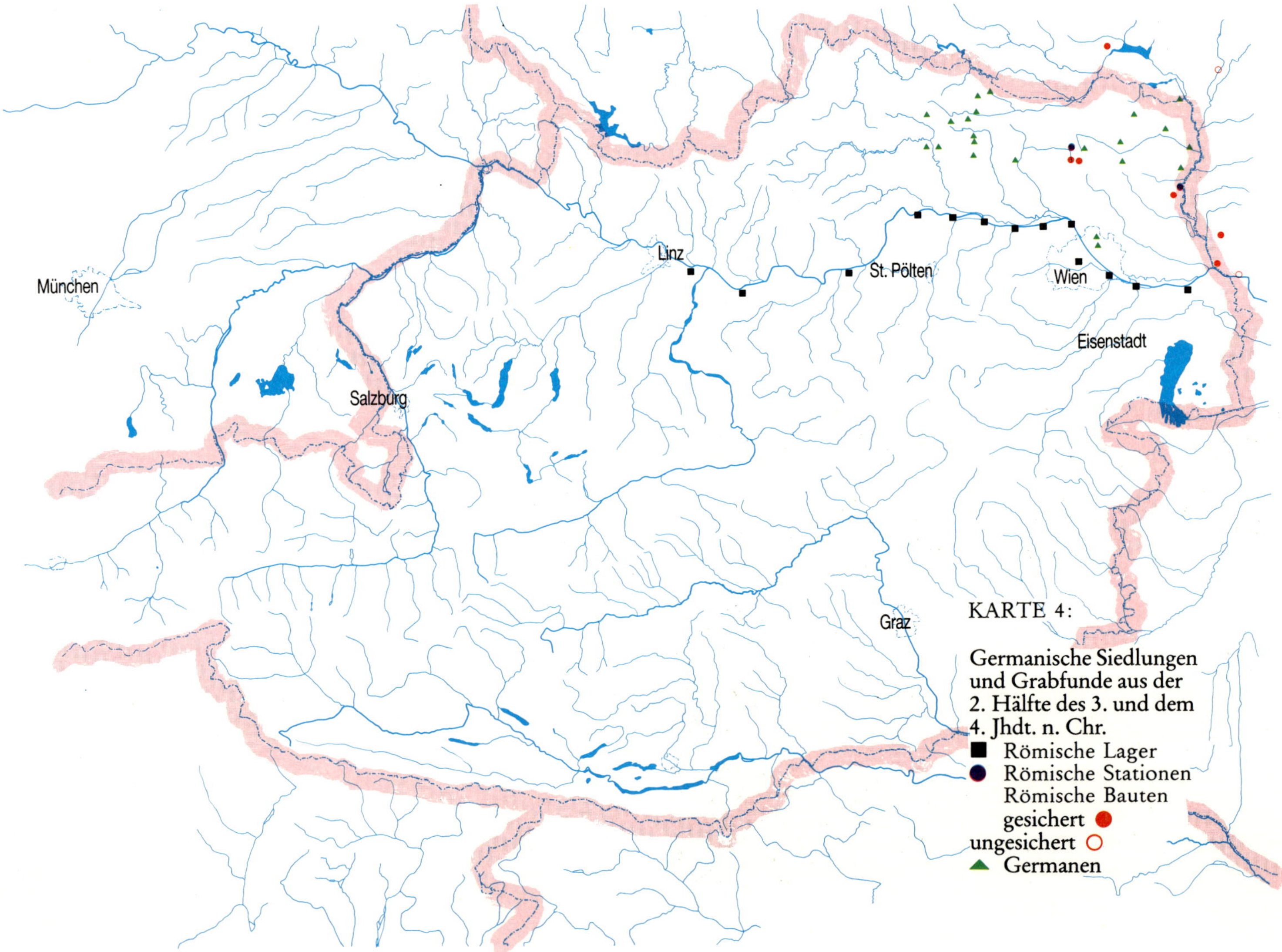


KARTE 4:
Germanische Siedlungen und Grabfunde aus der 2. Hälfte des 3. und dem 4. Jhdt. n. Chr.

# DIE VÖLKERWANDERUNGSZEIT – BARBAREN AUS DEM OSTEN IM KAMPF UM DAS ERBE ROMS

Die Bewohner der Provinzen waren nur mehr zu einem geringen Teil römische Bürger im alten Sinn. Germanen, Orientalen und Bewohner aus allen Provinzen Roms, die hierher verschlagen wurden, aber auch die ersten aus dem Osten kommenden ostgermanischen und hunnischen Bevölkerungsgruppen lebten hier gleichsam als Schicksalsgemeinschaft unter dem Begriff Romanen noch fast hundert Jahre weiter. Vom breiten Sicherheitsgürtel entlang der Donau, wie ihn Mark Aurel erzwungen und seine Nachfolger immer wieder verlangt hatten, war keine Rede mehr. Den größten Umschwung in diesen relativ ruhigen Verhältnissen an der Donau brachte eine weit östlich davon stattfindende Auseinandersetzung zwischen Rom und anderen germanischen gentes. Am 9. August 378 war in einer Schlacht an der heutigen türkisch-bulgarischen Grenze eine römische Armee durch ein Heer, bestehend aus Westgoten, Ostgoten, iranischen Alanen und Hunnen, vernichtet worden. Neben Kaiser Valens fielen bei Adrianopel nicht weniger als 35 Kommandanten im obersten Rang und nur ein Drittel der von Rom aufgebotenen Soldaten, darunter die Kavallerie, konnte sich durch Flucht retten. Eine der Folgen des Kampfes war, daß vorerst Teile der auf der Seite Roms mitkämpfenden fremden Reiter unter der Führung ihrer Kommandanten Alatheus und Safrac auf Reichsgebiet in Pannonien angesiedelt werden mußten. Noch bedeutsamer war jedoch, daß aufgrund eines Vertrages ein gesamtes germanisches Volk, die Westgoten, als Föderaten innerhalb der römischen Reichsgrenzen aufgenommen wurde. Nach deren Ansiedlung im heutigen Bulgarien und nördlich des Balkans war damit ein germanischer Stamm erstmals in der Lage, nicht nur geschlossen auf römischem Gebiet zu siedeln, sondern auch unter Ausnützung eines funktionierenden Straßennetzes in südliche und westliche Reichsteile vorzudringen. Damit änderte sich die Situation für die Bewohner der Provinzen Pannonia prima und der schon seit geraumer Zeit als Noricum ripense (Ufernoricum) bekannten Provinz an der Donau. Die Grenze zu Binnennorikum war der Alpenhauptkamm, und der Feind stand nicht nur im Norden jenseits der Donau, sondern auch im Osten. Aus diesem Grund dürfte der römische Heermeister Stilicho, selbst ein Germane, dem der militärische Schutz der Donaugrenze anvertraut war, einen der markomannischen Klientelkönige dazu gebracht haben, sich in den Dienst Roms zu stellen. Es ist durchaus möglich, daß dieser „tribunus gentis Marcomannorum“ seinen Wohnsitz nicht in einem der westlichen pannonischen Donaulager hatte, sondern samt seinen Truppen auf seinem Königshof residierte. Die mächtigen Befestigungsbauten auf dem Oberleiserberg aus dem späten 4. Jhdt. würden dafür sprechen. Wahrscheinlich war die arianische markomannische Fürstin Fritigil, die einen Briefwechsel mit dem Bischof von Mailand, Ambrosius († 397), führte, seine Frau. Ambrosius gab ihr den diplomatischen Rat, ihren Mann zu überreden, die römische Oberhoheit anzuerkennen und sich in den Dienst Roms zu stellen.

Es gab kein römisches Militär alter Tradition mehr, auf das sich die romanische Bevölkerung verlassen konnte. An seine Stelle traten nun verschiedene, durch Verträge engagierte, gentile Gemeinschaften. Sie repräsentierten nun die militärische Macht Roms an der Donau. Ihre Ernährung, ihr täglicher Bedarf, teilweise auch ihre Soldzahlungen mußten von der zivilen Verwaltung organisiert werden.

Auch der Geldverkehr ließ gegen Ende des 4. Jhdts. merklich nach und spielte ab dem 5. Jhdt. nur mehr eine unwesentliche Rolle. Das Wirtschaftssystem der verschiedenen suebischen, ostgermanischen, alanischen und hunnischen Föderaten war völlig anders als das römische. Für den Vorrat hatte der zu sorgen, dessen Schutz man übernahm, und Landzuteilungen waren nur dann interessant, wenn es auch von Arbeitskräften bewirtschaftet war, die Steuern an diese gentes ablieferten. Im Jänner 395 war der aus Spanien stammende Kaiser Theodosius gestorben. Seine Söhne teilten sich die Herrschaft. Im Osten war es der Ältere, Arkadius, der sein Reich von Byzanz aus regierte, im Westen hatte der Jüngere, Honorius, seinen Sitz in Mailand. Dennoch war der Senat von Rom maßgebend für die Einsetzung und Anerkennung von Königen in den Klientelstaaten. Die Verteidigung der westlichen Reichshälfte lag, wie wir gesehen haben, in den Händen des römischen Heermeisters Stilicho. Ihm gelang es knapp nach 400, einen Zug vandalischer, alanischer und suebischer gentes nach Italien zu verhindern. Statt dessen sind diese, da der Alpenübergang gesperrt war, donauaufwärts auf den römischen Straßen nach Westen gezogen und haben am Silvesterabend des Jahres 406 trotz Gegenwehr der Franken den Rhein überschritten. Sie marschierten über Gallien weiter bis nach Spanien und Portugal, wo sie die Grundlage des Vandalen- und Suebenreiches bildeten.

Das nun beginnende 5. Jhdt. kann wahrhaft als ein Jahrhundert „der goldenen Spuren" bezeichnet werden. Vor allem wegen der Beigaben aus besonders reich ausgestatteten Körpergräbern, deren ethnische Zuordnung in den meisten Fällen mehr als fraglich ist und die wir daher nur als allgemein ostgermanisch ansprechen können. Früher hatte man diese Funde je nach Geschmack und Interesse des Bearbeiters entweder den Goten, und hier den West- oder den Ostgoten, den Hunnen und Alanen oder den Rugiern unterschoben.

Als im Jahre 375 erstmals hunnische Reiter und die von ihnen unterworfenen Alanen den Don überschritten und das ostgotische Reich des Ermanarich zugrunde ging, konnte man schon ahnen, welche Kraft von diesen berittenen Kriegern ausgehen würde.

Die Ereignisse an der unteren und mittleren Donau, das Vordringen hunnischer, alanischer, ost- und westgotischer Völkerscharen, die nun geradezu in Wellen gegen Westen vorstießen, haben goldene Spuren hinterlassen. Diese Völkerscharen erreichten manchmal auch unser Donaugebiet, durchzogen es und genauso schnell, wie sie gekommen waren, verließen sie es wieder.

Der wohl bedeutendste Grabfund wurde 1910 in Untersiebenbrunn beim Schotterabbau gemacht. Damals wurden ein oder mehrere Gräber zerstört und eine Anzahl von Schmuckstükken aus Silber und Gold gefunden. Eine archäologische Untersuchung, die kurz darauf durchgeführt wurde, erbrachte keine weiteren Funde. Dennoch wurde wenige Monate später in geringer Entfernung vom ersten Fundplatz wieder ein Grab, allerdings weniger reich ausgestattet, entdeckt. Auch hier ergab eine Nachgrabung faktisch nichts. Ursprünglich nahm man an, daß es sich bei diesen reichen Funden von Untersiebenbrunn um das Grab einer reichen Fürstin handelte und bei dem zweiten Grab um das eines Kindes. So haben neuere Untersuchungen des Fundmaterials gezeigt, daß hier zumindest drei Gräber ausgeräumt und die Funde, vor allem die Kleidungs- und Schmuckgegenstände, durcheinandergebracht worden waren. Es muß sich dabei um ein Männer-, ein Frauen- und ein Kindergrab handeln.

Beginnen wir mit dem Grab der Frau. Sie war mit zahlreichen Schmuckstücken ausgestattet: zwei großen Silberblechfibeln, die mit Goldblech überzogen und mit Almandinen besetzt sind; zwei einfacheren Silberblechfibeln; zwei goldenen Ohrgehängen; zwei geflochtenen Goldketten; zwei massiv goldenen Armreifen mit Granateinlagen; vierzehn großen und zwei kleinen Bernsteinperlen, wahrscheinlich von einem Armband; einer silbernen Haarnadel; einem silbernen Toilettebesteck, bestehend aus Pinzette und Nagelputzzeug sowie einem kleinen Weißmetallspiegel; 490 Stück Goldflitter, die wohl vom Besatz des Gewandes oder von einem Schleier, der über die Tote gebreitet war, stammen. In dem Grab standen noch eine Glaskanne und ein Glasbecher.

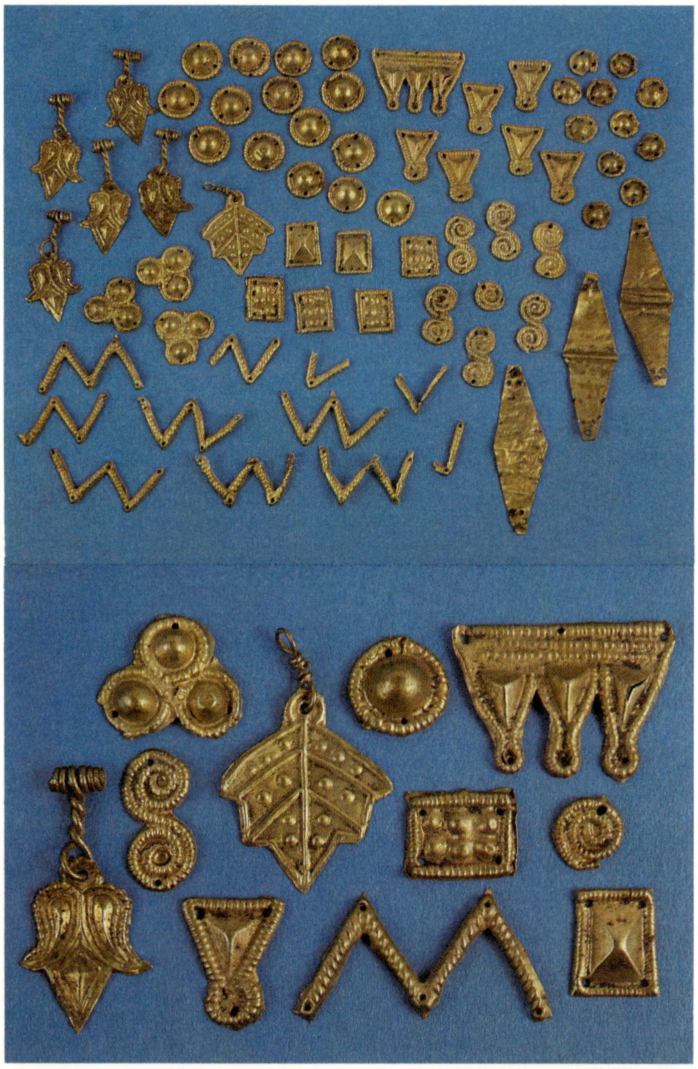

Goldflitter und Beschläge einer Holzschale aus Untersiebenbrunn

Die Almandinfibeln aus dem Frauengrab von Untersiebenbrunn

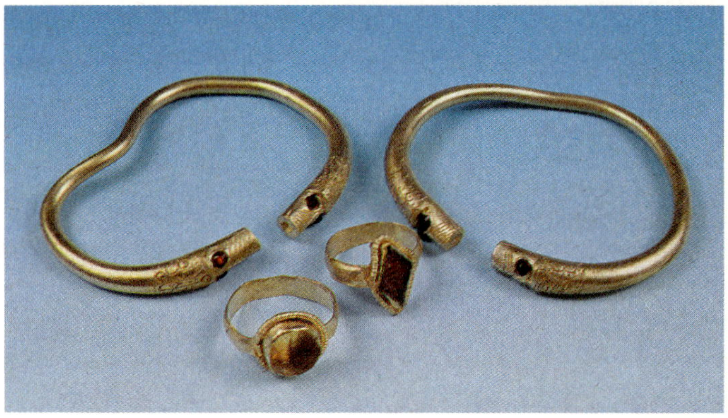

Gold- und Silberschmuck aus dem Frauengrab von Untersiebenbrunn

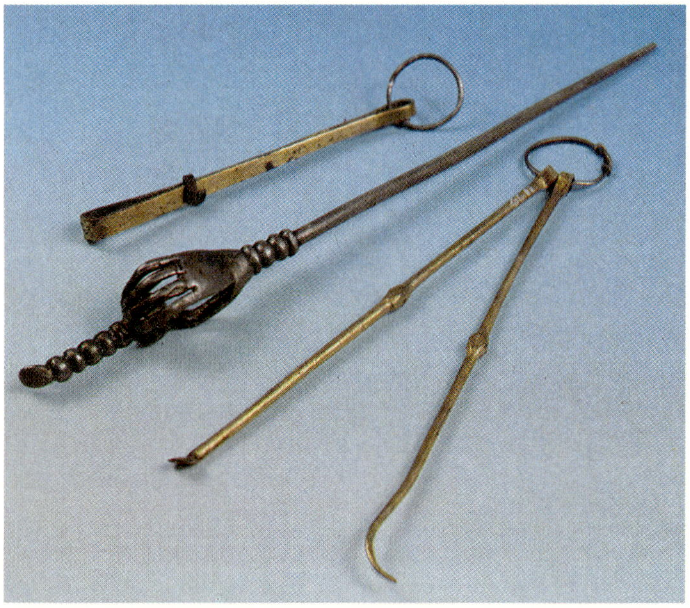

Das Toilettebesteck aus dem Frauengrab von Untersiebenbrunn

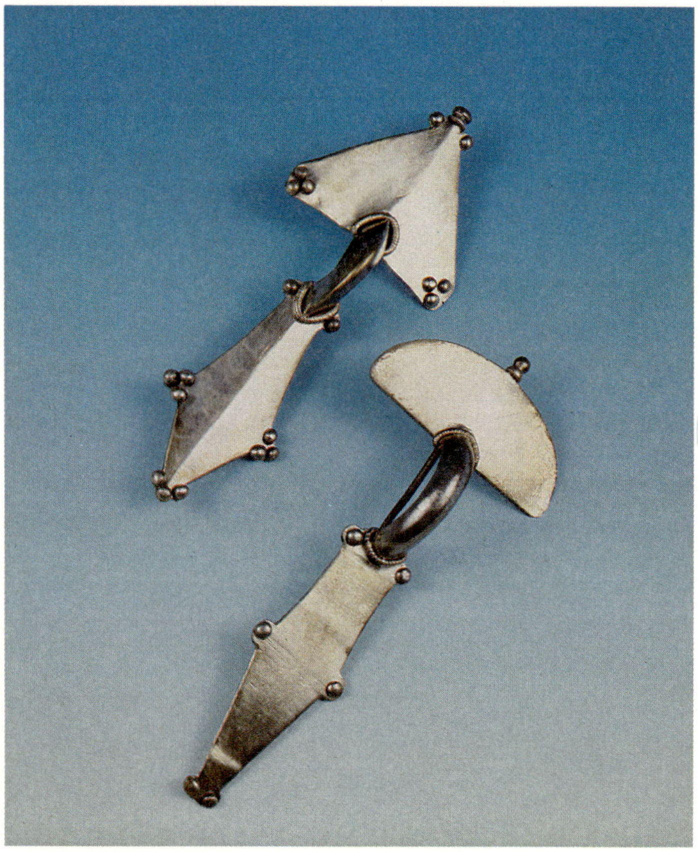

Zum Männergrab gehörten ein massiv goldener Halsring; eine goldene Stiefelschnalle, die mit Almandinen verziert war (die zweite ist entweder nicht erhalten geblieben oder wurde von den Findern nicht abgeliefert); eine goldene stegförmige Leiste mit Almandineinlagen; ein kleiner goldener Riemenbeschlag mit einem Almandin sowie zwei Nieten sind Teile der Schwertscheide bzw. des Schwertgehänges, zu dem noch zwei schmale silberne Riemenzungen gehören. Das große eiserne Schwert mit seinem sicher reich verzierten Griff fehlt.

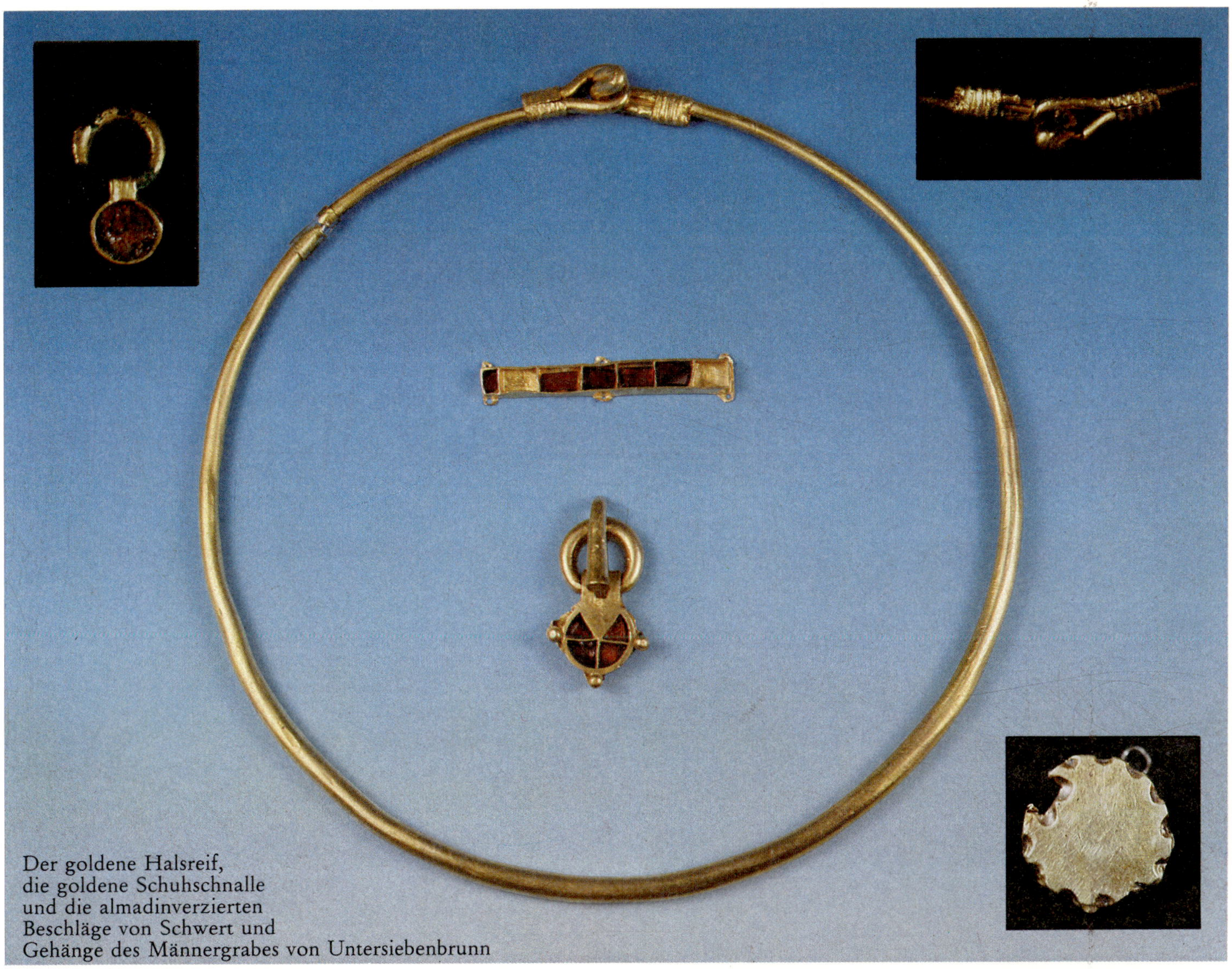

Der goldene Halsreif, die goldene Schuhschnalle und die almadinverzierten Beschläge von Schwert und Gehänge des Männergrabes von Untersiebenbrunn

Das Kindergrab schließlich enthielt zwei silberne Zikadenfibeln, Goldflitter, vier Bernsteinperlen und ein Toilettebesteck. Dieses bestand aus Nagelputzzeug, Pinzette, einem Beinkamm und einem Weißmetallspiegel. Weiters fanden sich in diesem Grab eine Glaskanne und ein Glasbecher sowie ein Eisenmesserfragment.

Die silbernen Zikadenfibeln aus dem Kindergrab von Untersiebenbrunn

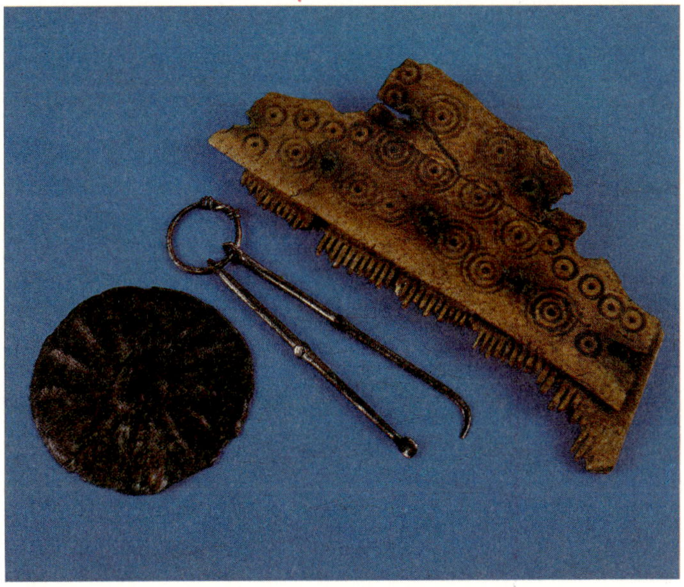

Das Toilettebesteck, bestehend aus Kamm, Ohrlöffel und Fingernagelputzer sowie einem östlichen Weißmetallspiegel (Rückseite) aus dem Kindergrab von Untersiebenbrunn

Glaskanne und Tongefäß aus dem Kindergrab von Untersiebenbrunn

Zu diesem gesamten Fundmaterial gehören noch die Zaumzeuge von drei Pferden, und zwar von zwei Zugpferden und einem Reitpferd. Hier ist es durchaus möglich, daß die Zaumzeuge der beiden Zugpferde zum Frauengrab gehören, das des Reitpferdes zum Männergrab. Dazu würde dann auch noch ein hölzerner Sattel gehören, von dessen Verkleidung sich nur mehr ein Silberblechstreifen erhalten hat. Dieses Reitzubehör wurde in einer eisenbeschlagenen Holzkiste in das Männergrab mitgegeben. Eine derartige Sattelkiste hat sich auch in einem ebenfalls reich ausgestatteten ostgermanischen Reitergrab in Apahida in Rumänien erhalten.

Der Fundplatz von Untersiebenbrunn im Marchfeld ist sicherlich die Grabstätte einer adeligen ostgermanischen, vielleicht auch alanischen Familie aus den 20er oder 30er Jahren des 5. Jhdts., die in der Nähe ihren Hof hatte. Aber es sind nicht die einzigen reich ausgestatteten Gräber, die wir aus Niederösterreich kennen.

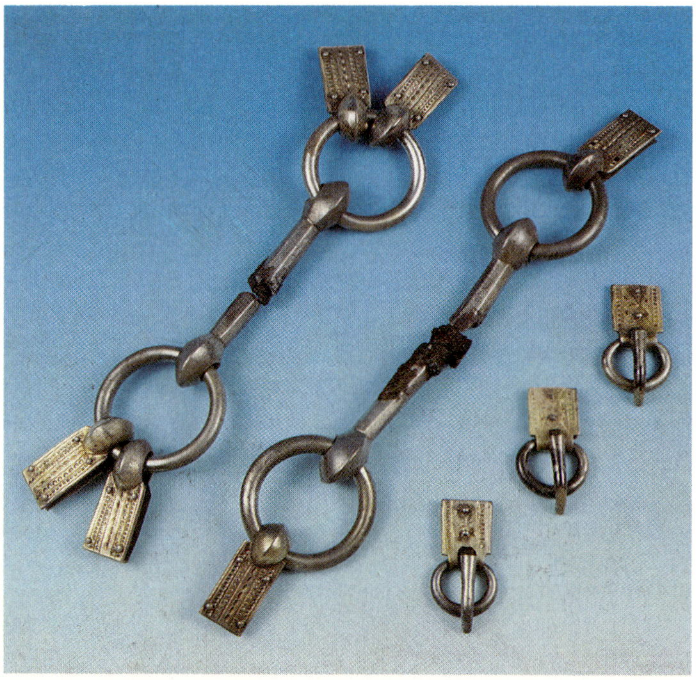

Das silberne Zaumzeug zweier Zugpferde, Untersiebenbrunn

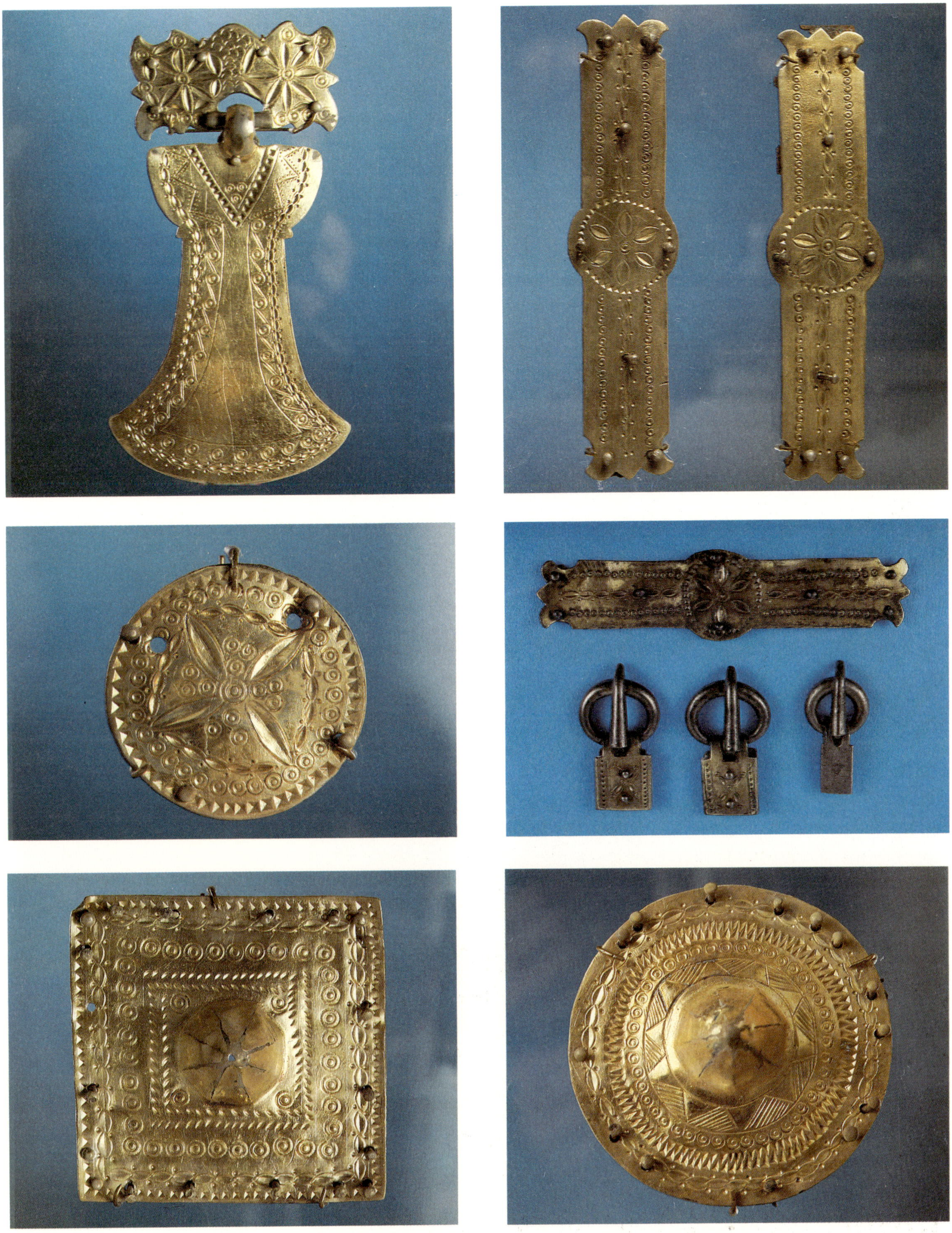

Die vergoldeten Beschläge von Zaumzeugen, Untersiebenbrunn

Ein wenig jünger sind ein Frauen- und ein Männergrab aus Laa an der Thaya. Während das Inventar des Frauengrabes heute noch im Naturhistorischen Museum in Wien erhalten ist, wurde das des Männergrabes nach Berlin verkauft und ist in den Kriegswirren zugrunde gegangen. Auch das Frauengrab von Laa zeigt uns in seinen Schmuckgegenständen die charakteristische ostgermanische Frauentracht. Neben den beiden großen silbernen Bügelfibeln, die an den Schultern getragen wurden, findet sich hier eine große silberne Gürtelschnalle. Beide sind vom Schwarzen Meer über Italien, Frankreich bis nach Spanien charakteristische Bestandteile ostgermanischer Frauentracht. Auch im Grab von Smolin in Mähren und im zerstörten Frauengrab aus der Ziegelei von Stetten am Teiritzberg bei Korneuburg fanden sich solche Silberblechfibeln.

Große Silberblechfibeln aus einem Frauengrab in Stetten

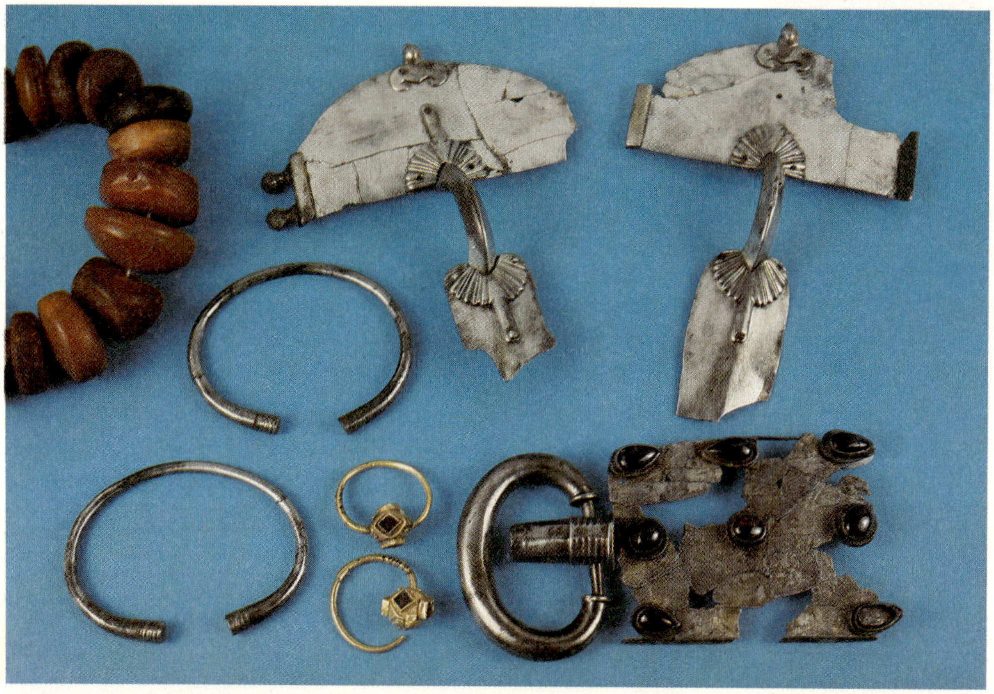

Schmuck aus dem Frauengrab von Laa/Thaya

Kleine halbkugelige Glasschalen finden sich sowohl in römischen als auch in germanischen Körpergräbern des 5. Jhdts

Schmuckgegenstände aus dem Frauengrab von Smolin, ČSSR

Links: scheibengedrehter Henkelkrug mit Glättverzierung aus einer romanischen Werkstatt, Heidenstatt bei Limberg/Maissau. Mitte: Gußhenkelkrug, handgeformt, Wien-Leopoldau. Rechts: Henkelkrug vom Typus Murga, handgeformt, Neusiedl a. d. Zaya

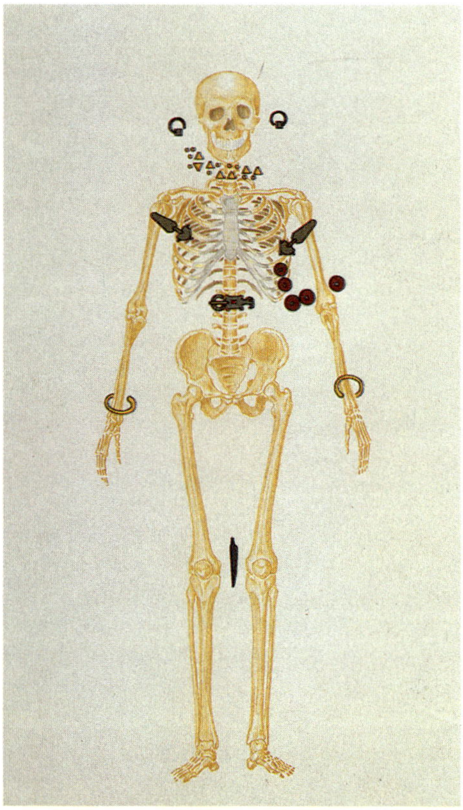

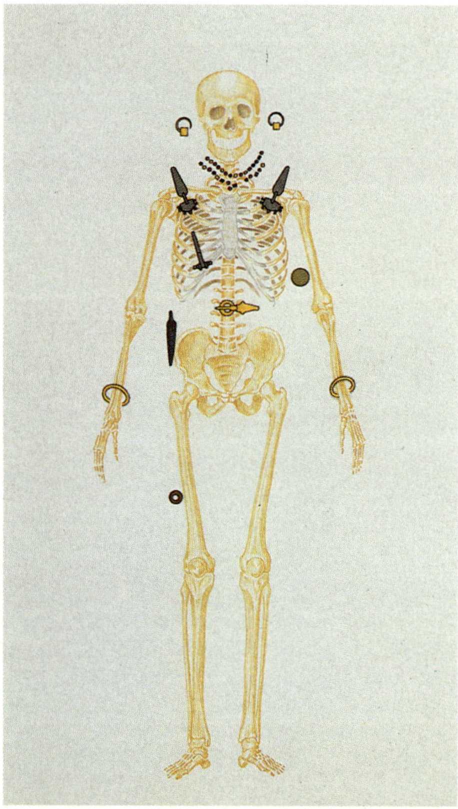

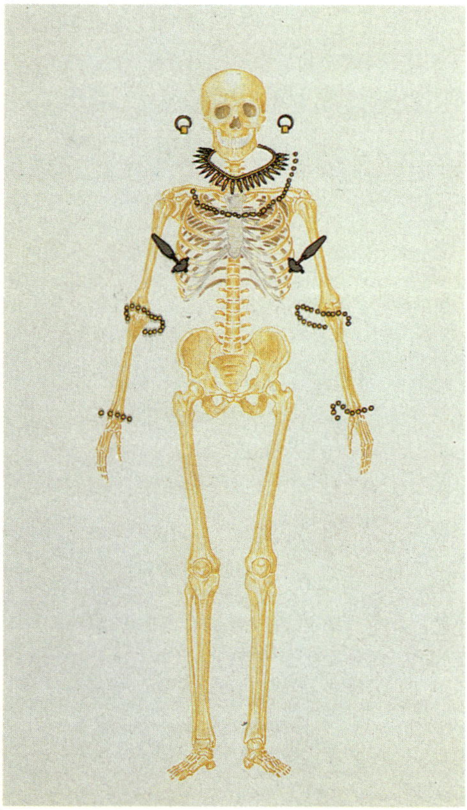

Die Trageweise des Schmuckes, insbesondere der Fibeln, ist bei den Ostgermanen des 5. Jhdts vom Schwarzen Meer bis Südfrankreich und Spanien gleichgeblieben. Besonders die Trageweise der beiden Fibeln mit der Kopfplatte nach unten ist auch noch im Westgotenreich Spaniens nachweisbar. (Links: Suuk-Su, UdSSR. Mitte: Tiszalök, Ungarn. Rechts: Hochfelden, Frankreich)

Was die Männertracht anlangt, so sind die am Ende des 4. Jhdts. in Mode gekommenen goldenen Stiefelschnallen mit Almandineinlagen, die wir ebenfalls vom Schwarzen Meer bis Mitteleuropa und Afrika verfolgen können, geradezu Standessymbol dieser neuen Krieger. Wir finden sie nicht nur in Untersiebenbrunn und in Laa an der Thaya, sondern auch in einem der bedeutendsten Gräber dieser Region, im Fürstengrab von Blučina in Mähren.

Dieses überaus reiche Grab wurde bei umfangreichen Erdbewegungen gefunden und konnte fachmännisch geborgen werden. Es ist ein Grab, das bald nach der Mitte des 5. Jhdts. angelegt wurde und uns einen ostgermanischen Krieger von höchstem Rang zeigt, der hier in seiner gesamten Ausrüstung bestattet wurde. Sein goldener Handgelenksring zeigt, daß er fürstlichen Geblüts war. Sein Rangabzeichen, die große Zwiebelknopffibel auf der Schulter, stellt ihn in die Reihe der römischen Amtsträger; sein zweischneidiges Langschwert und sein einschneidiges Hiebschwert belegen, daß er der erste seiner Krieger war. Ein Krieger, der, in seinen Reitstiefeln mit den goldenen Schnallen

Almandinverzierte Schnallen und Beschläge aus dem Fürstengrab von Blučina, ČSSR

hoch zu Roß in seinem hölzernen, lederüberzogenen und mit Silberblech und Stickerei verzierten Sattel sitzend, auch den hunnischen Reflexbogen zu handhaben wußte; einen Reflexbogen, der zu der Zeit, als er bestattet wurde, schon fast aus der Mode war. Ein lederner Köcher mit teilweise dreiflügeligen eisernen Pfeilspitzen, ein Knochenkamm, drei römische Glasgefäße sowie eine Pinzette gehörten ebenfalls zur Ausstattung. Dieser uns namentlich unbekannte, wohlhabende, führende Krieger war ein Zeitgenosse jenes bekannten germanischen Föderatenhäuptlings Childerich (gest. 482), der in Gallien auf der Seite Roms gekämpft hatte und Vater des ersten fränkischen Merowingerkönigs Chlodwig war. Er ist ein Zeitgenosse des in Apahida in Siebenbürgen bestatteten vornehmen Kriegers genauso wie des uns ebenfalls unbekannten Fürsten von Pouan in Ostfrankreich.

Der goldene Handgelenksring und die silberne Armbrustfibel als Symbole für die ererbte Macht und den amtlichen Auftrag; Fürstengrab von Blučina, ČSSR

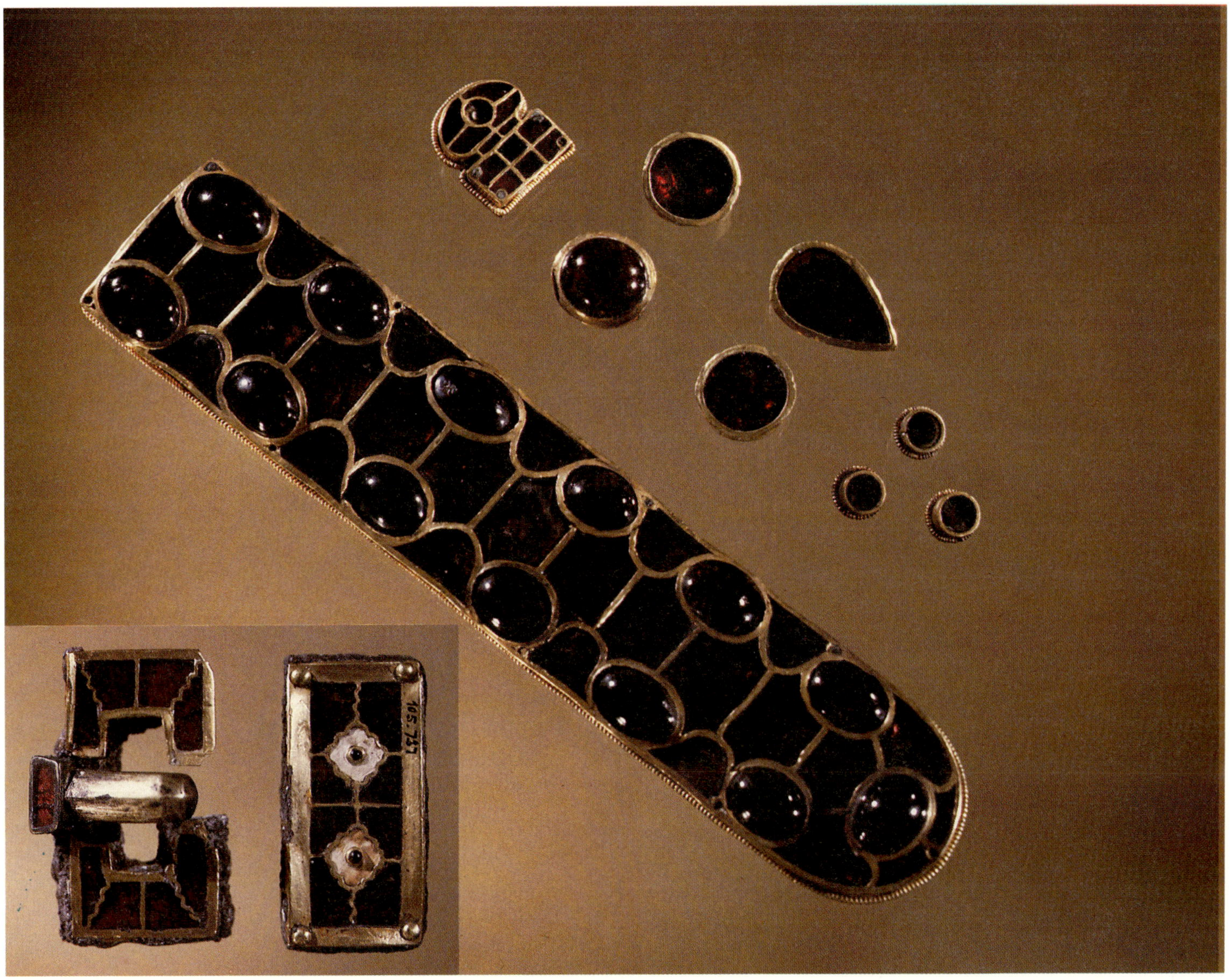

Gürtelschnalle, Riemenzunge und Beschläge des Waffengürtels waren üppig mit Almandinen besetzt. Fürstengrab von Blučina, ČSSR

Wahrscheinlicher Verlauf des letzten Kampfes des in Wien-Leopoldau begrabenen Kriegers aus dem 5. Jhdt.

Silberner Schwertgriff, Scheidenmund und Bronzeschnalle in Vogelkopfform, wie sie wohl einer der Krieger in Wien-Leopoldau verwendet hat

Eine weitere Besonderheit in den Kriegergräbern aus der ersten Hälfte des 5. Jhdts. sind die sogenannten magischen Schwertanhänger, an einem Leder- oder Stoffband am Schwertgriff baumelnde Anhänger. Eine Sitte, die von den Sarmaten übernommen wurde und in den Gräbern des 5. Jhdts. in Mitteleuropa häufig anzutreffen ist.

Ein anderes Kriegergrab wurde in Horn im Jahre 1909 in der Nähe der ehemaligen Ziegelei gefunden. Der Tote hatte den Oberschenkel gebrochen. Der Bruch war zwar verheilt, das Bein aber um 10 cm kürzer geblieben. Es kam darauf zu Entzündungen, die auch auf das zweite Bein und das Becken übergriffen. Eine kleine silbertauschierte Eisenschnalle zeigt uns, daß er in der ersten Hälfte des 5. Jhdts. bestattet wurde.

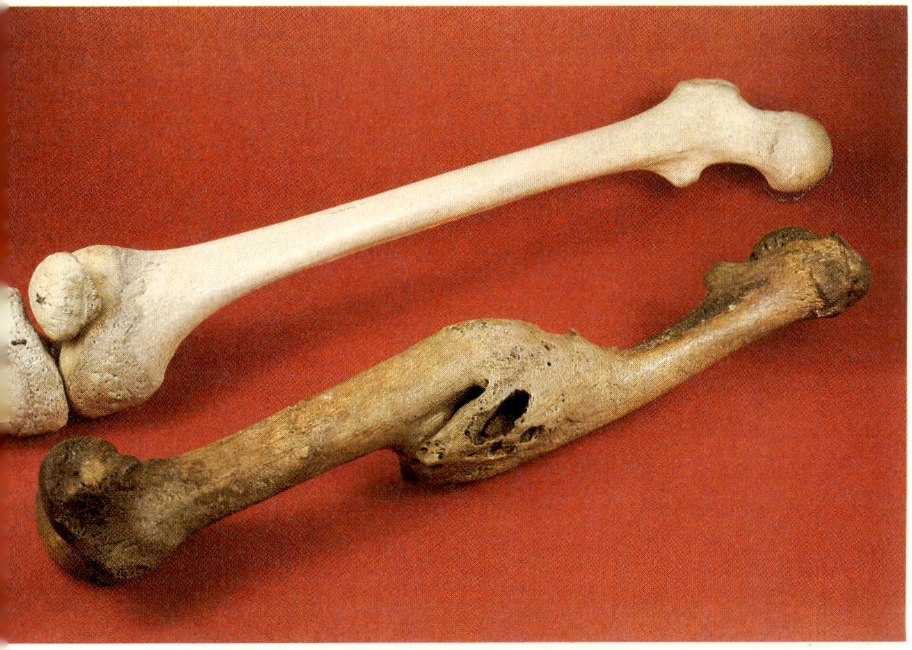

Schlecht verheilter Oberschenkelbruch des Kriegers von Horn. Dahinter rezentes Vergleichsstück

Eine schwere Hüftgelenkserkrankung wies auch die in Untersiebenbrunn bestattete „Fürstin“ auf. Eine bewußte, gezielte Veränderung der Schädelknochen zeigen manche der Frauengräber aus dieser Zeit. Unweit von Laa an der Thaya wurde vor einigen Jahren ein kleiner Friedhof angeschnitten, der nur wenig mehr als 20 Bestattungen enthielt. Alle dieser Gräber waren fast zur Gänze ausgeraubt. Lediglich in einem fand sich eine kleine Bronzefibel, in einem anderen ein fragmentiertes Tongefäß sowie Gürtelschnallen aus Eisen.

Besonders interessant ist jedoch eine Bestattung, deren Schädel künstlich deformiert ist. Bis jetzt liegen aus Niederösterreich eine ganze Reihe dieser künstlich deformierten Schädel vor. Der Ursprung dieser Sitte, durch Binden den noch weichen kindlichen Schädel turmartig zu verformen, lag in China, wo im 1. und 2. Jhdt. männliche und weibliche Säuglinge so behandelt wurden. Während des 3. und 4. Jhdts. war dieser Brauch im ostsarmatischen und alanischen Gebiet nördlich des Kaspischen Sees bekannt. Zu Beginn des 5. Jhdts. und dann vor allem zur Zeit der hunnischen Attila-Herrschaft war diese künstliche Schädeldeformation sowohl bei den mongolischen Neuankömmlingen als auch bei den Ostgermanen des Donauraumes überaus beliebt. Ja dieses neue Schönheitsideal wird sogar von den Thüringern übernommen. Besonders aufschlußreich ist hier ein vor wenigen Jahren in Kollnbrunn in der Nähe von Wolkersdorf gefundener kleiner Friedhof. Dort waren vier erwachsene Männer, eine erwachsene Frau, ein männlicher Jugendlicher und zwei Kinder bestattet worden. Auch hier waren die Gräber zur Gänze beraubt. Die vier Männer und ein Kind zeigten turmartig deformierte Schädel. Zwei dieser Männer waren eindeutig Mongolen, die beiden anderen Europäer.

Wir sehen also, daß sich sowohl Ostgermanen, Europide vom anthropologischen Standpunkt, als auch Hunnen oder Alanen, also Mongolide, in gleicher Art und Weise einer Modeerscheinung unterwarfen, die sicherlich nicht nur auf die Form des Schädels beschränkt war, sondern auch Kleidung, Schmuck und Bewaffnung umfaßte. Anschaulich schildert uns diese Verhältnisse der Byzantiner Priskos als Mitglied einer Gesandtschaft am Hunnenhof. *„Während ich nun zum Zeitvertreib vor der Umfriedung des Hauses des Onegesios spazierenging, kam ein Mann heraus, den ich nach seiner Skythentracht für einen Barbaren hielt, und begrüßte mich auf griechisch mit ‚Chaire!‘. Ich staunte, wieso er, ein Skythe (= Hunne), griechisch spreche; sprechen doch die Skythen, ein buntes Völkergemisch, neben ihrem heimischen Dialekt entweder hunnisch oder gotisch oder auch lateinisch, weil sie häufig mit den Römern in Berührung kommen; aber kaum einer von ihnen spricht griechisch, wenn es nicht Gefangene aus Thrakien oder von der illyrischen Küste sind. Die aber erkennt jeder leicht an ihrer zerlumpten Tracht und den verfilzten Haaren als Menschen, die ins Unglück geraten sind.*

*Mein Freund aber sah aus wie ein geschniegelter Skythe, war gut und sorgfältig gekleidet und hatte den Kopf rundherum geschoren. Ich erwiderte also seinen Gruß und fragte, wer er sei, wieso er in dieses Land und zu dem Entschluß gekommen sei, als Skythe zu leben. Er fragte, warum ich das wissen wollte. ‚Dazu habe ich wohl guten Grund, hast du mich doch auf griechisch gegrüßt.' Da lachte er und meinte, er sei allerdings ein gebürtiger Grieche, ein früherer Kaufmann aus der mysischen Stadt Viminacium an der Donau (Kostolac, östlich von Belgrad am Zusammenfluß von Morawa und Donau), habe lange dort gelebt und eine reiche Frau geheiratet; er habe aber seinen Wohlstand bei der Eroberung der Stadt verloren und sei als wohlhabender Mann bei der Verteilung der Beute mit all seiner Habe dem Onegesios zugesprochen worden. Es sei nämlich bei den Hunnen Sitte, daß die nach Attila vornehmsten Führer sich die Gefangenen aussuchen dürften. Später habe er sich im Kampf gegen Rhomäer und Akathiren ausgezeichnet, alle seine Kriegsbeute nach Skythenbrauch seinem Herrn abgetreten und dafür die Freiheit wiedererlangt. Auch eine Barbarenfrau habe er geheiratet, die ihm Kinder geboren habe. Am Tisch des Onegesios sei er ein ständiger Gast, und dies Leben behage ihm weit mehr als sein früheres.'"*

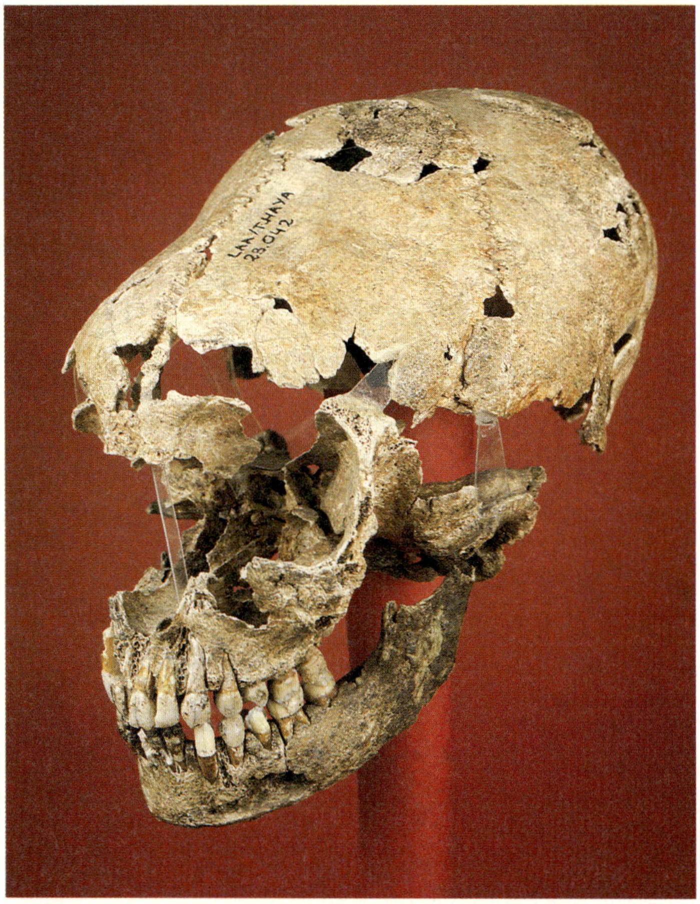

Künstlich deformierter Schädel aus einem kleinen Friedhof bei Laa a. d. Thaya

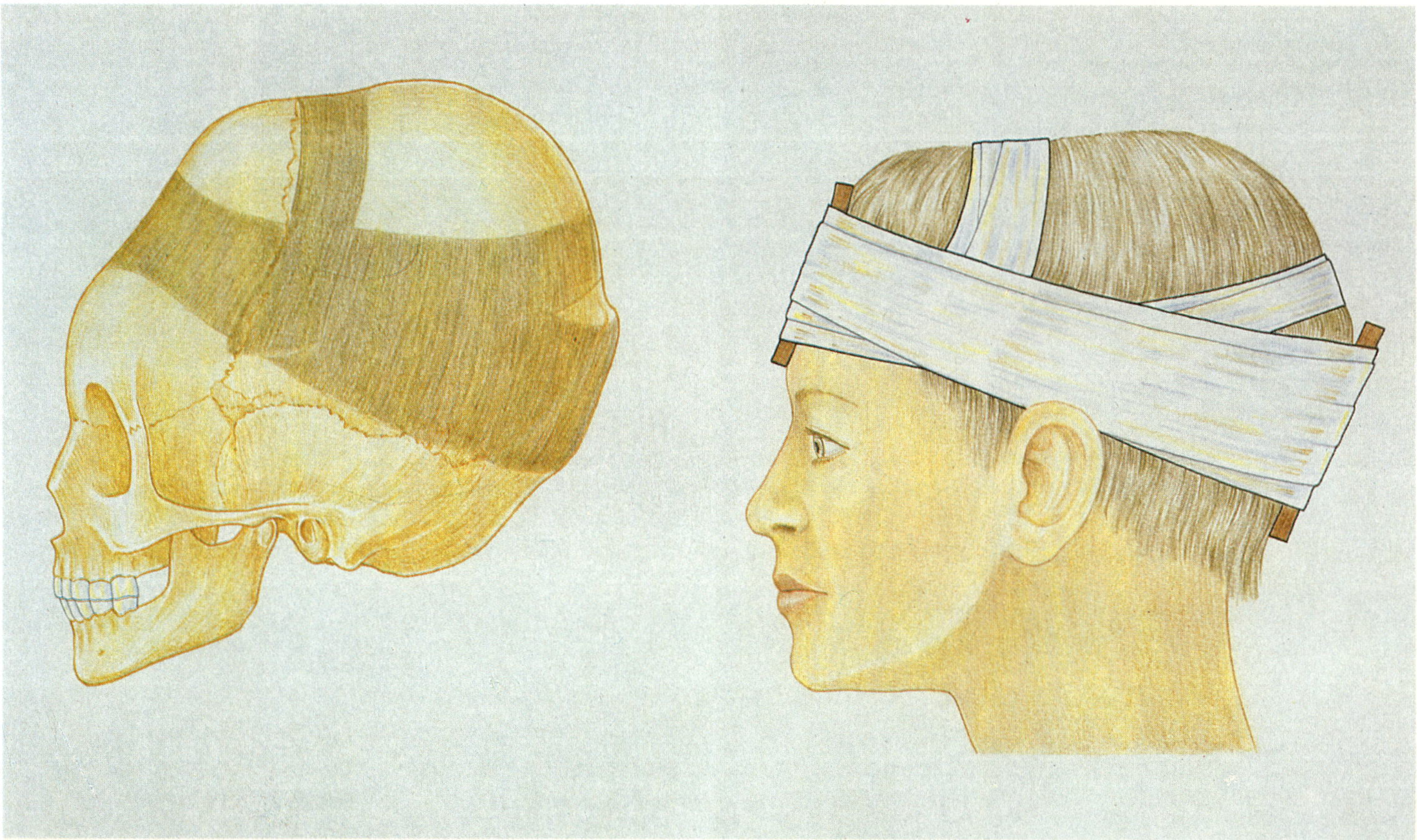

Rekonstruktion der künstlichen Schädeldeformierung am Beispiel eines Jugendlichengrabes von Schiltern

Doch kehren wir noch einmal zu den Ereignissen um 400 zurück. Die Westgoten, die das erste Mal um 400 nach Italien gezogen waren und in Kämpfen bei Pollentia und Verona 402 geschlagen wurden, bedrängten nun den weströmischen Kaiser Honorius. Dieser hatte seinen Hauptsitz von Mailand nach Ravenna verlegt, das, von sumpfigen Niederungen umgeben, weitaus besser militärisch verteidigt werden konnte. Die Westgoten verlangten unter anderem Binnen- und Ufernorikum sowie die Möglichkeit, sich in Pannonien niederzulassen. 412 eroberten sie Rom und zogen, da ihnen widrige Winde die Überfahrt nach Afrika unmöglich machten, nach Südgallien, wo sie das Westgotenreich gründeten.

Spätantike romanische Keramik aus Zeiselmauer und Zwentendorf

Aber auch nach ihrem Abzug blieb eine große Anzahl germanisch-hunnischer Föderaten neben der noch ansässigen romanischen Bevölkerung im Donauraum zurück und war die Kerntruppe der römischen Reichsverteidigung. Der Römer Aëtius – er hatte jahrelang als Geisel bei den Hunnen gelebt – warb mit einer großen Summe Goldes pannonische Hunnen an und wollte mit diesen 425 in Italien auf der Seite des Usurpators Johannes in die Nachfolgekämpfe nach dem Tode des Kaisers Honorius eingreifen. Er kam aber zu spät, Johannes war bereits drei Tage vorher hingerichtet worden. Galla Placidia, die Schwester des Honorius, führte die Regierungsgeschäfte für ihren Sohn Valentinian III., die Hunnen wurden mit Gold bezahlt und kehrten nach Pannonien zurück. 430 als römischer Heermeister eingesetzt, war Aëtius nicht nur mit der Vertreibung von plündernden Alamannen beschäftigt, sondern mußte auch einen Aufstand der Romanen in Norikum niederschlagen. Die Ursache dieses Aufstandes waren die hohen Steuerlasten, die die romanische Bevölkerung trotz den gerade erfolgten Plünderungen durch die Alamannen auferlegt bekommen hatte. 432 begab sich Aëtius, mittlerweile in Ungnade gefallen, über Pannonien zu den Hunnen, wo Ruga sich nach dem Tode seines Bruders Octar zum Alleinherrscher der Hunnen aufgeschwungen hatte. Mit ihm hatte Aëtius bereits Verhandlungen wegen eines Vertrages geführt. Die Unterstützung der Hunnen brachte ihm seine Wiedereinsetzung als römischer Heermeister und den Hunnen einen entsprechenden neuen Föderatenvertrag. Dieser Vertrag, Ruga war mittlerweile gestorben, wurde seinen Neffen Bleda und Attila von der römischen Delegation zur Unterzeichnung vorgelegt.

Damals saßen die hunnischen Völker im Karpathenbogen zwischen Donau und Theiß. Wie immer bei derartigen Verträgen wechselten hohe Summen Goldes den Besitzer. Waren es beim Vertrag mit Ruga noch 350 Pfund Gold, das sind etwa 25 200 Goldsolidi, so mußte Ostrom an Bleda und Attila bereits 700 Pfund Gold zahlen, also das Doppelte. Diese Tributzahlungen steigerten sich von Jahr zu Jahr, und so sehen wir, daß 445 den Hunnen bereits 2 100 Pfund Gold bezahlt werden mußten. Geringe Spuren dieser Zahlungen haben sich in Form von Goldsolidi in Niederösterreich gefunden, so in Carnuntum, in Mautern und in Großkrut. Auch aus Bina in der Slowakei, aus Linz und Wels, aber auch aus Velden am Wörthersee sind Funde von Goldsolidi bekannt geworden. Ein Münzschatzfund mit einem Gewicht von 6,5 kg wurde 1963 in Ostungarn in Szikáncs-tanya im Komitat Csongrád gefunden. Er enthielt 1 438 Goldsolidi des oströmischen Kaisers Theodosius II. (408–450). Er zeigt uns, daß die bekannten Forderungen der Hunnen wirklich in dieser Höhe erfüllt wurden. Wir sehen aber auch, was die Hunnen mit diesen ungeheuren Mengen Gold gemacht haben. Sie haben nicht nur ihre

Teil des in einem Gefäß versteckten hunnischen Goldschatzes byzantinischer Solidi aus Bina, ČSSR

Schuhschnallen aus massivem Gold hergestellt, die Bögen ihrer Vornehmen mit Gold überzogen, ihren Frauen byzantinische edelsteinbesetzte Diademe aufgesetzt, sondern damit auch ihre germanischen „Föderaten" entlohnt und sie ihnen gleichgestellt. Die Spuren dieses Reichtums sahen wir bereits in den ostgermanischen Gräbern des 5. Jhdts.

In diesen Verträgen mußten sich die Römer verpflichten, kein Bündnis mit Barbaren einzugehen, gegen die die Hunnen Krieg führten. Auch mußten alle hunnischen Flüchtlinge und auch die römischen Gefangenen der Hunnen, für die noch kein Lösegeld bezahlt worden war, an die Hunnen ausgeliefert werden. Im Falle der römischen Gefangenen wurden für jeden nicht Zurückgeschickten weitere 8 Solidi bezahlt.

Wenn wir von den Hunnen als gefährliche, bedrohliche Gruppe sprechen, so gilt dies eigentlich nur für die Regierungszeit Attilas. Treffend schildert dies der antike Schriftsteller Nestorius: *„Das Volk der Skythen (= Hunnen) war groß und zahlreich. Früher waren sie in Völker und Königreiche aufgeteilt und wurden als Räuber behandelt. Sie pflegten nicht viel Unheil anzurichten außer durch ihre Schnelligkeit. Später jedoch wurden sie in einem Königreich zusammengefaßt, sodaß sie in ihrer Größe alle Kräfte der Römer übertrafen."*

Ein Königreich, das mit der Ermordung Bledas durch seinen Bruder Attila im Jahre 445 bis zu seinem Tode 453 der Schrecken Europas war. Kaum an der Macht, hatte Attila nicht nur die Tributzahlungen auf die schon genannten 2 100 Pfund Gold erhöht, sondern auch die noch offenen, bis jetzt gestundeten Tributrückstände von insgesamt 6 000 Pfund Gold verlangt. Dies hat letztlich dazu geführt, daß die Steuern im west- und oströmischen Reich drastisch erhöht wurden. Damals wurde unter anderem auch eine zusätzliche Umsatzsteuer, und zwar ein 24stel pro umgesetzten Solidus (= 4,16%), eingeführt.

Als das hunnische Heer 451 auf den römischen Straßen Ufernorikums in Richtung Gallien zog, hat dieser Zug sicher nicht mehr angerichtet, als der 50 Jahre vorher erfolgte Durchzug der Vandalen. Nach der Niederlage auf den Katalaunischen Feldern, wo ein römisches Heer gegen die Hunnen und deren germanische Hilfsvölker, darunter auch die Ostgoten, gekämpft hatte, zog sich Attila wieder nach Pannonien zurück. Das römische Heer, das sich aus Westgoten, Franken, Burgundern und „sonstigen römischen Verbänden" zusammensetzte, wurde von Aëtius angeführt. Im darauffolgenden Frühjahr allerdings rüstete Attila erneut zum Kampf und fiel in Italien ein. Er eroberte Aquileja, Mailand und Pavia, scheiterte jedoch vor Ravenna. Seuchen, Nahrungsmittelmangel, die Angriffe des Aëtius und die Ankunft eines oströmischen Heeres zwangen ihn zum Abzug aus Italien. Im Gegensatz zu den Katalaunischen Feldern war dies eine schwere Niederlage, denn es wurde kein Vertrag abgeschlossen und keine Tributzahlungen mehr ausgehandelt. Die Legende berichtet, daß Papst Leo durch sein mutiges Auftreten Attila abhalten konnte, Rom anzugreifen und ihn dazu bewegte, Italien zu verlassen. Die Realität sah etwas anders aus: Der Papst verhandelte mit Attila über die Freilassung von Gefangenen gegen entsprechendes Lösegeld. Tatsächlich wurde eine Reihe von vornehmen Gefangenen freigelassen. Es sind – wie wir aus dem Briefwechsel Papst Leos erfahren – nach einiger Zeit Gefangene der Hunnen in die Diözesen Ravenna und Aquileja zurückgekehrt, aber nur Männer und Knaben, denn die Frauen und Mädchen waren in den hunnischen Harems verschwunden.

Im Herbst desselben Jahres bedrohte Attila Kaiser Marcian mit Angriffen und verbrachte die letzten Monate seines Lebens mit der Vorbereitung eines Feldzuges gegen Ostrom. 453 ereilte ihn völlig unerwartet der Tod. Attila, damals ein Mann in den besten Jahren, hatte wieder einmal beschlossen, seinem Harem eine weitere Frau einzuverleiben. Ein großes Fest wurde gefeiert und, nachdem er sich schwer betrunken mit seiner neuen Frau zu Bett begeben hatte, erlitt er einen Blutsturz, an dem er erstickte.

Doch auch sein großer Widersacher Aëtius überlebte ihn nur einige Monate. Er wurde 454 ermordet. Das gleiche Schicksal erlitt ein Jahr später Kaiser Valentinian III. Seine Nachfolger Maximus (17. Mai–31. Mai 455) und Avitus (19. Juli–17. Oktober 456) wurden von Ostrom nicht anerkannt und Avitus selbst vom weströmischen Heermeister Rikkimer abgesetzt und getötet.

Attilas Söhne forderten, daß *„die gentes unter ihnen in der gleichen Weise aufgeteilt und die kriegerischen Könige mit ihren Völkern ihnen wie ein Familienbesitz zugewiesen werden sollten"*. Diese waren jedoch insgesamt alle bereits zu mächtig, und das nur durch die Persönlichkeit

Attilas getragene hunnische Reich brach auseinander. Vorerst kleinere Auseinandersetzungen führten dann zu einer großen Schlacht am Flusse Nedao, in der eine germanische Koalition unter Führung des Gepidenkönigs Ardarich die Hunnen schlug. 30 000 Hunnen sollen dabei den Tod gefunden haben. Sieger und Besiegte wurden in gleicher Weise römische Föderaten, und im Donauraum ließen sich im westlichen Weinviertel bis zum Rand des dicht bewaldeten Waldviertels die ostgermanischen Rugier nieder. Im südmährischen Gebiet entstand das erulische Königreich, und in der Slowakei siedelten die Sueben, Nachfahren der Markomannen und Quaden. Die Gepiden breiteten sich nun in Siebenbürgen aus, Skiren siedelten in der Ungarischen Tiefebene und die geschlagenen Hunnen zogen samt ihren ostgotischen Bundesgenossen nach Pannonien, wo letztere unter der Regierung des oströmischen Kaisers Marcian jährlich 300 Pfund Gold als Tribut erhielten. Von diesem oströmischen Kaiser wurden erst jüngst in Flavia Solva (Leibnitz) zwei Bleisiegel gefunden, die uns den Einfluß Ostroms bis in unsere Gegend zeigen. Von gotischer Seite wurde als Pfand für die Einhaltung des Vertrages auch der Sohn des Königs Thiudimer, Theoderich, als Geisel an den oströmischen Hof nach Byzanz gesandt.

Umzeichnung eines byzantinischen Bleisiegels, gefunden in Flavia Solva (Leibnitz)

Die nach der Schlacht am Nedao unklaren Verhältnisse brachten es mit sich, daß die Unsicherheit für die Romanen an der Donau noch mehr zunahm als bisher. Für die Zeit nach dem Tode Attilas sind wir in der glücklichen Lage, eine sehr aufschlußreiche schriftliche Quelle zu besitzen. Es ist dies die Lebensbeschreibung des hl. Severin, die Eugippius, der zur Zeit ihrer Niederschrift im Jahre 511 Abt des St. Severin Gedächtnisklosters in Lucullanum bei Neapel war, verfaßte:

*„Zur Zeit, als Attila, der Hunnenkönig, gestorben war, befanden sich beide Teile von Pannonien und alle übrigen Donauländer infolge der ungeklärten Lage in einem dauernden Zustand der Verwirrung. Damals nun kam der hochheilige Gottesdiener Severin aus dem Morgenlande an die Grenze von Ufernorikum und Pannonien und verweilte in einer kleinen Stadt namens Asturis. Dort lebte er gemäß der Lehre des Evangeliums und der Apostel, ausgestattet mit aller Frömmigkeit und Sittenreinheit, und erfüllte im Bekenntnis des katholischen Glaubens seinen verehrungswürdigen Vorsatz durch heilige Werke. Als er nun, durch derartige Übungen gestärkt, dem Siegespreis seiner himmlischen Berufung redlich nachstrebte, ging er eines Tages wie gewöhnlich zur Kirche. Dann begann er den versammelten Presbytern, dem Klerus und den Bürgern in aller Demut des Geistes zu verkünden, sie sollten einen drohenden feindlichen Überfall durch Gebete und Fasten und Werke der Barmherzigkeit abwenden. Sie jedoch waren verstockten Herzens und fleischlichen Genüssen zugetan und bewiesen durch die Katastrophe ihres Unglaubens die Richtigkeit der Prophezeiung. Der Diener Gottes aber kehrte zur Wohnung des Küsters, bei dem er Aufnahme gefunden hatte, zurück, gab Tag und Stunde der bevorstehenden Katastrophe bekannt und sprach: ‚Von dieser verstockten Stadt, die rasch ihr Ende finden wird, gehe ich schleunigst fort.' Von hier bog er nach der nächstgelegenen Stadt namens Comagenis (Tulln) ab. Diese wurde von den Barbaren, die sich auf Grund eines Bündnisses mit den Romanen darin festgesetzt hatten, außerordentlich scharf bewacht und nicht leicht jemandem die Genehmigung zum Betreten oder Verlassen erteilt. Gleichwohl wurde der Diener Gottes, der dort unbekannt war, von ihnen weder befragt noch zurückgewiesen. Und so betrat er alsbald die Kirche und ermahnte all die hinsichtlich ihrer eigenen Errettung hoffungslosen Menschen, sich durch Fasten und Gebete und Almosengeben zu wappnen, und*

*führte ihnen alte Beispiele von Errettung vor Augen, wonach Gottes Hilfe sein Volk wider aller Erwarten wunderbar befreit habe. Und als sie nun im Zweifel waren, ob sie seiner in einem so kritischen Augenblick gemachten Verheißung einer allgemeinen Rettung Glauben schenken sollten, kam ein alter Mann – derselbe, der jüngst in Asturis*

Silberne Schnalle aus dem Stadtgebiet von Tulln

*den hohen Gast beherbergt hatte – und bezeugte auf die eindringliche Befragung seitens der Torwachen durch sein Aussehen wie durch seine Erzählung die Vernichtung seiner Stadt; er fügte hinzu, sie wäre an ebendem Tage von den Barbaren verwüstet und zerstört worden, den ein bestimmter Gottesmann vorhergesagt hatte. Daraufhin antworteten sie bekümmert: ‚Meinst du vielleicht denselben, der uns trotz der hoffnungslosen Lage die Hilfe Gottes verspricht?' Als nun der Alte hernach in der Kirche den Diener Gottes erkannte, warf er sich ihm zu Füßen und sagte, ihm habe er es zu verdanken, wenn er davor bewahrt geblieben wäre, mit allen übrigen Bürgern sein Ende zu finden.*

*Auf diese Nachricht hin baten die Einwohner der erwähnten Stadt um Verzeihung für ihre Ungläubigkeit und befolgten die Ermahnungen des Gottesmannes durch heilige Werke: Sie fasteten, versammelten sich drei Tage lang in der Kirche und büßten ihre früheren Irrtümer durch Seufzer und Wehklagen. Am dritten Tage aber, gerade als man den feierlichen Abendgottesdienst abhielt, gab es plötzlich ein Erdbeben; hierdurch wurden die in der Stadt wohnenden Barbaren so erschreckt, daß sie die Romanen drängten, ihnen rasch die Tore zu öffnen. Sie eilten also hinaus und stürmten Hals über Kopf nach allen Seiten auseinander, da sie sich von Feinden aus der Nachbarschaft eingeschlossen glaubten. Und durch göttliche Fügung ward ihr Schrecken vergrößert, sodaß sie sich in der nächtlichen Verwirrung gegenseitig mit ihren Schwertern umbrachten. In Folge dieses Blutbades waren also die Gegner aufgerieben und das mit Hilfe Gottes durch den heiligen Mann gerettete Volk lernte mit himmlischen Waffen kämpfen."* – Soweit der zeitgenössische Bericht von den Verhältnissen an der Donau.

Wenn wir nun die Verhältnisse in Niederösterreich in der zweiten Hälfte des 5. Jhdts. betrachten, so sehen wir, daß in Ufernorikum die Ordnung nur mit Mühe aufrecht erhalten werden konnte. Severin, der zwar kein kirchlicher Würdenträger, aber ein Organisator und dank seines Charismas in der Lage war, den Romanen Mut zuzusprechen und den verschiedenen germanischen Nachbarn Furcht einzujagen, hatte mit Hilfe seiner brüderlichen Klostergemeinschaft eine zivile Verwaltung eingerichtet, die die Not der Romanen linderte. Mittels seiner, durch unerschütterlichen Glauben getragenen, festen Haltung gegenüber den Germanen gelang es ihm, diese zu überzeugen, daß auch sie nur mit Hilfe der Romanen hier besser leben könnten. Hilfslieferungen aus dem Gebiet der oberen Donau waren notwendig, Altkleidersammlungen in den Alpen, aus den befestigten Siedlungen, in denen noch kaum etwas von der drohenden Gefahr zu spüren war, brachten eine Linderung der Not der Romanen in ihren kleinen Siedlungen in Ufernorikum.

Waren es während der Markomannenkriege die Römer an der Donau, die den Germanen die Abhaltung von Wochenmärkten verboten, so waren es jetzt die Kremser Rugier, die den Mauterner Romanen den Besuch ihrer ufernahen Marktplätze untersagten. Die verschiedenen Einfälle von Alamannen, Thüringern und Erulern führten dazu, daß aus dem bayerisch-oberösterreichischen Gebiet, organisiert von Severin und seinen Brüdern, Romanen nach Niederösterreich umgesiedelt wurden. Selbstverständlich mit Billigung der Rugier, für die sie ja eine willkommene Vermehrung von Arbeitskräften darstellten, die die entsprechenden Naturallieferungen für das Rugierreich produzieren konnten.

Das römische Lager von Mautern, einer der Aufenthaltsorte des hl. Severin

Archäologisch nachzuweisen sind die Rugier nur insoweit, als wir eine Reihe von Siedlungen haben, die aus der zweiten Hälfte des 5. Jhdts. stammen und als allgemein ostgermanisch angesprochen werden können. Sie liegen auf mittelhohen Bergkuppen, wie dem Burgstall von Schiltern, auf der Heidenstatt bei Limberg oder in Thunau am Kamp. Bei Grafenwörth wurde in den 30er Jahren ein kleiner Friedhof gefunden, in dem zum Teil nach römischer Sitte aus großen Sandsteinplatten errichete Steinkisten gefunden wurden. Die Gräber, alle schon in antiker Zeit geplündert, enthielten nur wenige Beigaben, dennoch sind sie mit hoher Wahrscheinlichkeit mit den Rugiern in Zusammenhang zu bringen.

Mittlerweile war die Situation der Romanen an der Donau fast unhaltbar geworden: Am 8. Jänner 482 starb Severin und prophezeite noch vorher den Abzug der gesamten Romanen nach Italien. Ein Italien, das weder das gelobte römische Italien alter Prägung und auch kaum

Beinkamm aus den geplünderten germanischen Gräbern von Grafenwörth

die Heimat ihrer Ahnen war, sondern das Restgebiet jenes riesigen Weltreiches, an dessen Nordgrenze sie seit Jahrhunderten lebten. Severin war der letzte, der in der Lage gewesen war, die germanischen gentes von einer völligen Ausplünderung der romanischen Bevölkerung abzuhalten. Mit seinem Tod fiel diese Hemmschwelle. Im Osten saßen Germanen, im Norden ebenso, auch der Westen war germanisch, und der Weg über die Alpen war mehr als gefährlich geworden. Damit hatte die Nordgrenze Roms an der Donau nur mehr fiktiven Charakter und die letzten hier noch lebenden Romanen stellten für Rom gewissermaßen eine Gefahr dar. Sie mußten den verschiedenen Germanen, die kaum mehr in der Lage waren, sich selbst ausreichend zu ernähren, alles zur Verfügung stellen, was jene für den unausbleiblichen Marsch nach dem Süden brauchten.

Um nun eine Grenze gegen Norden aufzubauen, war es notwendig, eine Atempause zu bekommen. Im Winter 487 schlug Odoaker, ein Skire, die Rugier in ihren Sitzen nördlich der Donau und nahm ihren König Fewa und dessen Gemahlin Giso, eine Kusine des Ostgotenkönigs Theoderich, gefangen. (Der heilige Severin hatte Odoaker, als dieser ihn in seinem Kloster in Mautern besuchte, prophezeit, er werde ein großer König, falls er nach Italien ziehe.) Die gefangenen Rugier sowie das Königspaar wurden nach Italien geführt, das Königspaar später hingerichtet. Ein Jahr darauf, 488, wurde der Rest des Rugierreiches zerschlagen, die Überlebenden, darunter Friedrich, der Sohn König Fewas, flohen zu Theoderich. Bei diesem letzten Zug wurde nun ein Großteil der Romanen nach Italien mitgenommen, und, gemäß dem Wunsche Severins, seine sterblichen Überreste exhumiert und mitgeführt. Damit waren zum letzten Mal „römische“ Truppen über die Alpen bis zur Donau vorgedrungen, hatten diese überschritten und römische Macht nördlich der Donau gezeigt. Auch wenn sie keineswegs mehr aus jenem Holz geschnitzt waren wie die Truppen eines Mark Aurel.

Von diesem Abzug nach Süden wurden dennoch nicht alle Romanen erfaßt. Manche von ihnen sind hier zurückgeblieben und wir finden sie und das, was sie verfertigten, in den Siedlungen und Friedhöfen jener westgermanischen gentes, die nun das fast entvölkerte „Rugiland“ besiedeln sollten.

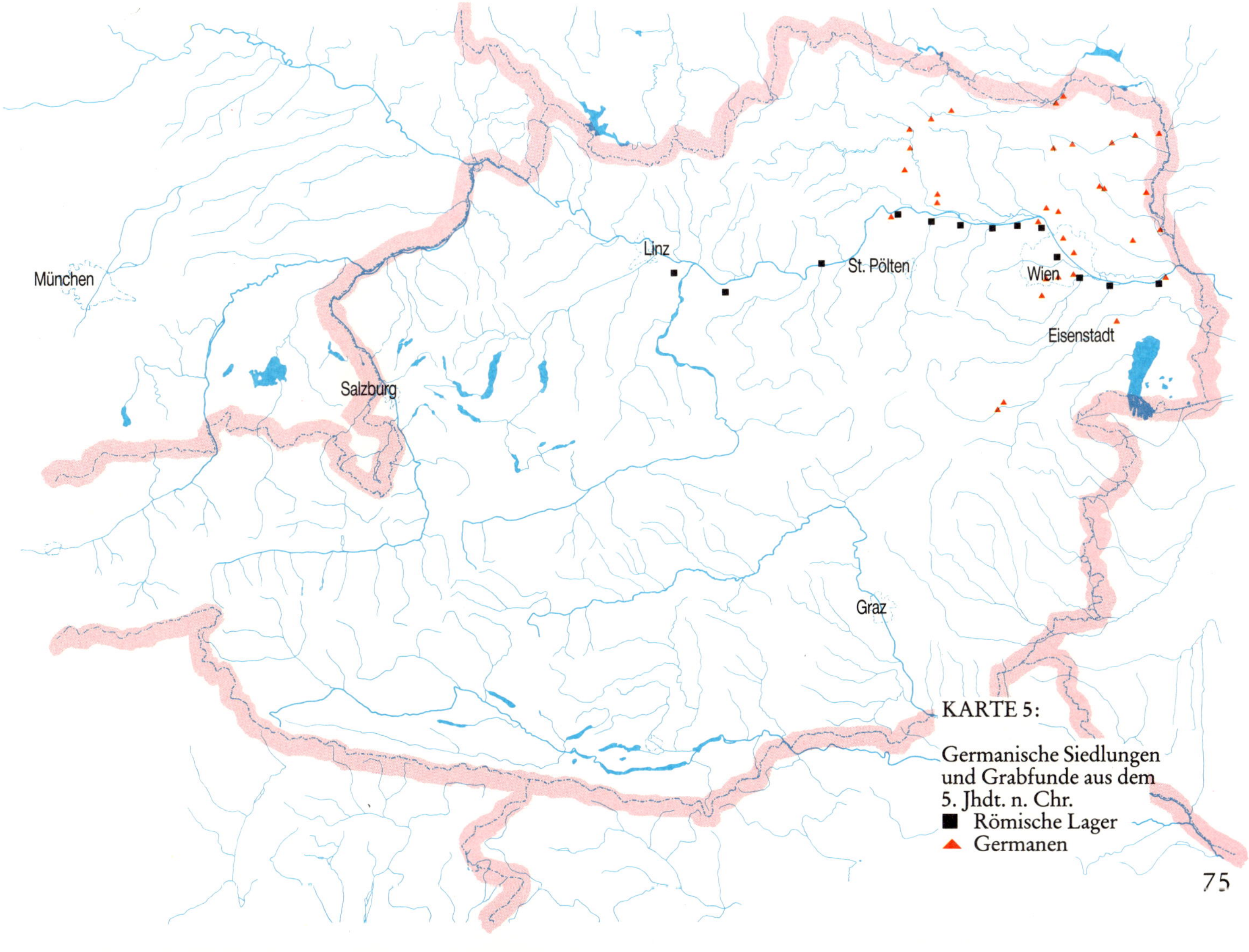


KARTE 5:

Germanische Siedlungen und Grabfunde aus dem 5. Jhdt. n. Chr.

Bügelfibel, Großharras

Der Žuraň, ein „Königsgrabhügel“ nördlich von Brünn, ČSSR, während der Ausgrabung 1949

# DIE LANGOBARDEN – AUF DEM WEG NACH ITALIEN

489 wanderte ein Teil der bis dahin im nördlichen Mitteldeutschland und den nordöstlichen Randzonen Thüringens siedelnden Langobarden unter ihrem König Godeoc in Niederösterreich ein. Und tatsächlich finden wir zuerst im Raum Hollabrunn, und alsbald bis Krems, eine Reihe von kleinen und mittelgroßen Friedhöfen, die die charakteristischen Fundgegenstände der Langobarden enthalten. Im Jahr 505 war es soweit, daß sie erstmals die Donau überschritten und ein Gebiet, das von ihnen die Ebene „feld" genannt wurde, besiedelten: das heutige Tullnerfeld, in dem noch Reste der Romanen in den stockwerkhohen, notdürftig reparierten und adaptierten Ruinenstädten, den ehemaligen römischen Kastellen, lebten.

In nur geringer Entfernung von diesen Kastellen, Wachttürmen und Landhäusern finden wir die langobardischen Friedhöfe dieser Zeit. Der bedeutendste davon lag bei Maria Ponsee, auf halbem Wege zwischen Augustianis, dem heutigen Traismauer, und Zwentendorf (vielleicht das römische Asturis), wo sich in der Nähe die Reste eines römischen Baues befanden. In einer ehemaligen Schottergrube, heute ein Badeteich, wurden zwischen 1965 und 1972 93 Körperbestattungen und zwei Pferdegräber fachmännisch untersucht. Einige weitere, durch Unachtsamkeit zerstört, gingen verloren.

Schon drei Jahre nach der Besetzung des Tullnerfeldes kam es zu Kämpfen mit den östlichen Nachbarn im Norden der Donau, den Erulern. Diese, die höchstwahrscheinlich noch im 3. Jhdt. kein eigener Stamm waren, sondern eher eine Kampfgemeinschaft verschiedenster gentes, die allmählich ein gemeinsames Bewußtsein entwickelten, sind im 5. Jhdt. an allen möglichen Ecken und Enden im romanischen Gebiet erwähnt. Nur wenige Funde können mit ihnen in Zusammenhang gebracht werden. Vor allem ist dies ein riesiges Hügelgrab, das wohl ein Königsgrab der Eruler war. Unweit des Dorfes Podoli, nördlich von Brünn, in Mähren befindet sich ein Hügel, der Žuraň, von dem aus 1805 Kaiser Napoleon I. die Schlacht von Austerlitz leitete. Er enthielt zwei 7 m tiefe Grabschächte, wurde aus Erde und großen Mengen von Steinen und Rasenziegeln aufgebaut und schon in alter Zeit fast komplett ausgeplündert. Erhalten blieben neben einem geschnitzten Holzbalken und den Resten einer Elfenbeinpyxis (= Dose) die Skelettreste eines Mannes und einer Frau, drei eiserne gabelförmige Fackelhalter, Bruchstücke von Goldflitter, die Scherben von Glasgefäßen und Perlen. In den total ausgeplünderten Grabkammern fanden sich im Männergrab noch die Reste des mitbestatteten Reitpferdes. Der Hügel war von einer umlaufenden Steinmauer eingefaßt.

Ein fast identer Hügel wurde unweit von Laa an der Thaya, direkt an der österreichisch-tschechoslowakischen Grenze vor wenigen Jahren entdeckt und wird derzeit untersucht.

Der „Königsgrabhügel" bei Laa a. d. Thaya während der Ausgrabung 1984/85

Verzierter Holzbalken aus einer Grabkammer des Žuraň

Der Erulerkönig Rodulf – Theoderich der Große hatte ihn zu seinem Waffensohn erkoren – versuchte, gegen die Langobarden, die den Erulern tributpflichtig waren und immer mehr eine Gefahr darstellten, vorzugehen. Ausschlaggebend dafür war nach der langobardischen Sage die Ermordung seines Bruders auf Befehl der langobardischen Königstochter Rumetrud. Dieser Kampf, der mit ziemlicher Sicherheit im Weinviertel stattgefunden hat, endete mit einer schimpflichen Niederlage der Eruler, und wir sehen sie ab diesem Zeitpunkt wieder in alle Himmelsrichtungen zerstreut. Der Langobarde Tato, Sieger der Erulerschlacht, wurde schon kurze Zeit später, 511, von seinem Neffen Wacho ermordet. Auch sein Sohn wurde getötet, nur sein Enkel Hildegis konnte zu den Gepiden flüchten und versuchte, sie gegen Wacho aufzuhetzen. Dieser arrangierte sich aber mit den Gepiden und heiratete die Tochter ihres Königs Elemund.

Das langobardische Siedlungsgebiet umfaßte das südliche Mähren und das östliche Weinviertel sowie die Ebene „feld". Pannonien, das ja noch nominell unter ostgotischer Herrschaft stand, wurde erst später, nach dem Tod Theoderichs des Großen, von den Langobarden besetzt. Die Zeit nach 526 ist sicher der Höhepunkt langobardischer Macht im mittleren Donauraum. Aus dieser Zeit stammen auch die einzigen nichtgeplünderten Gräber der Langobarden, die in Mödling ausgegraben werden konnten. Nach Wachos Tod im Jahre 540 folgte auf ihn Walthari, sein unmündiger Sohn aus dritter Ehe mit Silinda, einer Tochter des im Jahre 508 besiegten Erulerkönigs Rodulf. Walthari starb nach fünf Jahren, und Audouin, er hatte für ihn die Regentschaft geführt, wurde nun neuer langobardischer König. Ein im Jahre 546 zwischen König Audouin und Kaiser Justinian abgeschlossener Vertrag ermöglichte nun den Langobarden, auch die südlichen Teile Pannoniens zu besetzen. Es kam zu Kämpfen mit den östlich wohnenden Gepiden, wobei Byzanz sich abwechselnd auf die Seite der Langobarden und Gepiden stellte. So schloß König Alboin, der Sohn Audouins, mit Bajan, dem Khagan der an der unteren Donau lebenden Awaren, ein Bündnis. Im Falle eines Sieges sollten die Awaren das gesamte Siedlungsgebiet der Gepiden erhalten und außerdem noch zehn Prozent des langobardischen Viehbestandes. 567 kam es zum entscheidenden Kampf zwischen Langobarden und Gepiden. Die Awaren selbst griffen anscheinend gar nicht direkt ein, sondern dienten vor allem dazu, Ostrom von einem weiteren Eingreifen abzuhalten. Alboin selbst, so wird berichtet, tötete den Gepidenkönig Kunimund, „schlug ihm das Haupt ab und ließ sich daraus einen Trinkbecher machen". Er erkannte aber rasch, daß hier in Pannonien nichts mehr zu holen und auch der Weg nach Byzanz für ihn verschlossen war. Die nomadischen neuen Nachbarn scheinen auch das Ihre dazu beigetragen zu haben, daß er beschloß, nach Italien zu ziehen. Hatten doch die langobardischen Truppen, die an der Seite von Byzanz im Kampf gegen die Ostgoten in Italien gestanden waren, von dem noch immer vorhandenen Überfluß dieses Landes berichtet. Und so zogen nach dem Osterfest des Jahres 568 die Langobarden mit „Weib, Kind, Hab und Gut" nach Italien und überließen den Awaren auch ihr eigenes Gebiet unter der Bedingung, binnen 200 Jahren jederzeit zurückkehren zu können.

Kehren wir jedoch zurück zu den Langobarden in Niederösterreich. Bis jetzt sind, mit Ausnahme weniger Spuren in den Ruinen römischer Bauten, keine eigentlichen langobardischen Siedlungen bekannt. Was wir kennen, sind die charakteristischen Friedhöfe, die meist kaum mehr als 100 Bestattungen umfassen. Es ist eine Eigenart eines Großteils der völkerwanderungszeitlichen Gräberfelder Europas, daß sie meist noch während der Benützung geplündert wurden. Im Falle der langobardenzeitlichen Bestattungen in Mähren, in Niederösterreich nördlich der Donau und im gesamten Tullnerfeld zeigt sich, daß grundsätzlich jedes Grab geplündert wurde und somit die Prophezeiung des hl. Severin in Erfüllung gegangen war: *„Denn die bis jetzt dichtbesiedelten Orte werden in eine so wüste Einöde verwandelt werden, daß die Feinde in dem Glauben, sie könnten etwas Gold finden, auch die Gräber der Toten aufwühlen werden."* Es waren aber nicht nur Rugier, Eruler und Langobarden, die Friedhöfe plünderten, sondern auch Slawen und Awaren, die später die langobardischen Gräber ausraubten. Es nützte gar nichts, einen mächtigen steinbepackten Erdhügel aufzuschütten oder bis zu 9 m tiefe, holzausgezimmerte Schächte im Boden anzulegen, in die mehrstöckige Grabbauten hineingesetzt wurden, oder aber nur unscheinbare kleine Grab-

Langobardisches Gräberfeld während der Freilegung. Die ausgegrabenen Grabgruben zeichnen sich als schwarze Flecken im sonst von Schnee bedeckten Gelände deutlich ab

Aus einer rheinischen Glaswerkstätte wird wohl der in Grab 53 von Maria Ponsee gefundene sogenannte Rüsselbecher stammen. Im selben Grab, dem eines vornehmen Kriegers, fand sich auch eine große Bronzeschüssel, in der Eierschalen und Tierknochen lagen, die Reste der Speisen. Ebenfalls aus diesem Grab stammt das Pferdezaumzeug mit einer silbertauschierten eisernen Knebeltrense. Das Pferd des vornehmen Langobarden sowie sein Hund wurden in einer eigenen Grube daneben bestattet.

Messingperlrandbecken. Hauskirchen, Grab 13

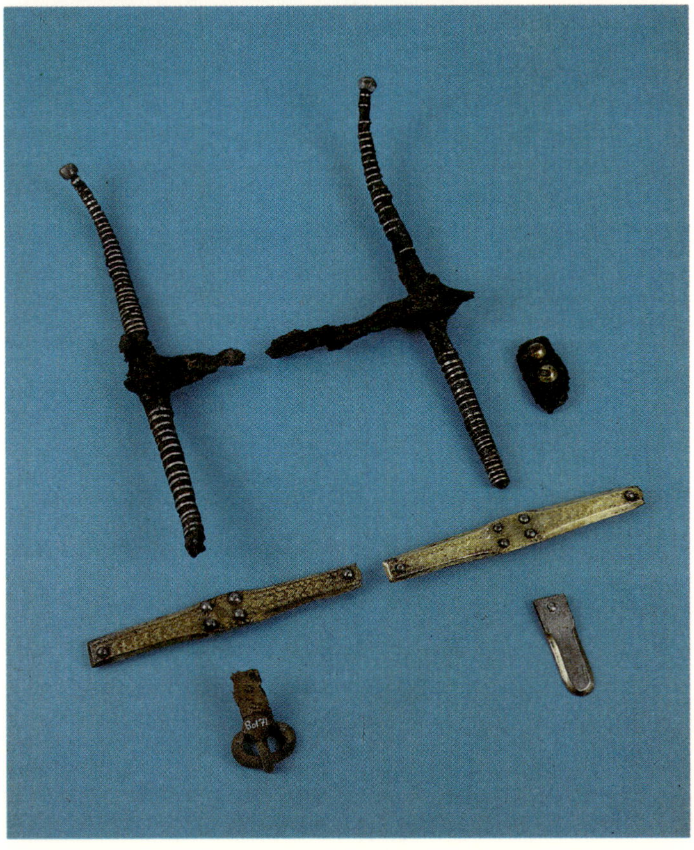

Kopfgeschirr eines Reitpferdes aus Maria Ponsee, Grab 46

Weitmündiger, sog. Rüsselbecher aus Glas, Maria Ponsee, Grab 53

In einigen Gräbern fanden sich auch die Reste von hölzernen, halbkugeligen Trinkbechern, die mit Silberblechen beschlagen waren. Vielfach haben sich auch die reich geschnitzten, prachtvollen Beinkämme erhalten.

Ein anderes langobardisches Gräberfeld wurde 1933 in Poysdorf entdeckt. Hier war es vor allem das Grab eines Schmiedes, das besondere Aufmerksamkeit erregte. Von seinem Schild haben sich nur mehr die Beschläge, der Schildbuckel und die Schildfessel erhalten. Neben dem Schädel befand sich ein großer Beinkamm, zwischen den Unterschenkeln ein Huhn, und über den gesamten Körper verstreut – auch dieses Grab war teilweise geplündert – lagen die aufgebrochene, ehemals mit einem Vorhängeschloß versehene Werkzeugkiste und ihr Inhalt: Zwei große Zangen, eine Feilkluppe, ein Amboß, zwei Hämmer, eine Feile, ein Schleifstein, zwei Meißel und zwei Fibelmodeln, einer davon für eine Bügelfibel, der andere für eine S-förmige Fibel. Schmiedegräber gehören zu den seltenen Erscheinungen, aber wir finden sie doch immer wieder. So wurde in Brünn in der Kesselschmiedgasse ein Grab ganz ähnlicher Ausstattung wie in Poysdorf gefunden, das auch noch den Waagebalken und die Waageschalen einer Goldschmiedwaage enthielt.

Zange, Hämmer und Amboß aus dem Schmiedgrab. Poysdorf, Grab 6

Solche Schmiede waren auf den germanischen Höfen des Adels häufig tätig, wie uns eine Stelle in der Vita sancti Severini besonders aufschlußreich schildert: „*Sie (gemeint ist hier die Königin Giso, die Gattin des Rugierkönigs Fewa) hatte nämlich einige barbarische Goldschmiede zwecks Herstellung königlicher Schmuckstücke unter strenger Bewachung einsperren lassen. An eben demselben Tage nun, da die Königin den Knecht Gottes beleidigt hatte, ging der noch ganz kleine Sohn des erwähnten Königs, namens Friedrich, in jugendhafter Neugierde zu ihnen hinein. Da setzten die Goldschmiede dem Kind das Schwert an die Brust und sagten, wenn jemand versuchen sollte, ohne eidliche Zusicherung bei ihnen einzudringen, so würden sie zuerst den kleinen Königssohn ermorden und dann sich selbst umbringen, weil sie zermürbt von der langen Zwangsarbeit keine Lebenshoffnung mehr hätten.*“ Wir sehen daraus, daß es sich bei den Schmieden um Spezialisten handelte, die jeweils im Auftrag der Adelshöfe ihre kunstvollen Werke verfertigten und dann mit ihrem Handwerksgerät zum nächsten Hof weiterzogen. Im übrigen sind diese Handwerker, die Giso einsperren ließ, dank der Mahnungen Severins freigelassen worden.

Model aus Bronze für eine Bügelfibel und eine S-Fibel. Poysdorf, Grab 6

„Vorhangschloß“, mit dem die Werkzeugkiste des Schmiedes von Poysdorf verschlossen war. Poysdorf, Grab 6

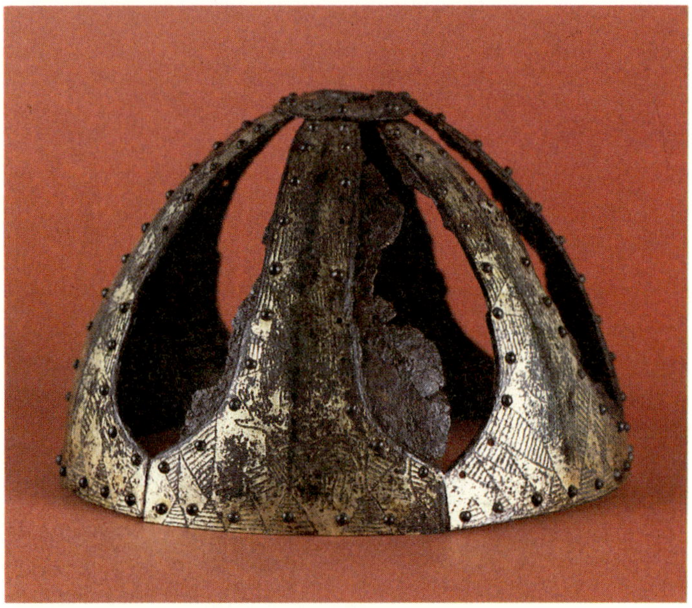

Teil eines sog. Spangenhelmes aus vergoldetem Kupfer. Die Wangenklappen und der Nackenschutz fehlen. Steinbrunn

Bronzevergoldete Beschläge eines Pferdegeschirrs. Hauskirchen, Grab 13

Das bedeutendste Grab, das nördlich der Donau in Niederösterreich gefunden wurde, stammt aus Hauskirchen im Zayatal. An einem nördlichen Abhang zur Zaya fand sich ein kleiner Friedhof, der ebenfalls geplündert war. In einem 3,60 m tiefen, 3,20 m langen und 2 m breiten Schacht lagen die durchwühlten Reste der Bestattung einer 25–30jährigen Frau. Die gesamte Holzauskleidung des Grabes war zertrümmert, die über der eigentlichen Bestattung liegenden zwei Pferde waren bei der Plünderung in die Grabgrube gestürzt. Die Tote war aus ihrem Sarg gezerrt und im Schacht schräg an die Wand gelehnt worden. Dabei war der Schädel abgerissen worden und verloren gegangen. Herabgestürztes Material und die sicherlich große Hast, in der die Räuber waren (auch der Geruch dürfte nicht gerade angenehm gewesen sein), ließen sie glücklicherweise nicht nur einen kleinen sogenannten Rippenbecher aus Ton, der sicherlich für sie nicht von Interesse war, sondern auch ein großes Messingbecken und vor allem die vollzähligen Metallbeschläge von zwei Zaumzeugen für Zugpferde übersehen. Diese Schnallenbeschläge und Riemenverteiler sind aus vergoldeter Bronze, überaus reich in Kerbschnitt verziert und mit roten Glaseinlagen versehen. Auch die vier rechteckigen Beschläge aus vergoldetem Silber und vier mondsichelförmige Anhänger, die in Raubvogelköpfen enden, wären sicher mitgenommen worden. Ein weiteres Tongefäß und ein eisernes Webschwert, das zum Festdrücken der waagrechten Fäden am senkrechten Webstuhl gehörte, blieben ebenfalls in dem Grab zurück. Der ungewöhnliche Grabbau und der noch immer respektable Reichtum dieses geplünderten Grabes machen es wahrscheinlich, daß es sich hier um ein Mitglied einer führenden langobardischen Familie handelt. Dieses Grab ist sicherlich in Bedeutung und Ausstattung mit dem etwa 100 Jahre früher angelegten Fürstinnengrab von Untersiebenbrunn vergleichbar. Welch schönen und wertvollen Schmuck muß diese

S-Fibeln, Tierwirbelfibeln und Bügelfibeln aus langobardischen Gräberfeldern Mährens und Niederösterreichs

Frau gehabt haben, wenn schon ihre Pferde so prächtig geschirrt waren!

Aus anderen Gräbern wissen wir ungefähr, wie die Frauen gekleidet und geschmückt waren. Die Frau trug ein langes Oberkleid, das in der Taille durch einen Gürtel zusammengehalten war. An den Schultern trug sie ein Paar kleiner, entweder S-förmiger, vogelförmiger oder scheibenförmiger Fibeln, um den Hals eine Kette aus bunten Glaspasteperlen, manchmal waren auch Bernsteinperlen und Goldbrakteaten darunter. Am Gürtel waren lange Stoff- oder Lederbänder befestigt, in die Perlen aus Glas, Chalcedon und Bergkristall eingeknüpft waren und deren Enden mit kleinen Silberblechen beschlagen waren. Auf breiten Bändern waren zwei große Bügelfibeln aus Edelmetall befestigt. Ein Stoff- oder Lederbeutel hing an der linken Seite am Gürtel. In ihm waren Nadeln in Büchsen aus Holz oder Stein, manchmal auch ein Bronzeschlüssel, ein Eisenmesser und eine Schere. An den Füßen trug sie Schuhe aus Leder mit Metallverschlüssen. Typische Attribute in Frauengräbern sind noch die zu allen Zeiten vorkommenden hölzernen Handspindeln mit tönernen Schwungscheiben, den Spinnwirteln, und die Webschwerter, von denen sich nur die aus Eisen erhalten haben.

S-förmige Fibel mit Almandineinlagen; Maria Ponsee, Grab 77

Silbervergoldete Bügelfibel vom Typ „Rositz“; Maria Ponsee, Grab 34

Eisernes Webschwert aus einem Frauengrab; Maria Ponsee, Grab 35

Teil einer Glasperlenkette. Maria Ponsee

Handgeformte elbgermanische Keramik und scheibengedrehtes romanisches Töpfchen aus langobardischen Grabfunden in Mähren.

Thüringisches Drehscheibengefäß; Maria Ponsee, Grab 81

Handgeformte Imitation eines spätrömischen Henkeltopfes; Maria Ponsee, Grab 38

Die langobardischen Gräberfelder nördlich der Donau und im Tullnerfeld wurden systematisch ausgeplündert

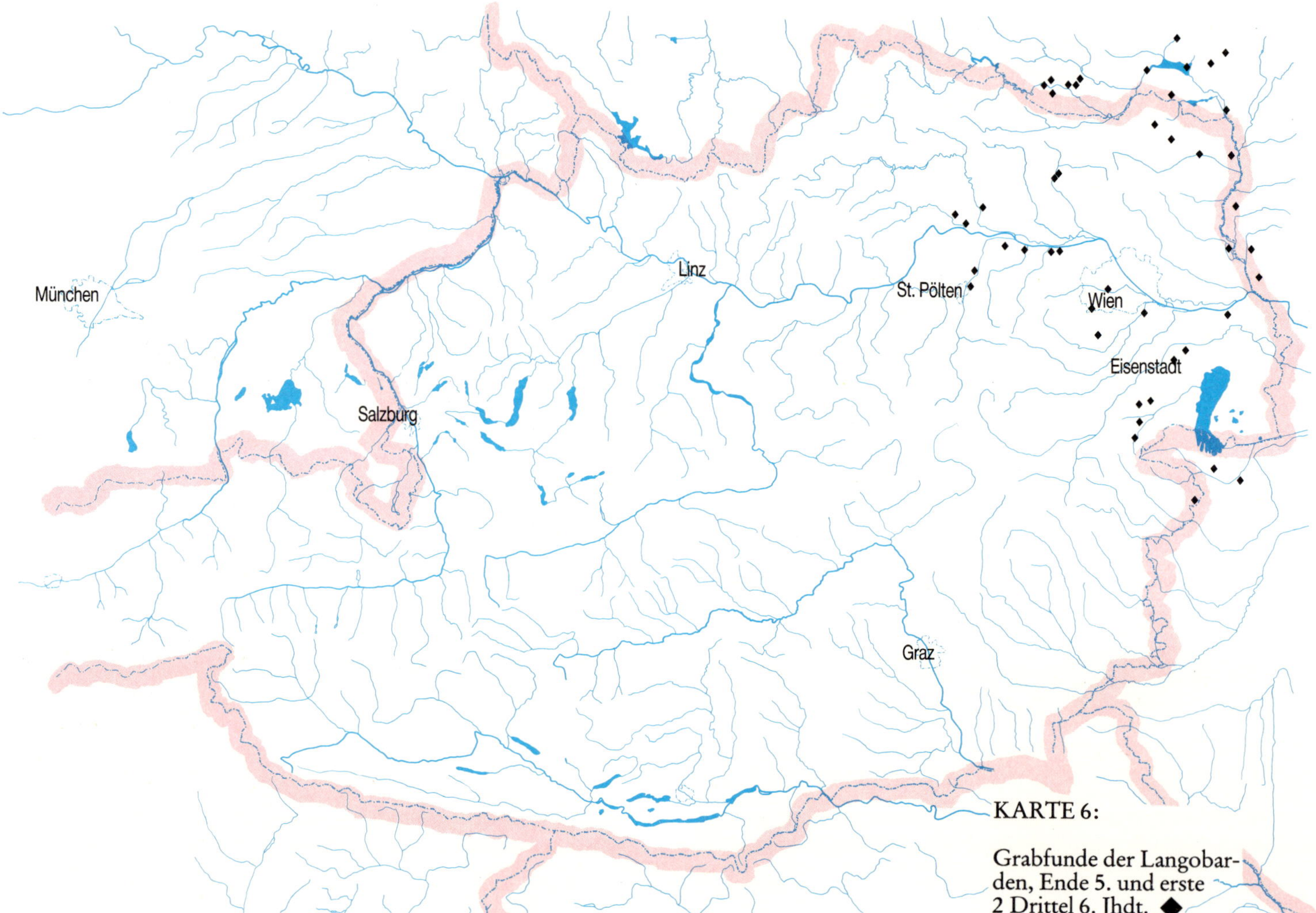


KARTE 6:

Grabfunde der Langobarden, Ende 5. und erste 2 Drittel 6. Jhdt. ◆

# DIE AWAREN – PANZERREITER UND ZOPFTRÄGER ERREICHEN DEN WIENERWALD

Wer waren nun die Awaren, denen die Langobarden Ostern 568 ihr pannonisches Siedlungsgebiet überließen? In den chinesischen Quellen wird zu Beginn des 5. Jhdts. ein Volk der Jou-Jan oder Juan-Juan erwähnt, das in der Mitte des 6. Jhdts. seine Macht in Innerasien an seine Untertanen, die Türken, verlor. Einzelne Gruppen der Jou-Jan flohen gegen Westen in Richtung Kaukasus und wurden gemeinsam mit den ebenfalls nach Westen geflüchteten Heftaliten, hunnischen Nomaden, alsbald Föderaten des byzantinischen Kaisers Justinian I. Mit Hilfe dieser neuen Reiter erhoffte sich Byzanz eine Befriedung der am Schwarzen Meer ansässigen verschiedenen Stämme, wie Utiguren und Kutriguren, zu erreichen. 562 waren die Awaren die neuen Herren am Schwarzen Meer und Byzanz mußte nicht mehr an verschiedene kleine Stämme Tribute zahlen, sondern an die Awaren. Diese saßen nun im byzantinischen Vorfeld am nördlichen Ufer der unteren Donau, erhielten Geldgeschenke und warteten darauf, in das byzantinische Reich selbst aufgenommen zu werden. Während Justinian offensichtlich seinen Verpflichtungen nachgekommen war, so hat sein Nachfolger diesen Vertrag aufgekündigt und jeden Gedanken an eine Ansiedlung auf byzantinischem Gebiet abgelehnt. Ja, es wurden sogar Grenzsperren errichtet, um den Awaren den Übergang unmöglich zu machen.

Hatten schon die Botschafter des Awarenkhagans Bajan bei Kaiser Justinian offenbar Eindruck erweckt – es wird berichtet, daß sie zwei lange schwarze Zöpfe mit Spangen trugen und auch sonst für das an internationales Publikum gewöhnte Byzanz auffällig waren –, so hat ihre erste Begegnung mit der westlichen fränkischen Welt erst recht für Aufregung gesorgt. Wohl war es 562 gelungen, die ersten Scharen dieser awarischen Reiter, die unter Umgehung des Karpatenbogens bis zur Elbe vorgedrungen waren, zurückzuschlagen. Doch schon vier Jahre später, im Herbst 566, ging eine weitere Auseinandersetzung für die Franken ungünstig aus. Sigibert I., Sohn König Lothars, seit 561 König der ostfränkischen Länder, wurde samt seinem Gefolge gefangengenommen und das fränkische Heer geschlagen. Der Khagan Bajan schloß aber einen Friedens- und Freundschaftsvertrag ab und kehrte wieder an die untere Donau zurück. Hier aber drohte den Awaren neue Gefahr. Im Winter 566/67 hatten die Türken, die ja früher den Awaren untertan gewesen waren, die zugefrorene Wolga überschritten und waren damit auf dem besten Wege, das zu erfüllen, was sie Bajan geschworen hatten: *„Sie würden ihn und sein Volk nicht mit dem Schwert vernichten, sondern mit den Hufen ihrer Pferde wie Ameisen zu Boden treten."* Da kam sozusagen Rettung in letzter Minute, eine Rettung, die den östlichen Teil Mitteleuropas verändern sollte. Byzanz, das seit längerer Zeit einen militärischen Pakt mit den Langobarden hatte, war diesmal in den Auseinandersetzungen zwischen den Todfeinden Langobarden und Gepiden an die Seite der Gepiden getreten. Damit bot sich für Bajan die Möglichkeit, mit den Langobarden ein Bündnis einzugehen und damit auch gleichzeitig gegen den byzantinischen Kaiser Justinus II. aufzutreten. Nicht zuletzt mag dabei der Bruder der Langobardenkönigin, der von den Awaren an der Elbe gefangengenommene Frankenkönig Sigibert I., eine Vermittlerrolle gespielt haben. Wie wir bereits gesehen haben, wurden Langobarden und Awaren handelseins. Langobardische Führer begleiteten das awarische Reiterheer in das Karpatenbecken, und nach dem Sieg über die Gepiden kamen weitere, an der unteren Donau siedelnde Awaren nach. Die awarische Landnahme hatte begonnen, eine Landnahme, die auch alsbald das niederösterreichische Gebiet erfassen sollte.

Die ursprüngliche Größe dieses awarischen Reiterheeres (Awar = die den Türken Ungehorsamen) betrug etwa 20 000 Mann. Im Vorfeld von Byzanz schlossen sich den Siegern alsbald eine Reihe von „staatenlosen" anderen Reitern an, und so war dieses Heer bald auf die doppelte Anzahl angewachsen. Neben einer leichten, bogenführenden Reiterei gab es eine schwer bewaffnete, gepanzerte Reitertruppe.

Reiter und Pferd trugen eiserne Lamellen- und/oder Filzpanzer. Die Krieger selbst, mit langen eisernen, panzerbrechenden Stoßlanzen bewaffnet, stellten den Kern des Angriffes dar. Auf den noch immer brauchbaren römischen Straßen entlang des ehemaligen Limes kamen diese berittenen Truppen alsbald bis zu den östlichen Abhängen des Wienerwaldes, und schon um 600, also kaum mehr als zwei Generationen nach dem Einbruch in das Karpatenbecken, sind

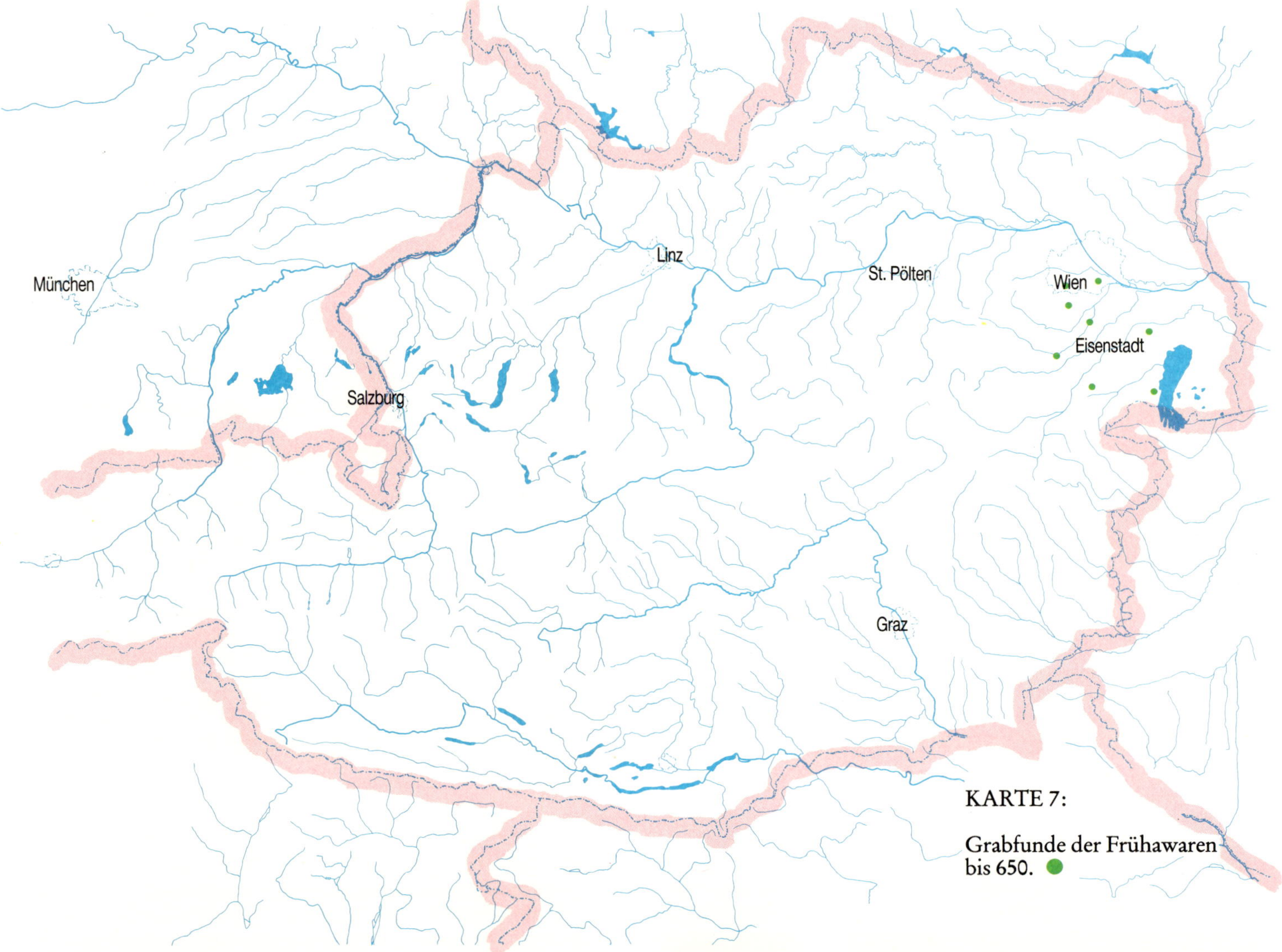


KARTE 7:

Grabfunde der Frühawaren bis 650.

die Awaren durch zahlreiche Einzelfunde faßbar. Auch viele Grabfunde aus dem Raum Wien und dem östlich anschließenden niederösterreichisch-burgenländischen Gebiet zeugen von ihrer Anwesenheit.

Einem glücklichen Umstand verdanken wir es, daß im Jahre 1985 bei der Wiederaufnahme von systematischen Untersuchungen des awarischen Friedhofes von Zillingtal, Burgenland, ein ungestörtes Kriegergrab aus der Zeit um 600 geborgen werden konnte. Es zeigt uns einen frühen awarischen Krieger in seiner ganzen Ausrüstung. Er trug die Haare zu Zöpfen geflochten und einen goldenen Ohrring. Sein langes, gerades, silberbeschlagenes asiatisches Reiterschwert hing an einem ledernen, verzierten Gürtel, der mit einer byzantinischen Schnalle verschlossen war und auch eine große Riemenzunge und weitere Metallbeschläge der Nebenriemen aufwies. Ein knochenversteifter Reflexbogen sowie der Lederköcher mit den charakteristischen dreiflügeligen Pfeilspitzen auf langen Schäften stellte die gefürchtete Fernwaffe dieser Krieger dar.

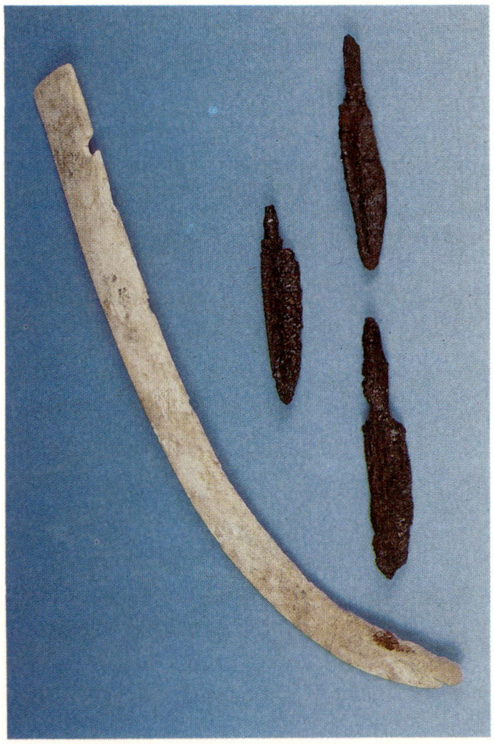

Einschneidiges Reiterschwert mit Scheide und P-förmigen Attaschen; Zillingtal, Grab D3; Knochenversteifung eines Reflexbogens und 3flügelige Pfeilspitzen; Leobersdorf, Grab 152

Mittelawarisches Reitergrab mit aufgezäumtem Pferd, Schwert und Reflexbogen; Wien-Liesing, Grab 21

Steigbügel aus Wien 13, Unter-St. Veit

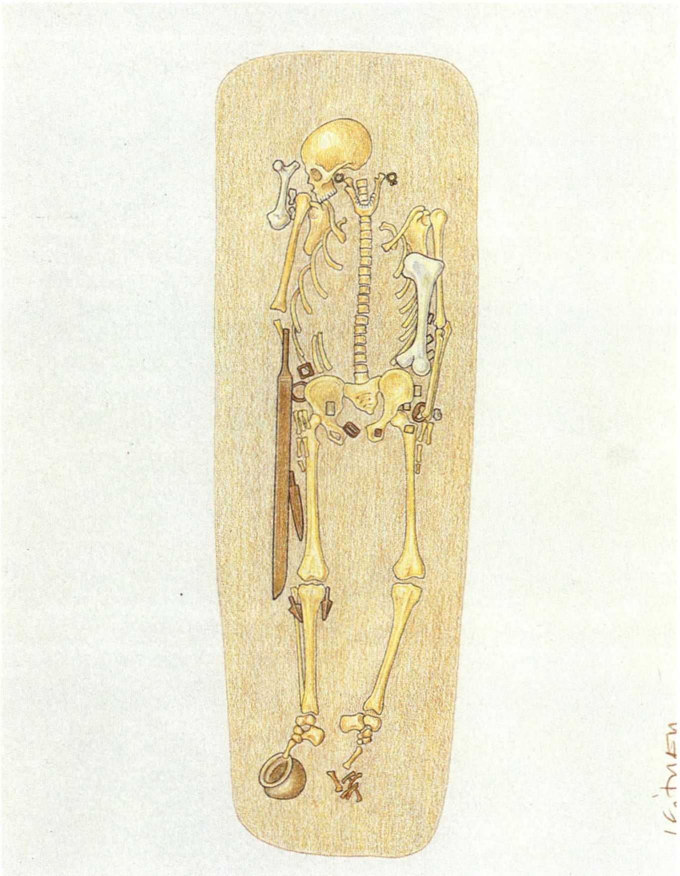

Awarisches Männergrab aus Wien 11, Csokorgasse

Noch haben sich keinerlei Siedlungsspuren dieser frühesten awarischen Landnahme in unserem Bundesgebiet gefunden. Dagegen haben sich in Innerpannonien ausgedehnte dörfliche Siedlungen mit jurtenartigen Bauten bereits mehrfach nachweisen lassen.

Gürtelgarnitur und Ohrringe eines mittelawarischen Männergrabes; Mödling, Grab 35

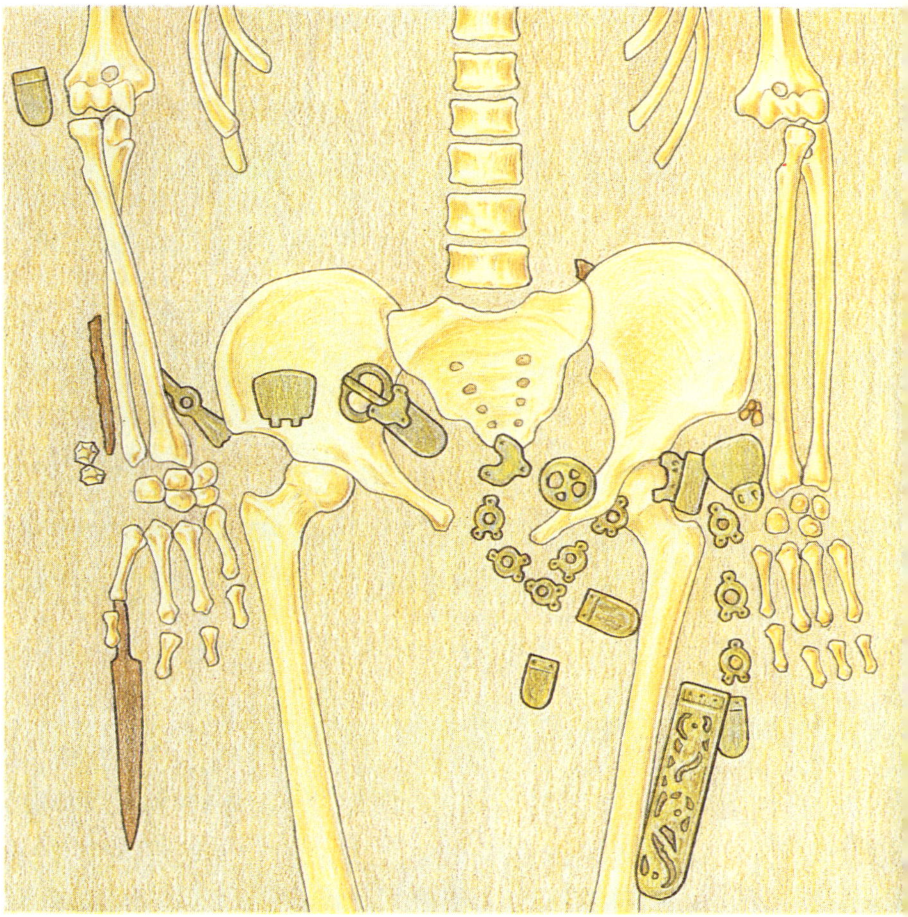

Lage einer awarischen Gürtelgarnitur am Beispiel von Wien 11, Csokorgasse

Hatten sich die Beziehungen zwischen den Awaren und Byzanz vorerst auf die Eroberung bzw. Verteidigung von einzelnen Stützpunkten wie die strategisch wichtige Stadt Sirmium beschränkt, so erfolgten ab 573 bedeutende Tributzahlungen an die Awaren. Waren es anfangs noch 6 000 Goldsolidi pro Jahr, so wurde diese Summe bereits im Jahre 604 auf das Doppelte erhöht. Ab 622 waren es dann jährlich 200 000 Goldsolidi. Es ist daher kein Wunder, daß die frühesten dieser awarischen Gräber, vor allem im Karpatenbecken, nur so vor Gold strotzten, und man ist fast verleitet, von einem „goldenen Zeitalter" zu sprechen. Dieses goldene Zeitalter fand aber im Jahre 626 sein Ende, als das awarische Heer, verbündet mit den Persern, vor Konstantinopel zog, hier aber eine empfindliche Schlappe erlitt, da es den Byzantinern gelang, die Vereinigung der beiden Heere zu verhindern. Auch der Versuch, 628 das langobardische Cividale, sozusagen das westliche Pendant zu Byzanz, zu plündern, führte dazu, daß die Awaren ihren letzten „europäischen" Verbündeten verloren. Das Ausbleiben des byzantinischen Goldstromes führte zu innerawarischen Auseinandersetzungen. Ein Teil von ihnen, die Bulgaren, fiel ab und gründete einen selbständigen Staat, dessen erster Khagan Kuvrat wurde und dessen Grab, 1912 in Malaja Pereščepina gefunden, als der derzeit reichste frühmittelalterliche Grabfund Europas gelten kann.

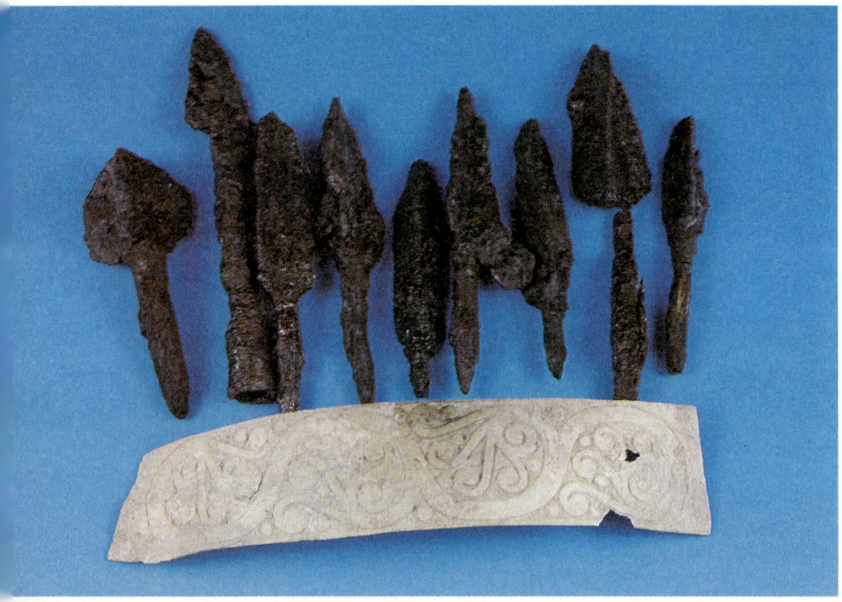

3flügelige Pfeilspitzen und verzierte Knochenplatte vom Köcher; Leobersdorf, Grab 152

Dadurch, daß nun den Awaren in der ungarischen Tiefebene der Zugang nach Südosten und auch nach Südwesten nur schwer möglich war, verlagerte sich ihr Interessensgebiet mehr nach dem Westen. So sehen wir zu Beginn des 7. Jhdts. im österreichischen Donauraum zwei Siedlungsbereiche, durch einen breiten Streifen unbesiedelten Gebietes voneinander getrennt. Im Westen ist es das Herzogtum Bayern, das bis zur Enns reicht, und im Osten das wiedererstarkte awarische Reich, das, vorerst bis zum östlichen Wienerwaldrand reichend, allmählich auch das Gebiet nördlich der Donau erfaßte.

Gegossener Bronzegreif als Anhänger am Nebenriemen; Mödling, Grab 121

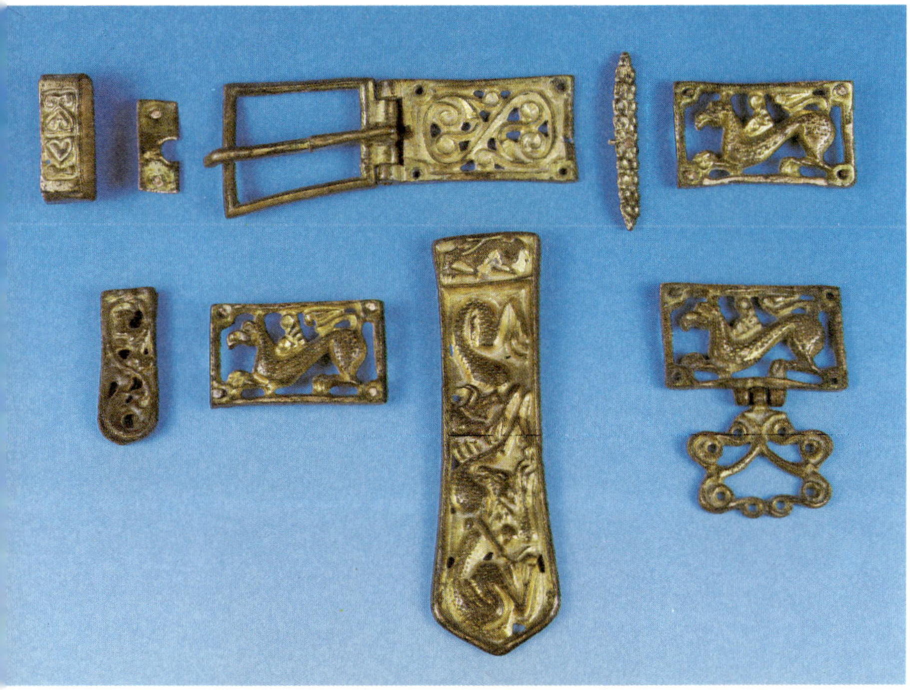

Vergoldete, gegossene Gürtelgarnitur; Leobersdorf, Grab 71

Wir finden nun im gesamten Burgenland und vor allem im Wiener Becken zahlreiche Friedhöfe, die oft mehrere hundert Bestattungen enthalten. In manchen dieser Friedhöfe, wie in Wien-Liesing aus der 2. Hälfte des 7. Jhdts., sind auch Pferde mitbestattet. Hier haben sich auch die Reste des Zaumzeuges und die eisernen Steigbügel erhalten, die es den awarischen Reitern ermöglichten, ihre gefürchtete Fernwaffe, den Reflexbogen, im vollen Galopp einzusetzen.

Das auffälligste Fundstück in jedem Männergrab sind natürlich die aus Bronze geschnittenen und getriebenen, später gegossenen Beschläge der Gürtelgarnituren, die, einem raschen modischen Wechsel unterworfen, ein wichtiges Hilfsmittel zur Erstellung einer relativen Chronologie innerhalb eines solchen Bestattungsplatzes sind.

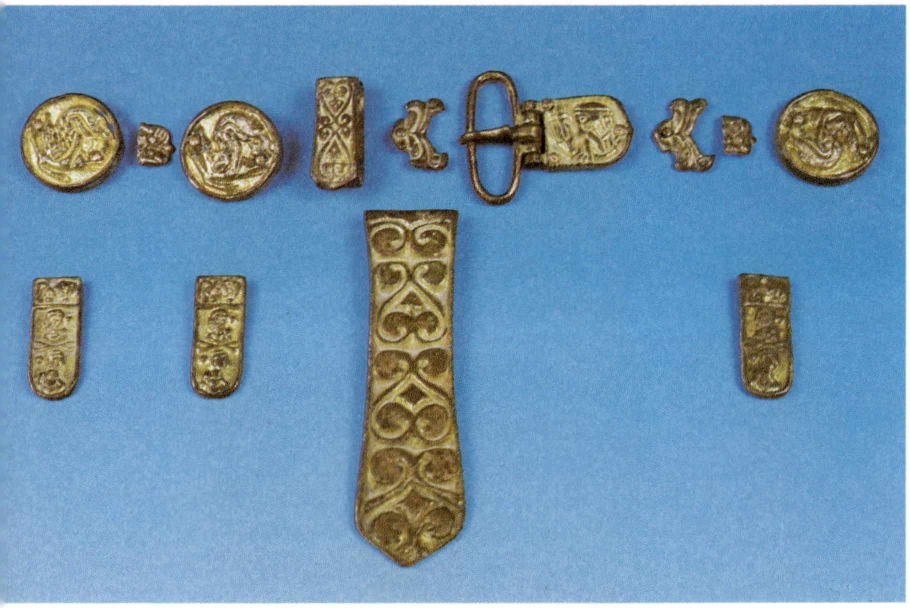

Vergoldete, gegossene Gürtelgarnitur; Leobersdorf, Grab 69

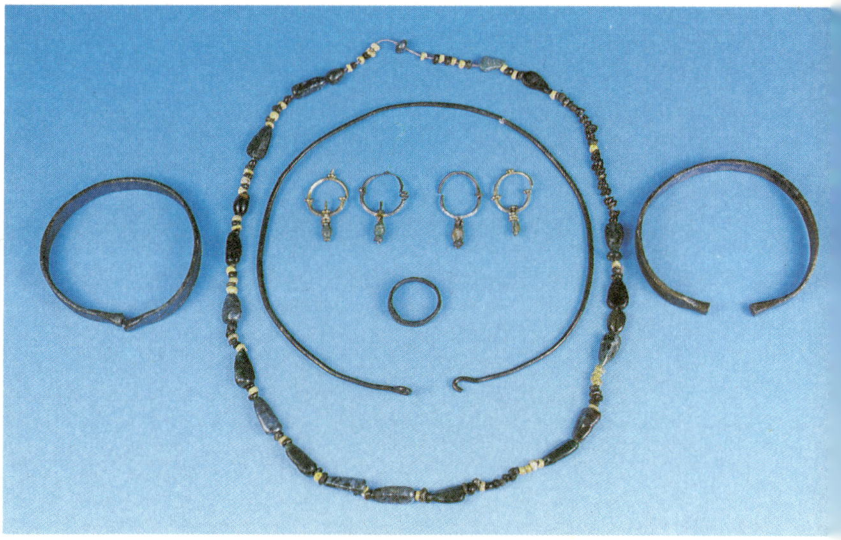

Ohrringe, Halsreif, Perlenkette, Armreifen und Fingerring aus dem spätawarischen Grab 144 von Mödling

Von der Kleidung haben sich nur geringe Reste erhalten. Es wurden Wolle und Flachs verwendet, aber anhand von Darstellungen aus dem ausgehenden 8. Jhdt. wird uns ein anschauliches Bild des awarischen Kriegers vermittelt.

Im Grab 144 in Mödling fand sich eine Mantelschließe, die uns einen knieenden Bogenschützen zeigt, der einen abgesteppten, wohl wattierten Rock und eine ebensolche Hose trägt. Auch die berühmte Darstellung auf dem Krug von Nagyszentmiklós (Rumänien, heute Sînicolant Mare), zeigt eine derartige, abgesteppte Kleidung. Lederne Bundschuhe waren bis zu den Waden hinauf geschnürt, aber auch orientalisch-byzantinische Gewänder mit eingewebten Metallfäden wurden gerne getragen.

Die Frauen trugen verschiedenartige, oft aus Edelmetall gefertigte Ohrringe, Halsketten und Armreifen, auch Bronzehalsreifen kommen vor. Das Kleid war durch einen einfachen Gürtel zusammengehalten. Messer, Nadelbüchse mit Nähnadeln, das Spinnzeug und anderes tägliches Gebrauchsgerät wurden in einem Täschchen verwahrt. Ein Umhang wurde vor der Brust durch zwei Mantelschließen, die durch ein Kettchen miteinander verbunden waren, zusammengehalten.

Die Medaillons auf einem der aus Gold getriebenen Krüge von Nagyszentmiklós zeigen die gleichen abgesteppten Gewänder, wie sie auf der unten abgebildeten Mantelschließe von Mödling, Grab 144, dargestellt sind

## DIE BAYERN – EIN KAMPF UM DIE SELBSTÄNDIGKEIT

Bevor wir nun kurz die Ereignisse besprechen, die dazu führten, daß dieses in Europa isoliert dastehende awarische Reich, dessen innere Grenzen an den Ruinen des antiken Vindobona endeten und dessen äußere Grenzen die Anhöhen des linken Ennsufers bildeten, seinen Untergang fand, so müssen wir noch einmal in das ausgehende 5. Jhdt. zurückkehren – als Rom 488 zum letzten Mal seine militärische Macht an der Donau zeigte und die Langobarden an den Grenzen des Reiches standen –, und uns mit den Bayern und der Entstehung dieses Stammes beschäftigen. Sie gelten dem Historiker gleichsam als die „Findelkinder" der Völkerwanderung, und die Frage, wer, wo, wann genau sie weggelegt hat, ist, wie der Wiener Historiker Herwig Wolfram betont, bis heute das bayerische Problem geblieben.

Aus verschiedensten germanischen Elementen – thüringischen, skirischen, erulischen, langobardischen, donausuebischen, alamannischen, sicher auch ostgotischen – und Teilen romanischer Bevölkerungsgruppen entstand in einer damals mehr oder weniger interessensfreien Zone zwischen den Langobarden im Osten, den Thüringern im Norden, den Franken im Westen und den Alamannen und Romanen im Süden sowie dem Gotenreich Theoderichs in Italien ein gewisses Bewußtsein für Gemeinsamkeit. Dieses führte letztlich zur Entstehung des Stammes der Bayern. Seine Anfänge kennen wir mit wenigen Ausnahmen eigentlich nur von archäologischen Funden. Nur wenig später als ihre südlichen Nachbarn, die Alamannen, gelangten die Bayern unter fränkische Oberhoheit oder zumindest in Abhängigkeit vom östlichen Frankenreich.

Die Friedhöfe der Alamannen, Bayern und Franken gehören zur Gruppe der sogenannten westlichen Reihengräberbestattungen. Die Toten wurden unverbrannt mit ihrer persönlichen Habe, der Tracht und Waffenausrüstung sowie den eigentlichen Beigaben, Speise und Trank, in mehr oder minder regelmäßig angelegten Grabreihen oder Grabgruppen beerdigt. Reiche, zum Teil aus Edelmetall hergestellte Fibeln mit farbigen Stein- und Glaseinlagen, wie sie in den Gräberfeldern von Nordendorf, Dittenheim und München-Straubing in den letzten Jahren ausgegraben wurden, sind charakteristische Schmuckstücke dieser alamannischen und bayerischen Bevölkerung.

Vogelfibel mit farbigen Glaseinlagen aus einem alamannischen Grab

Einer der bedeutendsten Funde ist zweifellos das alamannische Fürstengrab von Wittislingen, das 1881 bei Steinbrucharbeiten gefunden wurde. Die Dame von Wittislingen war in ihrer Festtracht bestattet. Auf dem Kopf trug sie eine golddurchwirkte Haube, die mit zwei reich verzierten Haarnadeln befestigt war. Um den Hals hatte sie eine goldene, geflochtene Kette, eine goldene Scheibenfibel hielt den Umhang an der rechten Schulter zusammen, eine goldene Nadel verschloß ihre Bluse am Hals; ein aus Goldblech geschnittenes, sogenanntes Goldblattkreuz lag auf der Brust. Am Gürtel hing, an einem Lederriemen befestigt, eine mit Glas und Granaten eingelegte Bügelfibel mit einer Inschrift. Eine Amulettkapsel sowie eine silberbeschlagene Handtasche und ein Lederbeutel mit Bronzezierscheibe waren ebenfalls am Gürtel befestigt. An den Füßen trug sie Lederschuhe mit silbernen Schnallen. Ein goldener Fingerring an der rechten Hand gehörte ebenso zur Ausstattung wie Bronzegefäße und Glas- und Tongeschirre, die außerhalb des Sarges standen.

Bügelfibel aus dem „Fürstengrab“ von Wittislingen; BRD

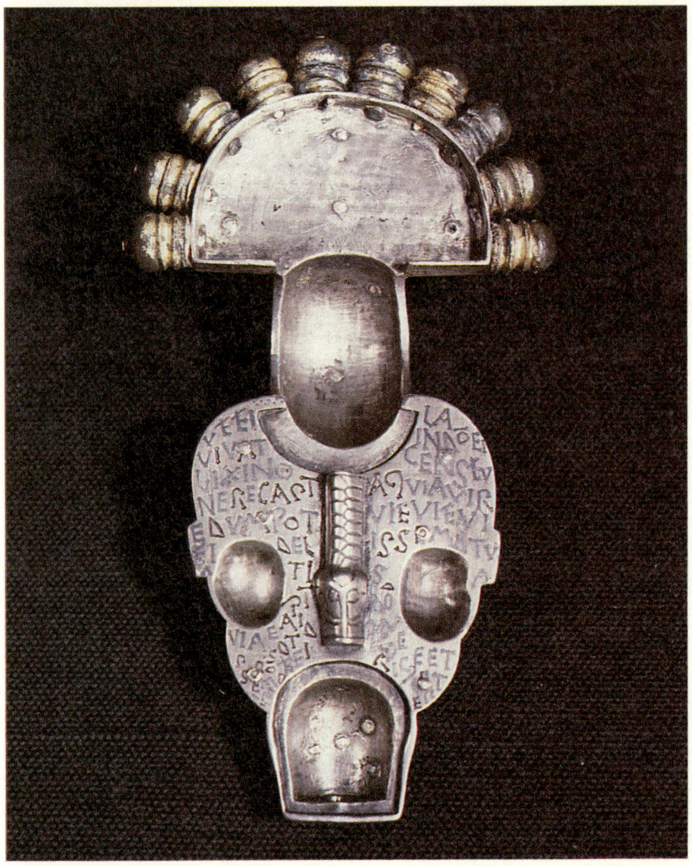

Goldene Scheibenfibel aus dem „Fürstengrab“ von Wittislingen

Rückseite der Bügelfibel von Wittislingen mit Inschrift des Meisters und „Grabinschrift“ der Trägerin Uffila

Von besonderer Qualität ist die große silberne Bügelfibel, heute ein Prunkstück der prähistorischen Staatssammlung in München, auf deren Rückseite sich eine in Schwefelsilber eingelegte Inschrift befindet, die auch den Meister, einen fränkischen Schmied aus dem 6. Jhdt. namens Wigerig, nennt. Die Inschrift lautet: „*Uffila lebe glückselig in Gott, unsträflich vom Tode ergriffen, denn solange ich leben durfte, bin ich sehr gläubig gewesen. Ruhe in Gott.*“ Hier ist offensichtlich eine Grabinschrift, wohl zur Erinnerung an die Verstorbene, angebracht worden.

Im Gegensatz zu dieser Fibel ist die Scheibenfibel das Erzeugnis einer lokalen Goldschmiedewerkstatt, da wir aus der näheren Umgebung weitere gleichartige Stücke dieses „Wittislinger Meisters“ kennen.

Die Siedlungen dieser alamannischen und bayerischen Nachbarn liegen zum Teil heute noch unter den Ortskernen der seit damals kontinuierlich bewohnten Orte.

Die am weitesten im Osten liegenden Grabfunde aus bayerischer Zeit, die wir kennen, stammen aus Linz-Zizlau. Auf dem Gebiet des heutigen Werksgeländes der VOEST konnten während des 2. Weltkrieges 152 Gräber geborgen werden. 1958 und 1962 legte man einen weiteren kleinen Friedhof mit 68 Gräbern frei.

Gegen Ende des 7. Jhdts. wurden diese Friedhöfe, wohl als Folge der abgeschlossenen Christianisierung, nicht mehr weiter belegt.

Während die fünf vornehmsten Geschlechter, die Anniona, die Drozza, die Hahhilinga, die Fagana und die Huosi, ihre Güter im Alpenvorland westlich der Isar hatten, lagen die Besitzungen der katholisch-burgundischen Agilolfinger, denen die fränkischen Könige das bayerische Herzogsamt übertragen hatten, in Ostbayern und Österreich. Enge, zum Teil familiäre Bindungen der Agilolfinger an das langobardische Königshaus in Italien und die Abwehr der Awaren im Osten waren die Grundlagen für die eigenständige Politik dieses bayerischen Herzogsgeschlechtes im 6. und 7. Jhdt.

Das fränkische Christentum, das sich in Übereinstimmung mit den Lehren des römischen Bischofs wußte, fand in Bayern lang anhaltenden Widerstand. Die im Land lebenden Romanen waren grundsätzlich Katholiken, folgten jedoch im sogenannten Dreikapitelstreit der östlichen, durch Aquileja repräsentierten Kirchenlehre. Wir sehen dies besonders an den bereits im Fürstengrab von Wittislingen erwähnten Goldblattkreuzen, die im italisch-byzantinischen Brauchtum wurzelten, von den Langobarden übernommen wurden und schließlich, nach 600, bei Alamannen und Bayern ebenfalls zur Ausstattung gehörten. Die aus dünnem Goldblech ausgeschnittenen und oft mit Mustern versehenen Kreuze wurden auf die Kleidung aufgenäht und anscheinend nur für den Totenkult angefertigt. So hatte der in Linz-Zizlau bestattete Krieger in Grab 97 ein einfaches Goldblattkreuz auf der Brust. Seine sonstige Ausstattung bestand aus einer Lanze, Bogen, Pfeilen in einem Köcher sowie dem typischen, einschneidigen Kurzschwert, dem sogenannten Sax, der zusammen mit einem eisernen Messer an einem mit Riemenzungen bestückten Ledergürtel hing.

Mit wechselndem Erfolg versuchte die fränki-

Derartige Zierscheiben wurden an einem langen Band getragen, das bis unter das Knie reichen konnte

Goldblattkreuze aus Gräbern des 6. und 7. Jhdts. Links: Landsberg am Lech, BRD

sche Politik, eine durchgehende, nachhaltige Christianisierung der Bayern zu erreichen. Dies gelang teilweise und in lokalen Bereichen tatsächlich, und so sehen wir auch am Rande mancher dieser merowingerzeitlichen Reihengräber, wie in München-Straubing, erste kirchliche Holzbauten. Erst um 700 entstand unter der Regierung des Bayernherzogs Theodo jene Erscheinung, die wir als die „bayerische Klosterlandschaft“ bezeichnen können. Gleichzeitig mit dem Auf- und Ausbau von Klöstern wurde eine Diözesanorganisation eingerichtet, in deren Folge die ursprünglichen Bestattungsplätze, die Reihengräberfriedhöfe, aufgelassen und an anderer Stelle Kirchfriedhöfe angelegt wurden. Spätestens um die Mitte des 8. Jhdts. war dieser Vorgang abgeschlossen und die bis dahin in die Gräber mitgegebenen Schmuckstücke, die Waffenausrüstungen, die ja zugleich auch Symbole der ursprünglichen Macht des hier Bestatteten waren, wurden nun offensichtlich der Kirche als Seelgerät übergeben, damit sie für das Heil der Toten sorge. Natürlich hörte die Beigabensitte nicht überall gleichzeitig auf. Wohl gab es hier verschiedene Facetten, und es bestanden noch Reihengräberfriedhöfe zu einem Zeitpunkt, wo im dazugehörigen Ort schon die eigentliche Kirche und die Pfarrorganisation institutionalisiert waren. Neben dem bekannten Glaubensboten aus Poitiers, dem nachmaligen heiligen Emmeram, der in Regensburg das noch vorhandene religiöse Leben erneuerte, ist Corbinian zu nennen, der nach Freising kam. Der Bayernherzog Theodo verbot dem heiligen Emmeram, die Ennsgrenze zu überschreiten und bei den Awaren zu missionieren. Offensichtlich war er sich bewußt, daß er dann seinen Glaubensboten tot oder lebendig zurückholen müßte. Den größten Erfolg hatte aber zweifellos Rupert, der ehemalige Bischof von Worms, der, von Theodo eingeladen, 696 seine Diözese verließ und nach Regensburg kam. Er fuhr zwar donauabwärts zu Schiff bis Lorch (Enns), wandte sich dann aber umgehend nach Salzburg und begann hier seine segensbringende Tätigkeit, an die Anfänge des spätromanischen Christentums anknüpfend.

Luftaufnahme des Grabungsareales auf der Herreninsel im Chiemsee, BRD

Die archäologischen Untersuchungen werden hier unabhängig vom Wetter unter einem großen Kunststoffzelt durchgeführt

Während es trotz intensiver Grabungen (wohl am falschen Platz) in Salzburg-St. Peter nicht gelungen ist, die ursprüngliche Keimzelle der klösterlichen Gemeinschaft festzustellen, waren die Grabungen auf der Frauen- und Herreninsel im Chiemsee von großem Erfolg gekrönt. In den Jahren 1960–64 hat Vladimir Milojčić auf der Fraueninsel die Klosterbauten aus der Zeit der Äbtissin Irmengard, einer Tochter des Karolingerkönigs Ludwig des Deutschen, die 868 in Münster bestattet wurde, untersucht. Die Restaurierung und baugeschichtliche Einordnung der spätkarolingischen Torhalle, in der heute ein kleines Museum untergebracht ist, führten zur Freilegung bedeutender Fresken.

Konnten die Anfänge des Frauenklosters durch die Grabungen nicht geklärt werden, so war es Hermann Dannheimer, dem Direktor der Bayerischen Staatssammlungen in München, vergönnt, 1979 auf der Herreninsel mit Grabungen zu beginnen, die noch immer fortgesetzt werden und die intensive Spuren einer Bebauung während des 7. Jhdts. erbrachten. Es könnte sich dabei entweder um die Reste eines älteren Klosters aus der Zeit der irisch-columbianischen Mission des hl. Eustachius handeln oder aber auch um die Spuren eines agilolfingischen Herrschaftshofes. Auf diese erste Holzbauphase folgte im 8. Jhdt. eine Bebauung mit isoliert stehenden Steingebäuden, die dann, erneuert, in weiterer Folge zu einem ältesten Kreuzgang als Teil eines Klosters umgestaltet wurden.

Der Tassilo-Kelch aus Kremsmünster

Der wohl bedeutendste religiöse Gegenstand aus dem 8. Jhdt. ist der sogenannte Kelch des Bayernherzogs Tassilo, der im oberösterreichischen Kloster Kremsmünster aufbewahrt wird. Am unteren Rand des Fußes trägt er die Aufschrift „Tassilo dux fortis Livtpirc regalis“, eine Spenderinschrift des Bayernherzogs Tassilo III. und seiner Gemahlin Liutbirg, die ihn wohl dem Kloster Kremsmünster, das 777 gegründet wurde, schenkten. Der teils vergoldete, teils versilberte und niellierte Kupferkelch ist eine Arbeit northumbrischer (englischer) Handwerker, die im Gefolge irischer Missionare auf den Kontinent gekommen waren. Der Kelch wurde bereits in der ersten Hälfte des 8. Jhdts. hergestellt, und es ist nicht ausgeschlossen, daß er ursprünglich aus dem Stift St. Peter in Salzburg stammte.

Wenn wir noch einmal in das 7. Jhdt. zurückblicken, in jene Zeit, in der noch die Toten in ihrer „Gerade und dem Heergewäte", also der Kleidung und der Waffenausrüstung, bestattet wurden, so sehen wir in den Frauengräbern die vielfältigen Formen der Scheiben- und Vogelfibeln sowie der Bügelfibeln mit ihren Glas- und Almandineinlagen, aber auch verschiedene Ohrringtypen und bunte Glaspasteperlenketten, Armreifen und Fingerringe, die vielfach auch östliche awarische Formen imitierten und weiterentwickelten. Beschläge von Wadenbinden und Schuhgarnituren gehören ebenfalls zu den charakteristischen Beigaben in diesen Frauengräbern.

In den Männergräbern gehören die mehrteiligen Gürtelgarnituren mit tauschierten Eisenbeschlägen zu den charakteristischen Fundgegenständen. Zweischneidige Schwerter sowie einschneidige Saxe, Streitäxte und die eisernen Schildbeschläge, Köcher und Pfeile sind die Reste der bayerischen Bewaffnung dieser Zeit.

Sowohl in Frauen- als auch in Männergräbern finden sich Speisebeigaben und Gefäße aus verschiedenen Materialien, die jedoch im Zuge der Christianisierung später nicht mehr den Toten mitgegeben wurden. Manchmal dürften sie jedoch, auch im merowingischen Bereich, als Behälter für Weihwasser ins Grab gelangt sein.

Mit dem Aufhören der Beigabensitte und der Verlegung der Friedhöfe um die kirchlichen Mittelpunkte ging der Wissenschaft ein Großteil der archäologischen Funde verloren, dennoch finden wir auch noch in der Mitte des 8. Jhdts. im bayerischen Gebiet vereinzelt Bestattungen mit Beigaben. So wurden in Enns, im verfüllten Graben des ehemaligen römischen Erdkastells, die Bestattungen eines ca. 35jährigen Mannes und eines etwa 7jährigen Kindes gefunden, wobei der Mann mit der Waffenausrüstung sowie seinen persönlichen Toilettegegenständen ins Grab gelegt wurde. Er hatte eine Spatha (ein zweischneidiges Langschwert), einen Langsax, ein kurzes Messer, eine Lanze, einen Schild und einen Beinkamm bei sich.

Immer wieder versuchten die bayerischen Herzöge, ein möglichst eigenständiges Bayern zu schaffen und sich von der fränkischen Machtpolitik freizumachen. Aber 743 wurde der Nachfolger des frankenfreundlichen Herzogs Odilo vom jüngeren Pippin am Lech geschlagen und mußte die fränkische Oberhoheit anerkennen.

Bayerischer Krieger mit Bewaffnung aus der Zeit um 700

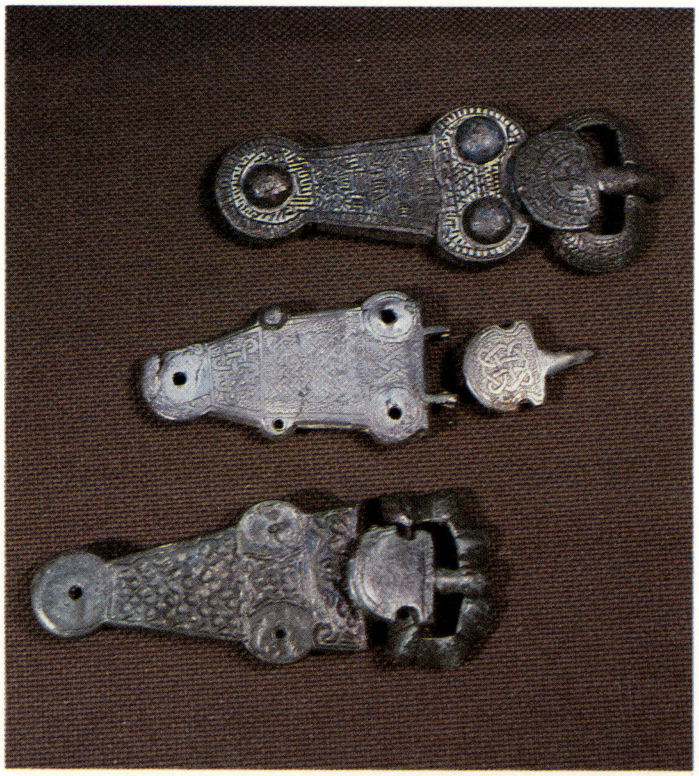

Reich verzierte Gürtelschnallen aus bayerischen Männergräbern

Messing- und silbertauschierte eiserne Gürtelgarnitur aus einem bayerischen Männergrab in Schwanenstadt, BRD

Breitsaxe und Dolch aus bayerischen Männergräbern des 7. Jhdts

Bunte Glaspasteperlenketten mit dazwischen eingehängten Anhängseln gehören zu den charakteristischen Beigaben alamannischer und bayerischer Frauengräber

Vergoldetes Ohrringpaar und silberne Wadenbindengarnitur aus einem Frauengrab in Schwanenstadt, Grab 79

Ohrringe und Perlenketten aus einem Frauengrab in Schwanenstadt

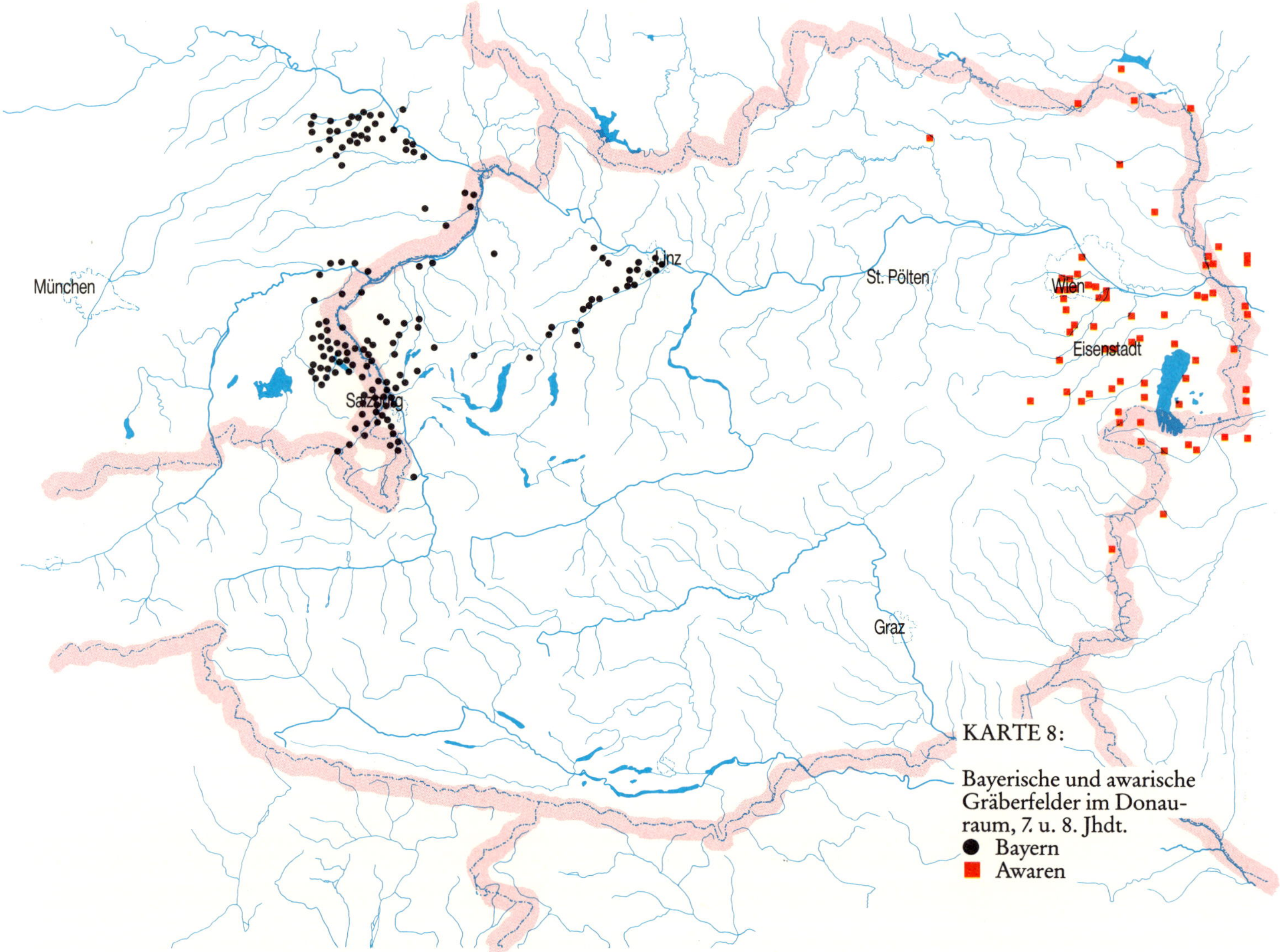


KARTE 8:

Bayerische und awarische Gräberfelder im Donauraum, 7. u. 8. Jhdt.

● Bayern

■ Awaren

Odilos Sohn Tassilo III. erhielt das bayerische Herzogtum als Lehen und benützte die Gelegenheit, durch Zusammenarbeit mit den Langobarden – er heiratete Liutbirg, eine Tochter des Langobardenkönigs, – eine selbständige Politik zu machen. 763 verweigerte er die Heerfolge im Aquitanienzug der Franken. 772 gelang es ihm, den Aufstand im slawischen Fürstentum Karantanien, das seit den 40er Jahren unter der Oberhoheit Bayerns stand, niederzuschlagen. Er blieb aber, als Karl der Große 774 das Langobardenreich eroberte, neutral. Schließlich war der Gegner sein Schwiegervater. 787 wurde Tassilo durch ein fränkisches Heer besiegt, ein Jahr später angeklagt, wobei die Hauptanklagepunkte im Schauprozeß von Ingelheim der Treuebruch gegen Pippin (die Weigerung am Aquitanienzug mitzumachen) und die Zusammenarbeit mit den Awaren waren.

Die fränkischen Reichsannalen, das offizielle Sprachrohr der königlichen Politik, rühmten dabei die Milde Karls, hatte er doch das Todesurteil gegen seinen Vetter Tassilo in lebenslängliche Klosterhaft umgewandelt. „*Während aber alle einstimmig ihm, dem König, zuriefen, er solle den todbringenden Richterspruch fällen, erreichte er, der fromme König Karl, voll Erbarmen aus Liebe zu Gott und weil er, Tassilo, sein Vetter war, bei diesen Männern, daß er nicht sterben mußte. Und auf die Frage des milden Königs, was sein Begehren sei, bat Tassilo darum, geschoren zu werden, in ein Kloster einzutreten und seine Sünden bereuen zu dürfen.*“

In gleicher Weise wurde sein Sohn abgeurteilt, geschoren und in ein Kloster gesteckt. Damit hatte das alte bayerische Herzogtum ein Ende gefunden und war endgültig Teil einer Reichsprovinz der Franken geworden.

# MIT KREUZ UND SCHWERT – KARL DER GROSSE UND DER UNTERGANG DER AWAREN

Die Enns stellte zwar noch immer die eigentliche Grenze zwischen dem Awarenreich und Bayern dar, sie war aber sicherlich nicht unüberwindlich, und es herrschte auch ein entsprechender kleiner Grenzverkehr, trotz der mehrfach auch von awarischer Seite vorgetragenen Angriffe gegen Bayern. Zahlreiche fränkisch-bayerische Waffen, aber auch silbertauschierte Waffengürtel bayerisch-fränkischer Art in awarischen Gräbern östlich des Wienerwaldes, sind nicht nur ein Beweis für den Geschenkaustausch anläßlich von Gesandtschaften, sondern sind auch ein Nachweis für diesen kleinen Grenzverkehr. Manche Schmuckgegenstände, wie die in Bayern beliebten großen Bommelohrringe, sind sicherlich eine Imitation der von den awarischen Frauen getragenen Ohrringe. Durchaus vorstellbar ist auch ein Handel mit Salz aus den bayerischen Salinen über Enns und Donau ins Awarenland.

Schon 782 waren awarische Gesandte am Hof Karls des Großen erschienen und hatten wegen eines Friedensvertrages verhandelt. Als nun ihr direkter Nachbar, der Bayernherzog, verurteilt worden war, muß es auch dem awarischen Khagan klar geworden sein, daß mit einem Angriff aus dem Westen zu rechnen war. Wohl wurden noch 790 Gesandtschaften zwischen dem Frankenkönig und dem Awarenkhagan ausgetauscht, die Verhandlungen waren aber nicht von Erfolg gekrönt. Gegenseitiges Imponiergehabe führte vielmehr dazu, den Krieg, der dann im Sommer 791 begann, zu schüren.

Doch die Awaren waren gegen Ende des 8. Jhdts. nicht mehr annähernd die gleichen wilden, ungestümen Krieger, die Pannonien zu Ende des 6. Jhdts. im Handstreich erobert hatten. Sie waren nicht mehr die flinken Hirten, die ihre Herden in der Tiefebene Pannoniens weideten, sondern auf dem besten Wege, wohlbestallte Bauern zu werden, die Schweine züchteten, Gänse schoppten und Hühner hielten. Auch dürfte es an einer zentralen Macht gefehlt haben. Man erinnerte sich gern der heroischen Vergangenheit, und kleinere, vom Khagan unabhängige Sippenobere hatten das Sagen.

Ein Reichsheer, bestehend aus Franken, Sachsen und Friesen, ergänzt durch bayerische, ala-

Handgeformter awarischer Topf; Sommerein, Grab 53

Scheibengedrehter grauer Henkeltopf mit Ausgußtülle aus dem awarischen Gräberfeld von Sommerein, Grab I

mannische und slawische Kontingente, brach im Sommer 791 ins Awarenland auf. Der König selbst marschierte mit einer Heeresgruppe auf den alten römischen Straßen, an denen die hochaufragenden steinernen Ruinen der römischen Lager und Straßenstationen gleichsam als Markierung standen, gegen Osten. Eine zweite Heeresgruppe benützte das linke Donauufer. Der schwere Troß wurde auf einer eigens dafür gebauten Flotte mitgeführt. Ein erster Sammelplatz war Enns, wo ein dreitägiges Fasten angeordnet und viele Messen gelesen wurden, um Gott um den Sieg über die Awaren zu bitten. Bevor man die innere, eigentliche Grenze des Awarenlandes erreichte, machte man am östlichen Rand des Tullnerfeldes, wohl im Raum Tulln selbst, halt. Nun vereinigte man das Heer am rechten Donauufer, nahm das auf dem Fluß herangeführte Marschgepäck an sich und betrat, ohne nennenswerten Widerstand zu finden, das eigentliche awarische Siedlungsgebiet. Wohl mußte im Sinn einer Kriegsberichterstattung über die Tatsache, daß es die schwer zu durchdringende bewaldete Bergkette des Wienerwaldes zu überwinden galt, von „Verhauen und Befestigungen“ der Awaren berichtet werden. Auch die sumpfige Niederung der Kampmündung in die Donau wurde von dem Kriegsberichterstatter Einhard als „Verschanzung“ der Awaren geschildert. Tatsächlich flüchteten die Awaren nach Osten, ohne größere Anstrengungen zur Verteidigung ihres Reiches zu unternehmen. Hohe kirchliche Würdenträger, wie die Bischöfe von Metz, Trier und Regensburg, starben zwar bei diesem Feldzug, aber beileibe nicht immer im Kampf, sondern an Krankheiten. Schließlich wurde der Krieg, als man bereits die Raab erreicht hatte und das wichtigste Transportmittel, die Pferde, infolge einer Seuche zu neun Zehntel ausgefallen waren, nach 52 Tagen abgebrochen.

Die für 792 und 93 geplanten neuerlichen Expeditionen ins Awarenland mußten verschoben werden, denn an der Nordgrenze des Frankenreiches waren wieder einmal die Sachsen in Aufruhr. 795 kamen Gesandte der Awaren, boten ihre Unterwerfung an und erklärten sich auch bereit, den christlichen Glauben anzunehmen. Während dieser Verhandlungen in Aachen mit einer kleineren Gruppe von Awaren unter Führung ihres Tuduns war ein italisch-fränkisches Heer, vom Süden kommend, im Donauraum bereits erfolgreich und kam mit reicher Beute zurück. Im Sommer 796 wurde die endgültige Eroberung des Awarenreiches in Angriff genommen. Der Sitz des Khagans, der sogenannte „hring“, wurde zerstört und geplündert. Pippin, der Sohn Karls des Großen, der diesen Feldzug leitete, *„schickte den Schatz der früheren Könige, der in einer langen Reihe von Jahrhunderten auf-*

Eisernes Schwert vom Typus „Mannheim“ mit bronze- und messingverziertem Knauf und Parierstange und Beschläge der dazugehörigen gegossenen Gürtelgarnitur; Hohenberg

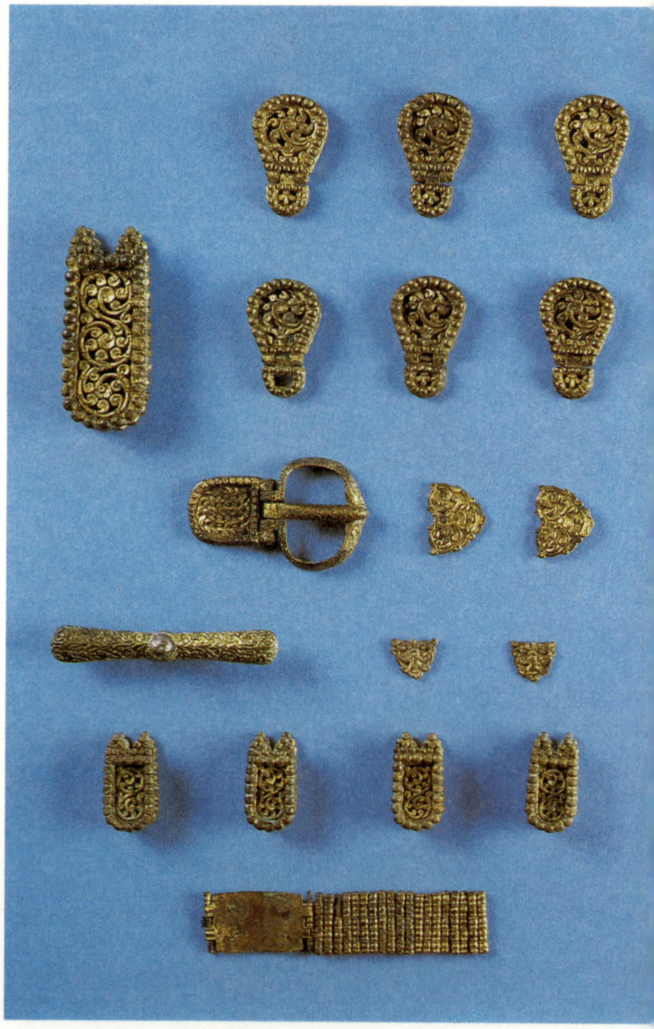

Gürtelgarnitur aus der 2. Hälfte des 8. Jhdts; Hohenberg

*gehäuft worden war, an König Karl in die Pfalz zu Aachen. Nachdem dieser ihn in Empfang genommen und Gott, dem Spender aller Güter, gedankt hatte, schickte dieser kluge, freigiebige Mann und Verwalter Gottes, davon einen großen Teil nach Rom zu den Schwellen der Apostel... Den Rest schenkte er vornehmen Geistlichen und Weltlichen und seinen übrigen Getreuen".* (Reichsannalen zum Jahr 796).

Während sich die königliche Familie voll Stolz des unermeßlichen Schatzes des Awarenkhagans rühmen konnte und gleichzeitig ihrer allerchristlichen Demut durch die Schenkung an die Kirchenoberen Ausdruck verlieh, blieb dem einfachen Krieger, der an diesen erfolgreichen Feldzügen teilgenommen hatte, nur die Erinnerung an die Heldentaten, die er seinen Kindern und Kindeskindern entsprechend ausgeschmückt weitergab. Einer dieser „Helden", ein alter Krieger namens Adalbert, schilderte einem Knaben, der später als Mönch in St. Gallen lebte, seine Kriegserinnerungen so ausführlich, daß der Mönch die Falschmeldung von den „Awarenringen" in die Welt setzte. Eine Falschmeldung, die bis zum heutigen Tage weiterlebt und manche Laienforscher dazu veranlaßt, in den Resten mittelalterlicher Wallanlagen awarische Burgen mit verborgenen Schätzen zu sehen.

Bayerisch-fränkischer Krieger aus der Zeit der Awarenkriege

Flügellanzenspitze aus Grab 36 in Mühling

Vergoldeter Bronzebeschlag eines karolingischen Schwertgehänges; Mautern

Frühkarolingische Spatha und Flügellanze aus dem Grab eines Kriegers aus Hainbuch a. d. Enns

Die Martinskirche in Traismauer

Dennoch kam es im Jahre 799 wieder zu einzelnen Unternehmungen awarischer Gruppen, und die von fränkischer Seite mit der Verwaltung der Ostlande betrauten Präfekten wurden dabei getötet. Auch 802 kam es zu Kämpfen, und zwei königliche Beauftragte, die Grenzgrafen Gotharam und Cadaloch, fielen. Wir nehmen an, daß Cadaloch seine letzte Ruhestätte in Traismauer fand, wo sie bei der archäologischen Untersuchung unter der Martinskirche entdeckt wurde. Hier, in einer Krypta über dem römischen Fahnenheiligtum des ehemaligen Kastells, fanden sich die Reste eines 30-jährigen Mannes, der an den Folgen eines Pfeilschusses verstorben war. Das Geschoß hatte, von vorne kommend, die Baucheingeweide durchschlagen und zu Wundstarrkrampf und Blutvergiftung sowie anschließendem Herztod geführt. In einem gold- und silberbestickten Übergewand mit einem Ledergürtel und einer kleinen Riemenzunge liegt er in seinem Grab in der durch die Grabungen wieder geöffneten Krypta.

Der Grenzgraf Cadaloch. Martinskirche, Traismauer

Kelch aus dem Komitat Györ-Sopron (Ungarn) mit Inschrift: „Cuntpald fecit"

Im Jahre 803 kam es wieder zu fränkischen Kriegszügen gegen die Awaren. Damals griff sie auch der bulgarische Khan vom Osten her an. Kaiser Karl selbst erwartete in Regensburg die Rückkehr der Truppen und nahm die Unterwerfung des awarischen Khagans Theodorus entgegen. Dieser starb kurz darauf, und sein Nachfolger Abraham, ebenfalls bereits getauft, wurde in seinem awarischen Vasallenfürstentum bestätigt.

Ein kleiner vergoldeter Kelch, der in Form und Verzierung dem Tassilokelch nahesteht, 1897 im Komitat Györ-Sopron (Ungarn) gefunden, dürfte die erste faßbare Spur der nun eifrig betriebenen westlichen Missionierung der Awaren darstellen, die für sie jedoch zu spät kam, da sie alsbald in anderen Völkerschaften aufgehen sollten. Das letzte Mal hören wir in den 20er Jahren des 9. Jhdts. von den Awaren, als Bulgaren das fränkische Pannonien angriffen.

Das Ende dieser awarischen Reiche wird auch in den archäologischen Funden der Friedhöfe östlich des Wienerwaldes deutlich sichtbar. Nur wenige Bestattungen stammen noch aus den ersten Jahrzehnten des 9. Jhdts. Und auch hier fehlen die typischen Attribute der awarischen Krieger, die reich mit gegossenen Bronzebeschlägen versehenen Gürtel, fast vollständig.

## DIE SLAWEN – NEUE REICHE ENTSTEHEN

Im ausgehenden 8. Jhdt. wurden im Donauraum des heutigen Niederösterreich, in Teilen des Burgenlandes und Westungarns Friedhöfe angelegt, die mit neu angekommenen Bevölkerungsgruppen in Zusammenhang gebracht werden können. Diese Gruppen drangen aus dem Nordosten und Norden in dieses Gebiet vor, machten auch nicht an der ehemaligen inneren Grenze des awarischen Reiches halt und sind nach Westen bis zur Enns faßbar. Die Gräber wurden nun in Reihen angelegt, die Toten in Rückenlage in Holzsärgen mit Kleidung, Schmuck, Waffen und persönlichen Ausrüstungsgegenständen bestattet. Speisen und Getränke in Gefäßen, aber auch gebratene und rohe Fleischstücke und Hühnereier wurden ins Grab mitgegeben. Damit ist es von vornherein klar, daß es sich nicht um eine bayerische oder fränkische Bevölkerung handelt, also um eine Bevölkerung, die nach christlicher Weltanschauung lebte, sondern um die westslawischen Nachbarn der Bayern und Awaren, die in dieses Land eingedrungen sind. Vorher wurden sie in den Schriftquellen kaum erwähnt, da sie offensichtlich keine besondere Bedeutung hatten.

Dennoch lassen sich vereinzelt, gerade in Niederösterreich, Spuren einer viel älteren slawischen Einwandererwelle, die bereits in der Mitte, spätestens in der 2. Hälfte des 6. Jhdts. angekommen ist, fassen. Diese ersten Slawen, schon damals in der Südslowakei ansässig, dürften die systematische Ausplünderung der nördlich der Donau gelegenen langobardischen Friedhöfe durchgeführt haben. Sie selbst verbrannten ihre Toten auf Scheiterhaufen und bestatteten die verbliebenen Reste in einfachen Tongefäßen. Eines der größten Gräberfelder mit mehr als 500 Bestattungen wurde in Südmähren in Přitluky, Bez. Břeclav, ausgegraben.

Einzelne derartige Urnengräber wurden in Hohenau an der March, in Poysdorf und in Stein an der Donau gefunden.

Urnen aus dem frühslawischen Brandgräberfeld von Přitluky, ČSSR

Durch den Bau von Staudämmen in Südmähren wurden in den Niederungen der Thaya große Rettungsgrabungen notwendig. Dabei wurden bei Dolni Věstonice (Unterwisternitz) frühe slawische Siedlungsbauten angeschnitten

Eine rechteckige, eingetiefte Hütte mit dem charakteristischen Steinofen in einer Ecke wird freigelegt

Die Lage jedes Steines von diesem Ofen wird eingemessen

Reste der Siedlungen, kleine rechteckige, nur wenig in den Boden eingetiefte Hütten mit Steinöfen, finden sich vielfach in den Flußniederungen von March und Thaya.

In den Schriftquellen tauchen die Slawen vereinzelt auf. Von besonderer Bedeutung ist die Nennung eines ersten slawischen Staatsgefüges unter Führung des Samo, *„dem es gelang, die infolge der awarischen Bedrohung aus dem Südosten gefährdeten verschiedenen slawischen Stammesgruppen zu einen."* Die Lage dieses Samoreiches ist bis heute nicht eindeutig geklärt. Aufgrund der reichen Funde aus Südmähren, vor allem im Gebiet der oberen March, wir denken hier an

Beschläge von Ledergürteln, Anhänger und Knöpfe von Zaumzeugen aus der „vorgroßmährischen" Fundschicht des 8. Jhdts. Mikulčice, ČSSR

die vorgroßmährischen Funde im Raum von Mikulčice, können wir annehmen, daß das Zentrum hier lag und auch Teile des nordöstlichen Niederösterreichs umfaßte, da hier awarische Grabfunde erst für das 8. Jhdt. nachweisbar sind. So wurde beim Bau des Krankenhauses in Mistelbach ein größerer Friedhof entdeckt, von dem erst jüngst bei Kellerumbauarbeiten weitere Gräber freigelegt wurden.

Der fränkische Chronist Fredegar berichtet zum Jahre 623/24: *„Damals verband sich ein Mann namens Samo, ein geborener Franke, mit mehreren Kaufleuten und zog in Handelsgeschäften zu den Slawen, die man die Wenden nennt. Die Slawen hatten damals bereits angefangen, sich gegen die Awaren, die den Beinamen Hunnen führten, und deren König Khagan, zu empören. Jedes Jahr kamen die Hunnen (gemeint sind hier die Awaren) zu den Slawen, um bei ihnen zu überwintern. Dann nahmen sie die Weiber und Töchter der Slawen und schliefen bei ihnen, und zu den üblichen Mißhandlungen mußten die Slawen den Hunnen noch Abgaben zahlen. Die Söhne der Hunnen aber, die diese mit den Weibern und Töchtern der Wenden gezeugt hatten, ertrugen den Druck nicht mehr, verweigerten den Hunnen den Gehorsam und begannen, wie schon erwähnt, eine Empörung. Wie nun das wendische Heer gegen die Hunnen auszog, begleitete jener Handelsmann Samo dasselbe. Da erprobte sich dessen Tapferkeit gegen die Hunnen auf eine wunderbare Weise und eine ungeheure Menge der Hunnen fiel durch das Schwert der Wenden.*

*Als diese nun die Tapferkeit des Samo erkannt hatten, wählten sie ihn zu ihrem König und er herrschte 35 Jahre glücklich. Mehrere Schlachten lieferten die Wenden unter seiner Regierung gegen die Hunnen und jedes Mal blieben sie durch seinen Verdienst Sieger. Samo hatte zwölf wendische Weiber, mit denen er 22 Söhne und 25 Töchter zeugte.*" Derselbe fränkische Chronist berichtet auch, daß im Jahre 631/32 die Slawen Kaufleute getötet und beraubt hätten. Der Frankenkönig Dagobert schickte daraufhin eine Gesandtschaft zu Samo, die jedoch unverrichteter Dinge zurückkehrte. Auch ein fränkisches Heer mußte nach Anfangserfolgen eine schwere Niederlage hinnehmen und die „Wogastisburg", der Hauptsitz Samos, dessen Lage wir nicht kennen, konnte nicht erobert werden.

Dieses erste slawische Staatsgefüge dürfte bald, zumindest jedoch für das Frankenreich, bedeutungslos geworden sein. Nur die archäologischen Funde, vor allem die zahlreichen Hakensporen und manche Gürtelbeschläge, zeigen, daß hier in Mähren dieses Reich existiert hatte.

Kehren wir jedoch wieder in das 9. Jhdt. zurück, so sehen wir im Waldviertel und im Mühlviertel eine ganze Reihe von kleinen Hügelgräbern, die oft nur wenige Zentimeter über den Waldboden emporragen, manchmal von Steinen

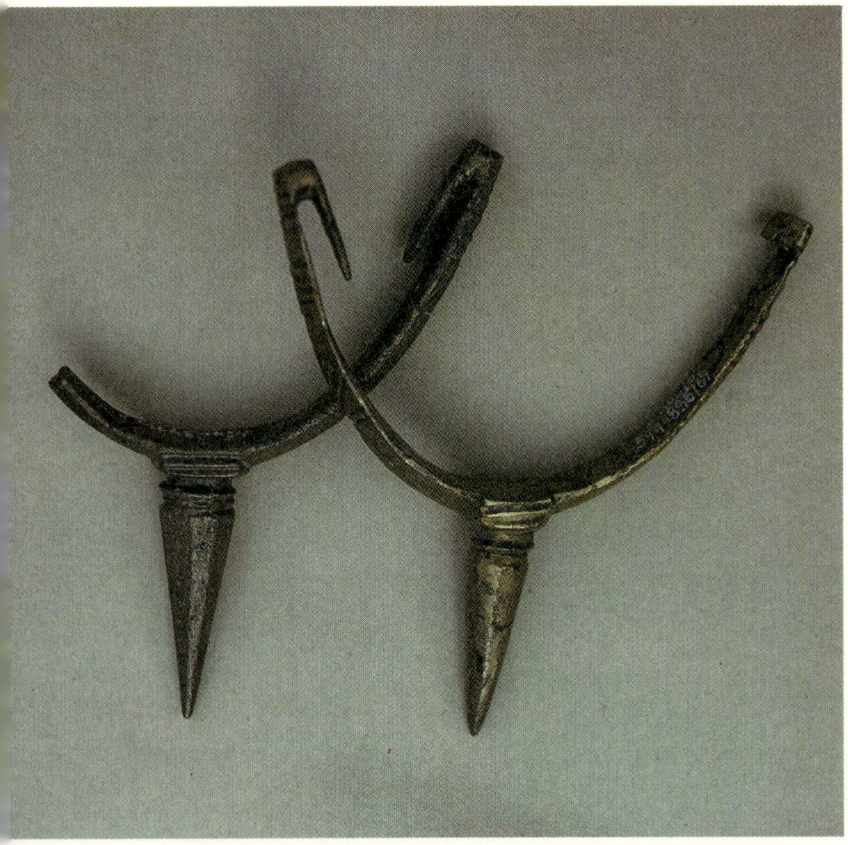

Hakensporen aus Bronze und Messing. Mikulčice, ČSSR

Slawisches Hügelgrab in Irnfritz

umstellt, scheinbar unregelmäßig angeordnet sind. Das größte dieser Hügelgräberfelder wurde in Wimm, in der Nähe des bekannten Wallfahrtsortes Maria Taferl, fast vollständig ausgegraben. 54 der insgesamt 56 Grabhügel wurden untersucht, und es fanden sich dabei 79 Bestattungen. Die Toten lagen in meist tief in den Felsboden eingegrabenen rechteckigen Schächten, wobei manchmal bis zu sechs Bestattungen von einem gemeinsamen Hügel bedeckt waren. In den Schächten lagen die Toten mit dem Gesicht in Richtung Sonnenaufgang mit an den Körper angelegten Händen in Holzsärgen, deren Spuren meist sehr gut erhalten waren. Wenngleich die Skelette selbst in diesem kalklosen Boden fast völlig vergangen sind, so hat das Leichenfett die Konturen des menschlichen Körpers im Boden nachgezeichnet. Die erhalten gebliebenen Trachtbestandteile und die Ausrüstungsgegenstände sowie die eigentlichen Beigaben ermöglichen einen Einblick in die Lebensweise dieser damals im Nordwald siedelnden Slawen.

In einem der Gräber von Wimm hat der Totengräber auch seinen einschneidigen Krampen, die sogenannte Reithaue, vergessen, ein Gerät, das mit der Rodung, dem „Reiten", der Urbarmachung dieser Waldzonen in Verbindung gebracht werden kann. Trotz der schlechten Erhaltungsbedingungen haben sich auch Reste von Haaren erhalten, die uns zeigen, daß die hier bestattete Frau kinnlanges dunkelbraunes Haar hatte, aus dem die vergoldeten Bommelohrringe herausschauten.

In manchen Gräbern haben sich auch Stirnzapfen und Schwanzwirbel von Rindern erhalten – offensichtlich war der Sarg mit einer Rinderhaut bedeckt, an der man die Stirnpartie samt Gehörn und den Schwanz beließ.

Stirnzapfen und Schädelteil eines Rindes, Hügelgräberfeld Wimm

Vergoldete mehrteilige Bronzebommelohrringe mit anhaftenden Haaren. Wimm, Hügel 26, Grab A

Schematische Darstellung eines slawischen Hügelgräberfriedhofes. Thunau-Schanze

Diese eiserne einschneidige Haue („Reithaue") vergaß der Totengräber in einem Grabschacht in Wimm, Hügel 38

Außerhalb des Nordwaldes, im gesamten Weinviertel, im Wiener Becken, aber auch im Tullnerfeld, im Traisental und am Südrand des Mühlviertels finden sich zahlreiche kleinere Dorffriedhöfe, die, in unregelmäßigen Reihen angelegt, manchmal bis zu 200 Bestattungen aufweisen. In den Sand-, Schotter- und Lößböden haben sich die Skelette größtenteils vorzüglich erhalten.

Die Toten liegen meist in Holzsärgen in ihrer Kleidung, ihrem Schmuck und ihrer sonstigen Ausrüstung bestattet. Speisebeigaben verschiedener Art und zahlreiche Gefäße zeigen uns, daß es sich auch in diesem Fall um die gleiche Bevölkerung handelt, wie wir sie in den Hügelgräbern des Nordwaldes kennengelernt haben.

Messingarmreifen. Wimm, Hügel 38, Grab a

In Pitten waren die Toten in reihenförmig angelegten Grabschächten bestattet

Verschiedenfarbige Stangen- und Millefioriperlen. Pitten, Grab 54

Ein charakteristisches Fundmaterial aus Frauengräbern aus der Zeit der ersten zwei Drittel des 9. Jhdts. sind die ansprechenden, aus dem Gebiet des syrisch-ägyptischen Raumes stammenden, vielfarbigen Millefioriperlen, die zusammen mit verschiedenen anderen einfacheren Glasperlen oft in mehreren Reihen um den Hals getragen wurden. Diese Perlen waren anscheinend im fränkischen Raum ein begehrter, vielgetragener Schmuck, sind aber nur in der Randzone des karolingischen Reiches, wo noch nach nichtchristlicher Sitte bestattet wurde, in den Gräbern erhalten geblieben.

Um 800 begannen die intensiven Kontakte zwischen Karl dem Großen und dem Fürsten des Abassidenreiches, dem Kalifen von Bagdad, Harun al Raschid. Einerseits ging es um ein gemeinsames politisches Vorgehen gegen Byzanz und die omajadischen Moslemreiche in Nordafrika und Spanien, andererseits um die Probleme der Pilgerfahrten zum heiligen Grab. Gesandtschaften wurden ausgetauscht und ein intensiver Handel begann. Ein Handel, der selbst solche Güter wie einen Elefanten für Kaiser Karls Zoo ins Rheinland transportieren konnte. Im Zuge dieses fränkischen Handels sind auch die Millefioriperlen bis in den Donauraum gekommen, wo sie gerne getragen wurden. Häufig finden sich in den Frauengräbern auch aus Messing-, Silber- und Golddraht gefertigte Ohrringe. Seltener sind schon feuervergoldete

Ohrringpaar aus Messingdraht mit Klapperblechen. Pitten, Grab 115

Vergoldete Scheibenfibel mit Tierwirbel. Pitten, Kindergrab 43

Scheibenfibeln, wie wir eine aus einem Kindergrab im Gräberfeld von Pitten kennen. Charakteristisch sind auch die aus Bronzeblech und Silber getriebenen Schildchenfingerringe, auf denen oft christliche Kreuzsymbole in Punkt-Bukkeltechnik herausgearbeitet sind. Küchenmesser

Silberfingerring mit eingraviertem Kreuz. Pitten, Grab 54

mit langen handlichen Beingriffen, ein Nähzeug, bestehend aus einer eisernen Nadel mit Nähfaden in einer gedrechselten Nadelbüchse aus Bein sowie Spinnwirtel gehörten zur üblichen Ausrüstung der bestatteten Frauen.

Im Gegensatz zu den Frauengräbern waren die Männergräber verhältnismäßig „arm" ausgestattet. Meist finden sich die Reste einer eisernen Gürtelschnalle. Am dazugehörigen Ledergürtel war ein Täschchen befestigt, in dem sich ein eiserner Feuerschläger, die dazugehörigen Feuersteine und der Zunder befanden. Ein eisernes Messer mit Holzgriff in einer Lederscheide vervollständigte die Ausrüstung des Mannes. In manchen Fällen haben sich vom Schuhwerk die Reste eiserner Schnallen sowie Riemenzungen und Riemenschlaufen erhalten. Sie dienten zum Verschluß des knapp bis zum Knie mit Lederriemen hochgebundenen Schuhwerks, das gleichzeitig die lange Hose zusammenraffte.

Zu der charakteristischen Waffe des slawischen Mannes gehörte die eiserne Bartaxt, die auf einem bis zu 120 cm langen Holzstiel befestigt war. Auch Pfeil und Bogen mit meist einfachen blattförmigen Tüllenpfeilspitzen gehörten zur Ausrüstung des slawischen Kriegers. Der Reflexbogen, wie ihn die Awaren verwendet hatten, war nicht mehr in Gebrauch. Selten finden sich eiserne Lanzenspitzen, die sich aber kaum von den Typen der karolingischen unterscheiden. Vornehme slawische Krieger trugen die eisernen Stachelsporen, die, teilweise reich verziert, den von den karolingischen Adeligen getragenen Garnituren entsprachen. Auch Langsaxe und die typische karolingische Stichwaffe, die Flügellanze, aber auch prunkvolle, manchmal damaszierte Schwerter samt ihrem Gehänge finden sich in den Gräbern der Vornehmen.

Einige dieser Gegenstände sind sicherlich Beutestücke, andere Geschenke anläßlich des Austausches von Gesandtschaften. Manche dieser Waffen wurden wahrscheinlich auch in den slawischen Gemeinwesen hergestellt. Viele davon sind aber bestimmt trotz dem von Karl dem Großen erlassenen Waffenembargo durch den grenznahen Handel in die Hände der Slawen gekommen und so als Beigaben in Gräber gelangt. Wie weit solche Waffen verhandelt wurden, zeigt eine Flügellanzenspitze aus Mühling

Eisernes Kampfbeil (Bartaxt). Pitten, Grab 57

Dreiflügelige Pfeilspitze. Pitten, Grab 109. Am teilweise erhaltenen Holzschaft sind die Reste der Umwicklung mit einer Tiersehne erkennbar.

Schnalle, Riemenzwinge und Riemenzunge aus Eisen von den Wadenbinden eines Kriegers aus Pitten. Grab 119

Ölgemälde eines großmährischen Kriegers. Im Hintergrund die von einem Nebenarm der March umflossene fürstliche Siedlung von Mikulčice

Eiserne Schwertriemenbeschläge aus der 1. Hälfte des 9. Jhdts. Thunau, Holzwiese

bei Wieselburg, die ident ist mit Stücken aus Dornach bei Steyr, Hainbuch an der Enns, aber auch einem Stück, das in Birka am Mälarsee in Schweden in einem Wikingergrab gefunden wurde. Auch die sogenannte heilige Lanze, die sich im kaiserlichen Kronschatz in der Wiener Schatzkammer befindet, gehört dazu.

Karolingischer Stachelsporn. Thunau, Holzwiese

Vier aus derselben Gußform hergestellte Bleikreuze aus Bernhardsthal, Thunau-Schanze, Dolni Věstonice und Mikulčice (von links im Uhrzeigersinn)

In diesen Gräbern finden sich aber auch schon die ersten Spuren der nun nach der Beendigung der Awarenkriege einsetzenden christlichen fränkisch-bayerischen Mission. 1930 wurde in Bernhardsthal ein kleiner Friedhof ausgegraben, in dem sich in einem Grab neben anderen Funden ein kleines gleicharmiges Bleikreuzchen mit einer Darstellung Christi fand. Aus derselben Gußform stammt ein weiteres Bleikreuz, das in Dolni Věstonice (Unterwisternitz) in einem Friedhof mit mehr als 2 000 Bestattungen gefunden wurde. Schließlich wurde noch in Thunau bei Gars am Kamp und in Mikulčice im oberen Marchtale je ein weiteres dieser Kreuzchen geborgen. Sie zeigen uns, daß eine Missionsgruppe alle diese Gegenden besucht und anläßlich der Taufe solche Bleikreuze verteilt hat.

Gefäßboden mit Bodenmarke in Form eines gleichschenkeligen Kreuzes. Pitten, Grab 89

Silberne Taufkreuze aus Mikulčice, ČSSR

Kreuzchen, aus Bronzeblech geschnitten, stark fragmentiert. Mikulčice, ČSSR

Die Martinskirche in Klosterneuburg

Wir hören auch, daß 827/828 der Salzburger Erzbischof Adalram in der Slowakei in Nitra eine Kirche weihte und daß zu Beginn der 30er Jahre des 9. Jhdts. der in das fränkische Reich geflüchtete hochrangige slawische Adelige Priwina samt seinem Sohn in Traismauer die Taufe empfing. Wir müssen also zu diesem Zeitpunkt mit einer ganzen Reihe von karolingischen Kirchenbauten in Niederösterreich, vornehmlich entlang der Donau, rechnen, hatten doch Karl der Große und seine Nachfolger ausgedehnte Landstriche an Bistümer, Hochstifte und Klöster verschenkt.

Als vor wenigen Jahren in Klosterneuburg in der Pfarre St. Martin eine Generalrenovierung begonnen wurde, war es daher kein Wunder, daß man, nachdem die Bestattungen der frühen Neuzeit und des Spät- und Hochmittelalters abgegraben waren, Reste von Schmuck und Scherben von Gefäßen aus dem 9. Jhdt. fand. Als dann die Renovierungsarbeiten im Kircheninneren durchgeführt wurden, stieß man auf die Reste von ungestörten karolingerzeitlichen Bestattungen sowie auf die Spuren des ersten karolingischen Holzkirchenbaues. Nach Abschluß der Renovierungsarbeiten wurden diese konserviert und sind heute zugänglich gemacht.

Blick in das ausgegrabene Kirchenschiff der Martinskirche mit den freigelegten Bestattungen

Die freigelegten karolingischen Bestattungen wurden in neu angefertigten, oben offenen Holzsärgen wieder bestattet und sind unter der heutigen Kirche in einem kleinen Grabungsmuseum zugänglich gemacht

Viel überraschender aber waren die zahlreichen Reste früher Steinkirchenbauten, wie sie in Mähren und der Slowakei, aber auch in Ungarn in Zalavár unweit des Plattensees freigelegt wurden. Kirchenbauten von unterschiedlicher Größe, in denen in manchen Fällen reiche, mit Waffen und Schmuck versehene Bestattungen lagen. Um manche dieser Kirchen finden sich durch einen längeren Zeitraum benutzte Friedhöfe, die mehrfach erweitert wurden. Die größte Anzahl derartiger Kirchen wurde bisher in Mikulčice freigelegt, unter anderem fanden sich hier eine 35 m lange dreischiffige Basilika mit einer Apsis, aber auch zwei Rundkirchen mit dazugehörigen Gräberfeldern. Der Fundort Mikulčice in der Niederung des oberen Marchtales ist sicherlich der Zentralort jenes „regnum Moravorum", das hier zu Beginn des 9. Jhdts. entstand, eines Reiches, dessen erste Gesandtschaft am Hofe Ludwigs des Frommen vorsprach, als auch die letzte Gesandtschaft des awarischen Tributärfürstentums aus Pannonien vorstellig war. Der erste überlieferte Fürst dieses Mährerreiches, Moimir I., war es auch, der Priwina, den slawischen Herrn und Fürsten im slowakischen Nitra, vertrieb, der, wie wir schon

Modell der sechsten Kirche von Mikulčice, ČSSR

hörten, in Traismauer getauft wurde. Priwina, der, wie neuerdings vermutet, mit einer bayerischen Adeligen verheiratet war, wurde dann wenige Jahre später im Missionsgebiet Salzburgs am Plattensee in Mosaburg bei Zalavár von Ludwig dem Deutschen eingesetzt, welches Gebiet alsbald in sein Eigentum überging.

Das nach der Unterwerfung der Awaren in den Besitz Karls des Großen übergegangene Königsland hatte dieser zum großen Teil kirchlichen Institutionen und einigen weltlichen Adeligen geschenkt, unter anderen den Ostpräfekten, damit es von ihnen kolonisiert werde. Bayern und Franken hatten zunächst nicht genug Kolonisten zur Verfügung, um eine Durchsiedelung dieser Ländereien durchsetzen zu können, ja sie waren zum Teil selbst noch mit dem Landesausbau westlich der Enns beschäftigt. So konnte es noch in der zweiten Hälfte des 8. Jhdts. geschehen, daß Slawen in das Gebiet um Kremsmünster kamen und dort ohne Erlaubnis des Bayernherzogs rodeten. Diesen Slawen wurde, wie die Stiftsurkunde von Kremsmünster besagt, anheim gestellt, sich entweder dem Kloster zu unterwerfen und fortan für dasselbe zu arbeiten oder als Freie wieder abzuziehen. Es muß also ein Nebeneinander von slawischen, bayerisch-fränkischen Siedlern und

Modell der dreischiffigen Basilika von Mikulčice, ČSSR

Über den Resten der zweiten Kirche von Mikulčice wurde eine Halle errichtet. Die Grundrisse dieser Kirche und die Bestattungen in und um diese Kirche wurden an Ort und Stelle belassen

Der Grundriß der neunten Kirche von Mikulčice, einer kleeblattförmigen Rotunde, wurde an Ort und Stelle konserviert

Modell der kleeblattförmigen Rotunde von Mikulčice, ČSSR

Modell der zweiten Kirche von Mikulčice, ČSSR

schließlich auch besiegten Awaren in Niederösterreich gegeben haben. Ja es muß angenommen werden, daß diese slawischen Neuankömmlinge vielfach als willkommene Arbeitskräfte für die Rodung und Bearbeitung der kirchlichen und adeligen Güter angesehen wurden.

Eine ihrer Siedlungen konnte in den 60er Jahren in Sommerein in der Nähe von Bruck an der Leitha ausgegraben werden. Es waren kleine rechteckige Häuser aus Holz mit lehmverputzten Flechtwerkwänden, die auf einer Terrasse der Leitha standen. Das geerntete Getreide wurde in in den Boden gegrabenen Speichern konserviert. Schweine, Schafe und Geflügel wurden gehalten, aus Raseneisenerz wurden in einem langwierigen Schmiedeprozeß die Geräte des täglichen Bedarfs hergestellt. Tongefäße wurden ohne Zuhilfenahme einer Töpferscheibe geformt, getrocknet und im offenen Feuer gebrannt. Die Kleidung aus Wolle und Flachs wurde auf senkrecht stehenden Webstühlen, von denen sich die Tongewichte zum Spannen der senkrechten Kettfäden erhalten haben, angefertigt. Wie die im Besitz der bayerischen Stifte und Klöster und adeligen Herren befindlichen Wirtschaftshöfe ausgesehen haben, wissen wir nicht. Manche von ihnen, wie in Mautern, Traismauer, Tulln und Zeiselmauer, befanden sich sicherlich innerhalb der alten römischen Ruinenstädte, die nun zu neuem Leben erwachten.

Mittlerweile war das Mährerreich immer bedeutender geworden, nicht zuletzt beweisen dies die überaus prunkvollen Grabfunde der fürstlichen Gräber von Mikulčice mit ihren juwelenbesetzten Gürtelschnallen und Riemenzungen, teilweise mit christlichen Symbolen, mit Goldknöpfen und reich verzierten vergoldeten Sporen, aber auch die prächtigen, in Filigrantechnik hergestellten goldenen Ohr- und Fingerringe aus den Frauengräbern.

Immer zahlreicher wurden daher die Kämpfe zwischen dem Mährerreich und den ostfränkischen Grenzgrafen. Immer wieder bemühten sich letztere, eine eigenständige Politik gegenüber den Mährern zu betreiben, die jedoch nicht den Vorstellungen des karolingischen Hofes entsprach. So brach der älteste Sohn Ludwigs des Deutschen, Karlmann, der die Grenzlandgeschäfte des wegen Landesverrates abgesetzten Präfekten der Ostlande, Ratpot, übernommen hatte, 858 den Feldzug gegen die Mährer ab, schloß mit dem Mährerfürsten Rastislav Frieden

*Fortsetzung Seite 132*

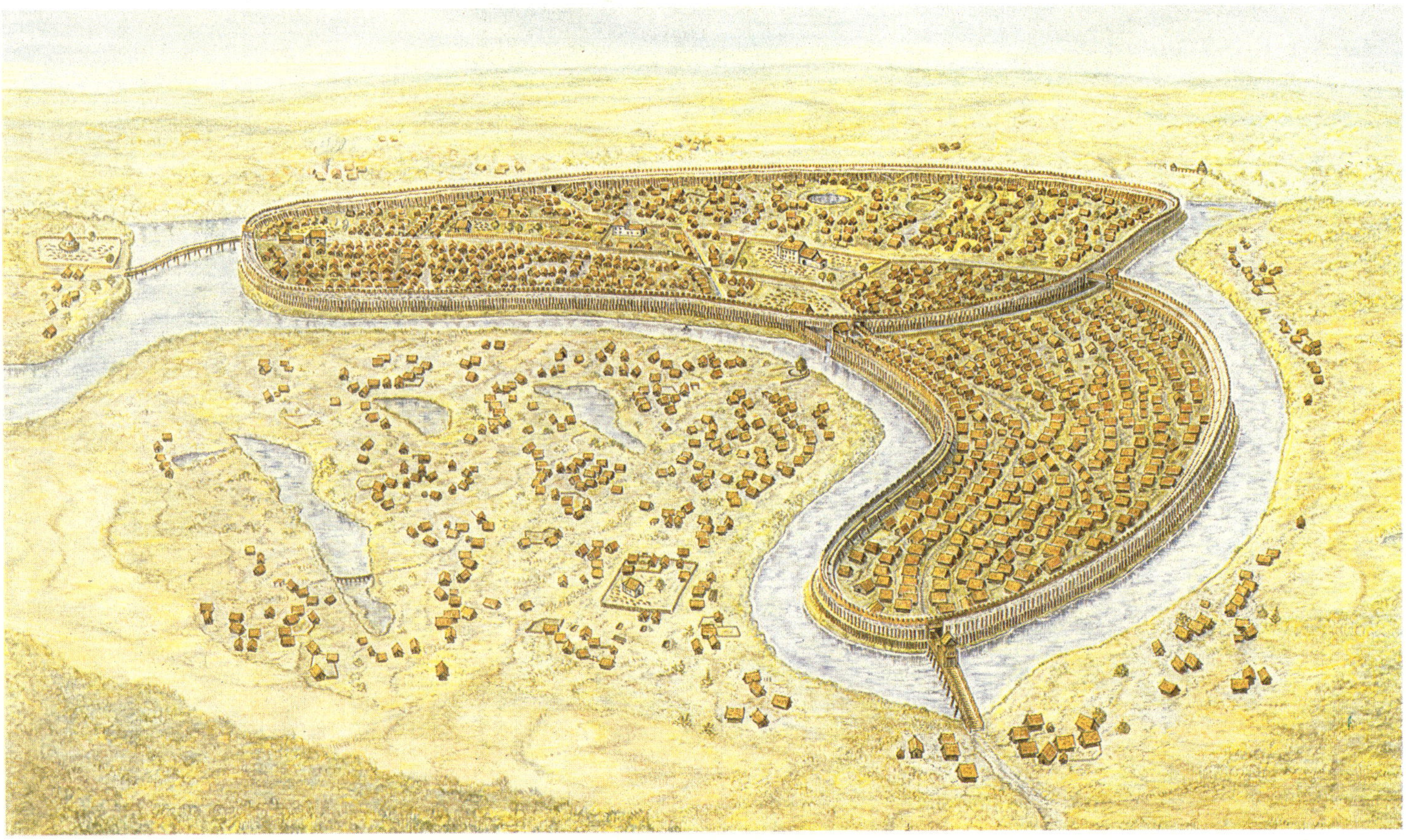

Zeichnerische Rekonstruktion der befestigten Siedlung von Mikulčice, ČSSR

Vorder- und Rückseite der besonders qualitätsvoll angefertigten Riemenzungen aus den fürstlichen Bestattungen in Mukulčice; Grab 599, 600, 601, ČSSR

Riemenzunge in Form eines Buches (wohl der Bibel). Mikulčice, Grab 596, ČSSR

Goldener Anhänger mit gefaßtem, ovalem Amethyst und eingesetzten echten Perlen. Mikulčice, Grab 416, ČSSR

Vergoldetes Sporenpaar mit herausgearbeiteten menschlichen Köpfen aus einem der Fürstengräber in Mikulčice. Grab 405, ČSSR

Fragment einer silbernen vergoldeten Riemenzunge mit Lebensbaumdarstellung. Mikulčice, Grab 291, ČSSR

Filigranverzierte Ohrringe und Anhänger aus Frauengräbern in Mikulčice, ČSSR

Filigranverzierte kugelige Anhänger; Mikulčice, ČSSR

und rebellierte gegen seinen Vater. Alle dem fränkischen König ergebenen Personen von Ansehen wurden ihrer Posten enthoben, und auch der pannonische Slawenfürst Priwina fiel dieser Säuberungsaktion zum Opfer und wurde von den Mährern, seinen alten Todfeinden, getötet. Es folgte nun eine Reihe von Jahren, in denen Karlmann und sein Vater abwechselnd Erfolg hatten. Schließlich fand 863 am östlichen Rand des Tullnerfeldes jene Begegnung statt, die sozusagen noch einmal östliche Awaren an die innere Grenze des ehemaligen Awarenreiches bringen sollte, wo erstmals das karolingische Heer awarisches Land betreten hatte. Hier, an den Abhängen des Wienerwaldes, trafen sich Ludwig der Deutsche und der Bulgarenkhan Bogoris, um ein gemeinsames Vorgehen gegen das immer stärker werdende Mährerreich zu beraten. Tatsächlich wurde ein Jahr später Rastislav von einem Heer der Bayern und Bulgaren in der Slowakei belagert. Rastislav hatte sich mittlerweile ebenfalls um politische Hilfe umgesehen. Er wandte sich auch an den byzantinischen Kaiser Michael III. und bat um Missionare aus Byzanz, da die fränkisch-bayerische Mission zugleich einen Besitzanspruch des fränkischen Königs in Mähren bedeutet hätte. Einen Besitzanspruch, der ja durch die Anerkennung dieses Fürstentums durch die Karolinger gegeben schien. Tatsächlich waren noch im Jahre 863 die beiden Brüder Constantin-Cyrill und Methodius nach Mähren gekommen und hatten sowohl dort als auch im pannonischen Tributärfürstentum Chozils, der 861 seinem Vater Priwina gefolgt war, ihre Tätigkeit aufgenommen. Sie brachten die slawische Schrift mit, die Glagolitica, und begannen, eine eigene slawische Liturgie zu erarbeiten. Diese griechische Slawenmission wurde von der konkurrenzierenden fränkisch-bayerischen Kirche keineswegs geduldet, und der bayerische Episkopat versuchte mit allen Mitteln, die beiden Brüder mitsamt ihren Anhängern zu bekämpfen. Nach dem frühen Tode Constantin-Cyrills führte Methodius ab 869 nun mit päpstlicher Unterstützung diese Missionierung allein weiter. Er wurde von den Salzburgern gefangengenommen, mußte aber wieder freigelassen werden. Mit seinem Tode

885 kam es jedoch wieder zu einem Niedergang des slawischen Eigenkirchenwesens.

In den 70er Jahren des 9. Jhdts. war dann die Christianisierung in den fränkischen Ostlanden weitestgehend abgeschlossen, und eine pfarrrechtliche Entwicklung begann. Auffälligstes Merkmal dafür ist, daß die nun fast 70 Jahre lang bestehenden Friedhöfe außerhalb der Siedlungen aufgegeben und andere um die neu entstandenen Pfarrkirchen angelegt wurden. Damit wurde auch durch die Übernahme des Begräbnisses den Pfarren ein dauerndes Einkommen gesichert, das zusammen mit den Besitz- und sonstigen Schenkungen eine kontinuierliche Weiterentwicklung und eine gewisse Selbständigkeit ermöglichte. Dennoch finden sich immer wieder in solchen kirchlichen Bestattungen wertvolle Schmuckgegenstände, aber auch Würdezeichen wie etwa Waffen. Die Mitglieder der Oberschicht, in manchen Fällen die Stifter derartiger Kirchen, hatten für ihr Seelenheil entsprechende Schenkungen an die Kirche bereits zu ihren Lebzeiten gemacht. Sie wollten nicht darauf angewiesen sein, für erhofftes Seelenheil im Jenseits auf Schmuck und Würdesymbole zurückgreifen zu müssen, um sich auf diesem Weg Fürbitten und Zuspruch zu erkaufen.

Karlmann, der nun im Ostland unumschränkter Herr war, mußte auch eine Reihe von Kämpfen gegen Swatopluk, den Neffen und Nachfolger Rastislavs, führen. Er hatte diesen, der ihm ja anfangs freundlich gesinnt war, durch übergroßes Mißtrauen in seiner Ehre gekränkt und dadurch in die Arme der frankenfeindlichen Partei der Mährer getrieben. In diesen Kämpfen erlitten die Truppen Karlmanns einige schwere Niederlagen, und 871 fielen auch die beiden Grenzgrafen Wilhelm II. und Engilschalk, die nicht nur den Traungau, sondern auch die ehemalige Grafschaft Ratpots von der Enns bis zur Raab erhalten hatten. Als sie 870 vom Nordrand des Tullnerfeldes in das mährisch besetzte Weinviertel vorrückten, erhielten sie auch diese neu eroberten Gebiete. Ein Jahr später verloren sie aber am Zusammenfluß von Thaya und March nicht nur fast das gesamte Heer, sondern auch ihr Leben. Sie hinterließen nur minderjährige Söhne, und der Traungau, der niederösterreichische Donauraum und wahrscheinlich auch Westungarn bis zur Raab gingen an Arbo über, der von Ludwig dem Deutschen hier als Grenzgraf eingesetzt wurde. Als Ludwig der Deutsche 876 starb, erhielt sein Enkel Arnulf von Kärnten, der illegitime Sohn Karlmanns, zwar Ka-

Scheibengedrehte Tonflaschen; Importe aus pannonischen Werkstätten um den Plattensee

Handgeformte, wellenbandverzierte Gefäße aus den Gräbern von Pitten

rantanien und die Nebenländer und das slawische Fürstentum unter Chozil, die Grafschaft im Osten blieb aber in den Händen Arbos.

880 starb Karlmann, zwei Jahre später sein jüngerer Bruder Ludwig, und der jüngste Bruder, der kranke Karl III., wurde König. Sofort begannen die Söhne Wilhelms II. und Engilschalks, der gefallenen Grenzgrafen, den Kampf um ihr Erbe und vertrieben Arbo aus seiner Grafschaft. Er wandte sich sowohl an Karl III. als auch an Swatopluk um Hilfe. Er wurde von Karl formell wiedereingesetzt, und Swatopluk lieh ihm seine militärische Unterstützung in dem nun beginnenden grausamen Kampf gegen die Sippe der Wilhelminer. Die Überlebenden der Familie wandten sich an Arnulf von Kärnten und wurden seine Lehensleute. Dies war für Swatopluk, der sich auch durch die Beziehung Arnulfs zu den Bulgaren bedroht fühlte, Anlaß, in Pannonien anzugreifen. In diesen Kämpfen fielen zwei weitere Männer aus der Wilhelminer-Sippe. Die Mährer verwüsteten und besetzten Pannonien. 884 schlossen Karl III. und Swatopluk wieder am Wienerwald an der Kleinen Tulln Frieden, und Swatopluk wurde Lehensmann des Kaisers, so wie ja schon die ganze Zeit hindurch Mähren nominell dem fränkischen Reich unterstanden hatte. Ein Jahr später schloß sich auch Arnulf diesem Friedensschluß an, und Swatopluk wurde der Taufpate von Arnulfs Sohn Zwentibold. 887 wurde Arnulf vom ostfränkischen Adel eingeladen, anstelle seines kranken und unfähigen Onkels Karl III. die Königsherrschaft zu übernehmen, und mit „einer starken Schar von Bayern und Slawen" nahm er diese Einladung auch an.

890 schlossen Arnulf und Swatopluk in Omuntesberch (sicher ein Ort in Niederösterreich) einen Vertrag, in dem Swatopluk wahrscheinlich Böhmen erhielt. Aber schon 892 begannen die Kämpfe an der Donau von neuem, wobei an einem großangelegten Unternehmen gegen die Mährer auch zum ersten Mal Ungarn teilnahmen. Die Ergebnisse dieses Zuges waren jedoch ziemlich mager. Es wurde lediglich ein bulgarisches Embargo auf Salzlieferungen ins Mährerreich bewirkt.

Das Jahr 893 brachte dann den endgültigen Untergang der Wilhelminer-Sippe. Engilschalk II. raubte eine illegitime Tochter Arnulfs, um seine Ansprüche als Grenzgraf im Osten durchzusetzen. Dabei kam er mit der Gruppe um Arbo in Konflikt, und es wurde ihm vorgeworfen, einige Zeit im Mährerreich verbracht zu haben. Er wurde von einem bayerischen Adelsgericht zur Blendung verurteilt. Der Versuch seines Vetters Wilhelm III., mit Hilfe Swatopluks das Blatt zu wenden, scheiterte ebenfalls. Er wurde als Majestätsverbrecher verurteilt und hingerichtet. Sein Bruder, der als Verbannter bei Swatopluk lebte, wurde auf dessen Befehl aus altem Haß auf die Familie und weil er unwichtig geworden war, mitsamt seinem Gefolge ermordet.

In dieser Zeit, unter Swatopluks Führung, erreichte das Mährerreich seine größte Ausdehnung. Nicht nur Böhmen und Mähren, ein Großteil des Weinviertels und der Slowakei, sondern auch Teile Oberpannoniens gehörten dazu. Der Zentralort dieses, in den byzantinischen Quellen „Großmähren" genannten Reiches lag in Mikulčice, das durch mächtige Wehrbauten aus Holz und Steinen gesichert war. Vor der durch einen tiefen Wassergraben und eine Zugbrücke mit dem Umland verbundenen Hauptburg dehnten sich umfangreiche unbefestigte Siedlungen aus.

Zahlreiche Wohn- und Wirtschaftsgebäude lagen, teilweise in Reihen, dicht nebeneinander, einzelne Kirchen und Friedhöfe waren durch Zäune geschützt. Es gab alle Arten von Handwerksbetrieben, auch Gold- und Silberschmiede waren hier tätig. Neben diesem Zentralort finden sich auch ausgedehnte Herrenhöfe mit mehrstöckigen Wohngebäuden, Kirchen und dazugehörigen Friedhöfen, von der eigentlichen Siedlung durch Palisadenzäune getrennt, überall im Lande verteilt; so in Pohansko, nahe am Zusammenfluß von March und Thaya. Auf ihnen wohnten slawische Adelige, die teilweise in Mikulčice selbst eigene Kirchen besaßen. Aber es gab auch ausgedehnte Höhenbefestigungen, die zwar nicht so prunkvoll gebaut waren wie der Hauptsitz Swatopluks in Mikulčice, aber dennoch zentrale Orte kleinerer slawischer Gruppen darstellten. Einer dieser kleineren Zentralorte lag am Ostrand des großen ausgedehnten Nordwaldes, der von Böhmen bis zur Donau reichte. Hier, am Westrand des slawischen Siedlungsgebietes, in einer wirtschaftlich wenig bedeutsamen und auch verkehrsmäßig nicht sehr günstigen Zone entstand im Laufe des 9. Jhdts. ein kleiner Herrschaftsbezirk. Seine Existenz ist durch die Schenkung eines „venerabilis vir" namens Joseph knapp nach 900 in den Freisinger Traditionen bewiesen. Dieser Slawenfürst Jo-

Die befestigte Höhensiedlung auf der Schanze und Holzwiese in Thunau am Kamp

seph, der mit einer herzoglichen Titulatur bezeichnet wird, hat sich, so wie vorher Priwina, auf die Seite Bayerns gestellt. Die in der Raffelstettener Zollordnung genannten „Rugier", die neben den sonstigen Slawen besonders angeführt werden, sind wohl in Erinnerung an das alte „Rugiland" so bezeichnet worden und sind nichts anderes als die Bewohner dieses Kamptaler Herrschaftsbezirkes, dessen Zentrum die befestigte Burganlage von Thunau in der Marktgemeinde Gars am Kamp ist. Der erste von dort bekannte Fund stammt aus dem Jahre 1800. Damals wurde beim „Kienstockgraben im Pfarrwald ob Thunau" ein spätbronzezeitliches Beil entdeckt. Als man im Zuge des Baues der Eisenbahnlinie von Hadersdorf am Kamp nach Sigmundsherberg umfangreiche Erdbewegungen im Tal durchführte, wurde ein Friedhof aus dem 9. und 10. Jhdt. angeschnitten und, wie ein Zeitgenosse vermerkt, *„hunderte von Skeletten in den Bahndamm eingeschottert".* Johann Krahuletz, der verdienstvolle Heimatforscher aus Eggenburg, konnte einen kleinen Teil der dabei zerstörten Gräber retten. Er wurde auch von den Anrainern darauf aufmerksam gemacht, daß auf der darüberliegenden Kuppe, der sogenannten Schanze und Holzwiese, die Reste einer versunkenen Stadt sichtbar wären und beim Ackern immer wieder alte Sachen ans Tageslicht kämen. Krahuletz erkannte sofort, daß es sich dabei um die Reste der zu diesem Friedhof gehörigen Siedlung handeln müsse und sammelte viele dieser Fundgegenstände für sein Museum in Eggenburg auf.

Der zweite große Waldviertler Heimatforscher Josef Höbarth war es dann, der erste Grabungen auf diesem terrassenartig gegliederten Höhenrücken, insbesondere auf den seinem Vetter Vinzenz gehörenden Äckern, durchführte. Im Jahre 1965 begannen die systematischen wissenschaftlichen Untersuchungen dieses mehr als 20 Hektar großen Siedlungsgebietes, die auch heute noch alljährlich vorgenommen werden.

Neben dem Nachweis mehrerer kleiner neolithischer Siedlungen wurden hier eine ausgedehnte Abschnittsbefestigung aus der späten Bronze- und beginnenden Hallstattzeit, der sogenannten Urnenfelderkultur, sowie die Reste einer spätlatènezeitlich-frühkaiserzeitlichen und einer germanischen Siedlung aus dem ausgehenden 4. und der ersten Hälfte des 5. Jhdts., festgestellt. Von besonderem Interesse ist aber eine

Das Südtor der Schanze in Thunau nach dem Wiederaufbau

Das Südtor der Schanze während der Rekonstruktionsarbeiten. Deutlich sind die wieder aufgebauten Holzkästen zu sehen

Die Befestigungsanlagen in Thunau. Im Vordergrund der tief eingeschnittene Kamp, im Hintergrund die wellige Hochfläche des Gföhler Waldes

ausgedehnte befestigte Siedlung aus dem 9., 10. und der ersten Hälfte des 11. Jhdts. mit den dazugehörigen verschiedenen Friedhöfen.

Die ersten slawischen Siedler auf diesem Höhenrücken bestatteten ihre Toten noch unter flachen, mit Steinen umgrenzten Erdhügeln in tiefen Schächten, wie wir dies schon in Wimm kennengelernt haben. Alsbald wurde jedoch diese Sitte aufgegeben und zwei neue Friedhöfe, noch außerhalb der eigentlichen Siedlung, wurden angelegt. Die Holzsärge mit den Toten lagen in reihenweise angeordneten Grabschächten, wie wir sie im Donauraum, aber auch im Weinviertel immer wieder vorfinden. Die zu diesen Friedhöfen gehörige Siedlung, ursprünglich eine offene unbefestigte Dorfsiedlung, befand sich auf der oberen Holzwiese und wurde im Laufe der ersten Hälfte des 9. Jhdts. mit einer Holz-Erde-Mauer umgeben. Zu diesem Zwecke wurde ein Teil der umliegenden Hänge abgeholzt und aus den dabei gewonnenen Eichenstämmen eine fortlaufende Reihe von Holzrosten errichtet, die man mit Erde und Steinen anfüllte. Die frischgefällten Eichenstämme wurden blockartig miteinander verzapft, das abgehackte Astwerk samt Blättern zwischen die Balkenlagen gestopft und abgebrannt. Dadurch wurden die in der Rinde hausenden Kleinlebewesen abgetötet, das Holz gehärtet und gegen die Feuchtigkeit der eingefüllten Erde haltbarer gemacht.

Wenngleich diese Holz-Erde-Mauer für einen überraschenden Angriff einen ersten Schutz bot, so war sie dennoch nicht geeignet, einer längeren Belagerung standzuhalten, da der Gegner sie leicht von außen in Brand setzen konnte. Dies und wahrscheinlich auch der mittlerweile zu klein gewordene, von dieser Mauer umschlossene Siedlungsraum mag dann der Grund dafür gewesen sein, daß im Laufe der 2. Hälfte des 9. Jhdts. eine größere, modernere und sicherere Befestigungsanlage errichtet wurde. Eine Anlage, die auch den Angriffen der in den 80er Jahren des 9. Jhdts. erstmals auftretenden neuen Reiterscharen aus dem Osten, den Ungarn, Trotz bieten konnte. Man erweiterte daher das Siedlungsgebiet weit nach Westen und die vor der alten Siedlung liegende ebene Fläche, auf der sich ursprünglich die zwei alten Friedhöfe befunden hatten, schützte eine mächtige Befestigungsanlage. Zu diesem Zwecke wurde nicht nur der gesamte Waldbestand auf

Zeichnerische Rekonstruktion des älteren slawischen Befestigungsbaues

Zeichnerische Rekonstruktion des jüngeren slawischen Befestigungsbaues mit Blendmauer und kasemattenartig angebauten Gebäuden

dem Höhenrücken selbst, sondern auch der der im Norden und Süden liegenden Hänge abgeholzt, um als Baumaterial für den neuen, bis zu vier Meter hohen und an der Basis mehr als sechs Meter breiten Wall zu dienen. Die aus Eichenstämmen gefertigten Holzkästen wurden wieder aus Gründen der Haltbarmachung angebrannt und mit im Inneren der Siedlungsfläche abgetragener Erde und dem Material des älteren Walles verfüllt, ohne Rücksicht auf die alten Gräber zu nehmen. Zum Schutz gegen ein etwaiges Abbrennen dieser Holzkonstruktion durch den Gegner wurden die außen herausragenden Enden der Blockbaukonstruktion mit frisch gebrochenen, anstehenden Gneisstücken geschützt und zusätzlich davor eine Verblendung aus trocken übereinander geschichteten Granulitplatten aufgeführt. Diese Granulitplatten wurden, wie die geologischen Untersuchungen gezeigt haben, im oberen Kamptal, westlich der heutigen Ortschaft Rosenburg, gebrochen und wohl auf dem Wasserweg mittels Plätten bis zum Fuß der Burg transportiert. Von dort schaffte man sie dann mühsam mit Karren über den fast 300 m Höhenunterschied auf den Berg. Bisher konnte diese Art der Konstruktion auf einer Länge von mehr als 2 000 Metern nachgewiesen werden.

Von den vermuteten drei Toren konnten bisher zwei, das Nord- und das Südtor, auf der Schanze, dem westlichsten Teil der Befestigungsanlage, freigelegt werden. Der Zugang zu dieser Burg führte, aus dem Donautal kommend, über die Hochfläche des Gföhler Waldes mehr als 100 Meter entlang der Nordmauer der Befestigung, sodaß jeder „Besucher“ mit der rechten, also der schildunbewehrten Seite zum Tor kam und auch nicht in das Innere dieser Burg sehen konnte. Hier befand sich zwischen den mächtigen Steinmauern ein einstöckiger, auf sechs mächtigen Eichenstehern ruhender Torturm, in den zwei, jeweils auf der Gegenseite angeschlagene Eichentüren eingelassen waren. Im Falle eines bevorstehenden Angriffes konnte der Zwischenraum zwischen den beiden Toren gefüllt und verrammelt werden und war damit genauso sicher wie die Steinmauer selbst. Die nordöstliche Flanke der Befestigung sprang ein Stück vor, sodaß auch von hier der Gegner in die Zange genommen werden konnte.

In ganz ähnlicher Weise war das Südtor errichtet. Die gut erhaltenen Befunde gestatteten, daß dieses Tor als erster Schritt zu einem Freilichtmuseum samt einem Stück der Wallanlage konserviert und darüber eine Rekonstruktion errichtet werden konnte. Aus Gründen der Haltbarkeit und der Sicherheit für die Besucher mußte die äußere Verblendungsmauer mit Beton hinterfangen werden, um ein Abrutschen der sich im Laufe der Jahrhunderte verlagerten

Mauer zu verhindern. Aus dem gleichen Grunde wurde die rekonstruierte Blendmauer mittels Mörtelbindung gesichert.

Bei der Ausgrabung des Südtores wurde in der östlichen Torflanke das Skelett eines jungen Mädchens freigelegt, das als Bauopfer bei der Errichtung der Befestigung hier vergraben worden war.

Während die Holzwiese und die nach Norden abfallenden Hänge sowohl innerhalb als auch außerhalb der Befestigungsanlage dicht besiedelt waren, wurden im jüngsten Befestigungsabschnitt, der Schanze, entlang des Innenfußes der Wallmauer kasemattenartige Häuser errichtet. Die große frei gebliebene Innenfläche diente wohl dazu, in Zeiten der Gefahr die Bevölkerung der Vorburg und der umliegenden, zu dieser Burg gehörigen Dörfer aufzunehmen.

Das zu der Burg gehörende Herrschaftsgebiet des „venerabilis vir" Joseph reichte nach Süden zumindest bis Stiefern am Kamp. Er und seine Vorfahren hatten hier nicht nur dem Bistum Freising Grund und Boden geschenkt, sondern sie bezogen auch aus dieser Gegend, aus Altenhof, die Mühlsteine, die in der Burg zum Mahlen des Getreides verwendet wurden. Dort haben sich auf einer steil zum Kamp abfallenden Felsrippe des Manhartsberges die Negative der aus dem Stein gemeißelten runden Mühlsteine erhalten. Legenden bringen diese gerne mit sagenumwobenen Opferstätten für die germanischen Götter in Zusammenhang.

Der mächtige Aus- und Neubau der Befestigungswerke in Thunau kann sicherlich nicht als ein unfreundlicher Akt der Verteidigung gegen die Franken gesehen werden, zumal, wie die Schenkung an Freising ja zeigt, durchaus freundschaftliche Beziehungen bestanden haben. Er kann aber auch nicht als ein ausschließlich gegen das großmährische Reich gesetzter Akt der bewußten Distanzierung betrachtet werden. Eher vielmehr als eine Vorsichtsmaßnahme gegen einen Angriff der neuen Reiter aus der Steppe, die ja bereits die Mährer, anfangs noch auf Seiten der Franken, bekämpft hatten. Nach dem Zusammenbruch des Mährerreiches in den ersten Jahren des 10. Jhdts. kam es in diesem Rückzugsgebiet zu einer Isolierung des kleinen Fürstentums, das die Wirren der Ungarnzeit noch überleben sollte. Erst im Zuge des Landausbaues der Babenberger, der neuen aus Bayern kommenden Markgrafen, fand es ein dramatisches und blutiges Ende.

Negativ eines herausgebrochenen Mühlsteines im Mühlsteinbruch von Altenhof am Kamp

Halb aus dem Felsen gemeißelter Mühlsteinrohling in Altenhof am Kamp

Läufer- und Bodenstein einer Drehmühle aus der Siedlung in Thunau

Luftaufnahme der 1986 ausgegrabenen karolingischen Kirche von Thunau

Im Sommer 1986 wurden bei der Untersuchung einer kleinen, aber markanten Felskuppe im östlichen Teil der Befestigungsanlage, hart am senkrechten Felsabfall zum Kamptal, die Fundamente einer gemauerten Kirche entdeckt. Dieser einschiffige Bau mit einem Ausmaß von 26 zu 20 karolingische Fuß (1 karolingischer Fuß = 34 cm) und einer halbrunden Apsis war aus Granulitplatten, die mit Kalkmörtel gebunden waren, über den Resten von älteren Wohn- bzw. Wirtschaftsgebäuden errichtet worden. Dabei war an der Nordseite ein Grab zerstört worden. Die Wandstärke betrug 3 karolingische Fuß, wobei die Mauer selbst aus je einer äußeren und inneren bestand und der Zwischenraum mit den beim Zuschlagen der Steine abgebrochenen Stücken in Mörtelbindung angefüllt wurde.

Der Eingang in diese kleine Kirche befand sich an der südlichen Längsseite. In der Apsis fand sich eine größere, unregelmäßige, in den Fels gehauene Grube, die, total durchwühlt, ursprünglich wohl eine oder mehrere Bestattungen enthalten hatte; Skeletteile wurden im Kircheninneren gefunden. Außerhalb der Kirche, an der nördlichen Seite der Apsis, lag ein Grabschacht, in dem nur mehr das beigegebene Gefäß, ein kleines Töpfchen, erhalten war.

Diese Kirche war die Eigenkirche des „venerabilis vir“ Joseph, die vielleicht auch schon von seinem Vater oder Großvater errichtet worden war. Sie entspricht in Grundriß und Bauweise auch den aus Mähren bekannt gewordenen einfachen Kirchentypen, die wir auf solch einer Burg erwarten dürfen und die, so wie die kleinen Bleikreuze, die Spur der bayerischen Mission ins Slawenland zeigen.

Dort feierte der Burgherr mit seiner Familie und seinen engsten Vertrauten die heilige Messe. Als Bischof Waldo von Freising mit seinem Gefolge 902 zur Entgegennahme der Schenkung ins Kamptal reiste, wird er hier das Meßopfer dargebracht haben. Die übrige Bevöl-

Die Fundamente der karolingischen Kirche von Thunau in verschiedenen Phasen der Freilegung

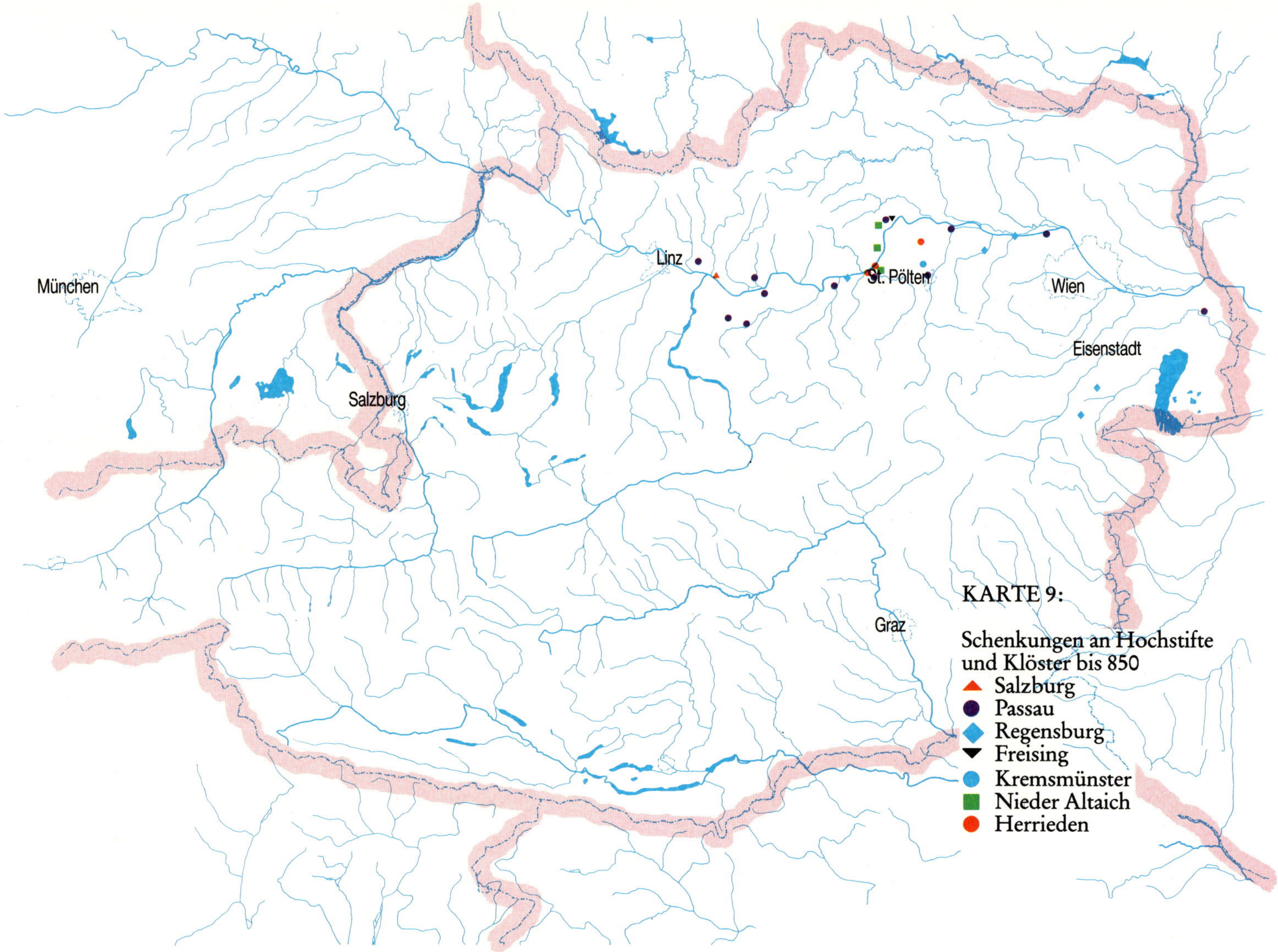
München
Linz
St. Pölten
Wien
Eisenstadt
Salzburg
Graz
KARTE 9:
Schenkungen an Hochstifte und Klöster bis 850
Salzburg
Passau
Regensburg
Freising
Kremsmünster
Nieder Altaich
Herrieden

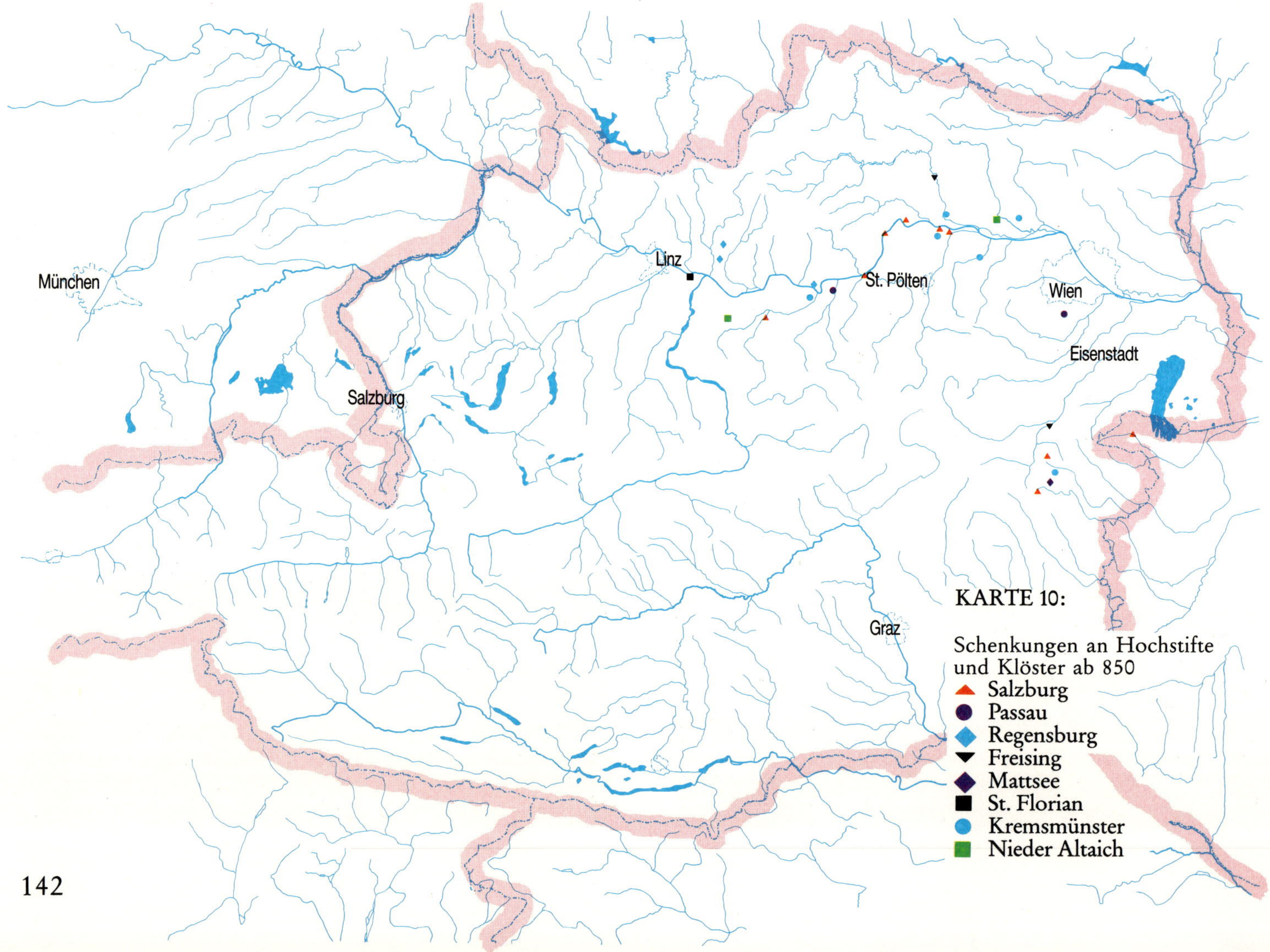
München
Linz
St. Pölten
Wien
Eisenstadt
Salzburg
Graz
KARTE 10:
Schenkungen an Hochstifte und Klöster ab 850
Salzburg
Passau
Regensburg
Freising
Mattsee
St. Florian
Kremsmünster
Nieder Altaich

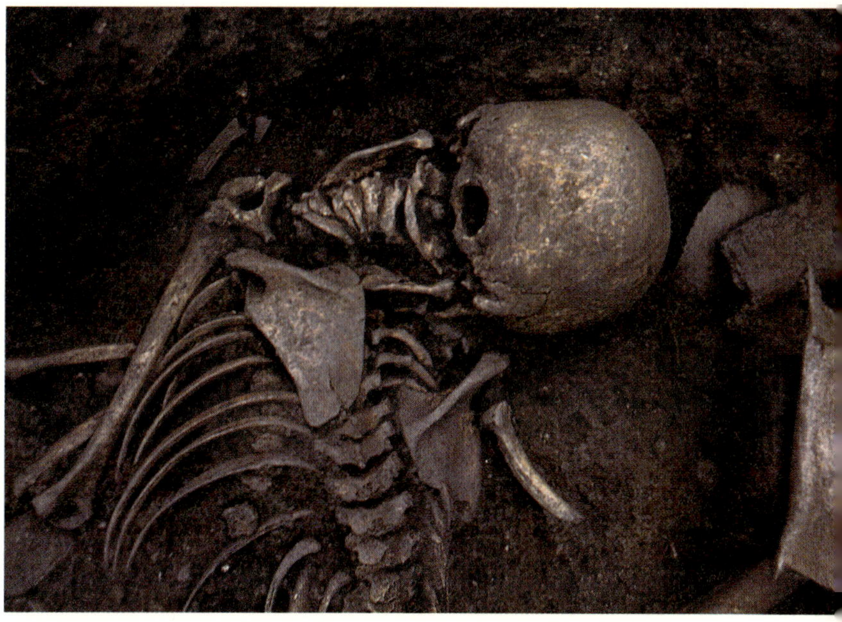

Grube mit zwei bei der Erstürmung der Anlage von Thunau durch die Babenberger ums Leben gekommenen, notdürftig bestatteten Bewohnern (junge Frau und Kind)

kerung wohnte den Messen im Freien rund um die Kirche stehend bei. Wo der Priester mit seinen Dienern wohnte, wissen wir bisher nicht.

In einer Hütte, die direkt an den Wall hinter der Kirche angebaut war, fand sich die Werkstatt eines Knochenschnitzers. Der Fund eines Bleimodels für die Herstellung von karolingischen Schwertgurtbeschlägen sowie andere Gußreste zeigen, daß hier auch Werkstätten von Gold- und Silberschmieden bestanden hatten.

Als um die Mitte des 11. Jhdts. die Babenberger diese Burg angriffen, eroberten und die überlebende Bevölkerung vertrieben, begann auch der Verfall dieser Kirche. Sie wurde abgerissen und das noch brauchbare Baumaterial, die gut zugerichteten Steinplatten der Mauern, wurde bei der Errichtung einer neuen Burg am „Schimmelsprung" wieder verwendet.

Wohl gerieten die Gräber der bei der Eroberung erschlagenen und notdürftig bestatteten ehemaligen Bewohner in Vergessenheit, doch das Wissen um den geweihten Platz dieser Kirche lebte bei der Bevölkerung der Umgebung weiter. Dies zeigen nicht zuletzt eine ganze Anzahl von Gräbern von Kleinstkindern, Neugeborenen, auch von Frühgeburten, die um und in der Apsis, sogar auf den Fundamentmauern, gefunden wurden. So diente dieser Platz nun als Begräbnisstätte für ungetaufte Kinder, die nach den strengen Bestimmungen der Kirche nicht in geweihter Erde bestattet werden durften. Man hoffte wohl, daß sie durch die Heiligkeit des Ortes doch noch in den Genuß der göttlichen Gnade kämen.

In den letzten Jahren des 9. Jhdts. war der Donauraum in außen- und innenpolitische Krisen geraten. Als 894 der Mährerfürst Swatopluk I. starb, teilten sich seine Söhne Moimir II. und Swatopluk II. die Herrschaft. Eine solche Herrschaftsteilung führt in den meisten Fällen zu Unruhen, und so war es auch in diesem Fall. 895 fielen die Böhmen, die seit 890 zu Mähren gehört hatten, ab und unterstellten sich wieder

Das Südtor der Schanze während der Rekonstruktionsarbeiten

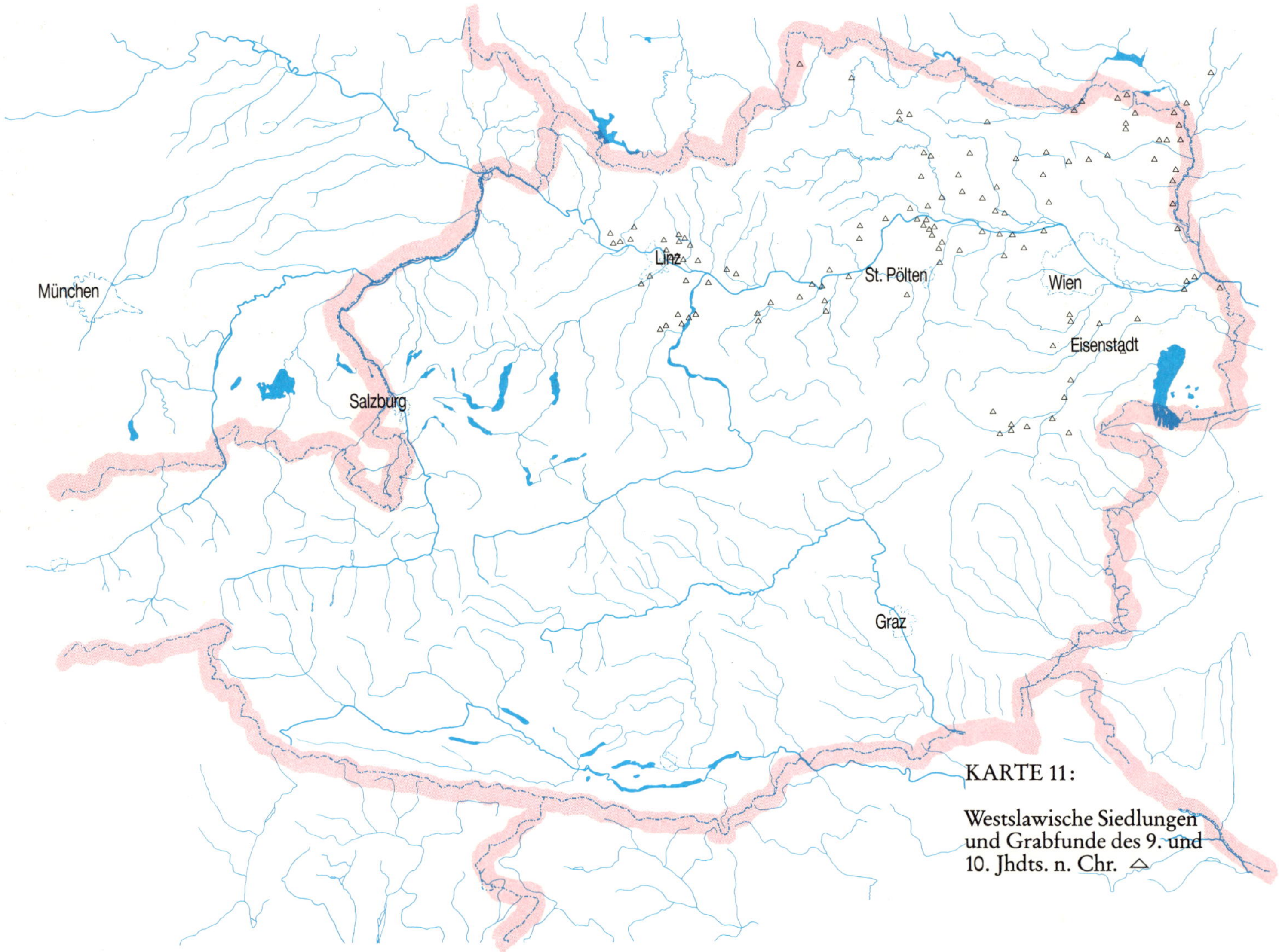


KARTE 11:

Westslawische Siedlungen und Grabfunde des 9. und 10. Jhdts. n. Chr. △

dem fränkischen König. 898 brach dann der offene Bruderkrieg in Mähren aus, der angeblich von Markgraf Arbo und seinem Sohn Isanrih, der unter Swatopluk I. als Geisel an dessen Hof gelebt hatte, geschürt worden war. Kaiser Arnulf sandte ein Heer gegen Mähren, das das Land verwüstete, und setzte Arbo kurzfristig ab. Isanrih führte jedoch den Kampf gegen den Kaiser fort, sodaß sich dieser als todkranker Mann gezwungen sah, mit einer Donauflotte nach Mautern zu ziehen, um den „Tyrannen“ zur Aufgabe zu zwingen. Isanrih floh zu den Mährern, wo sich inzwischen Moimir II. durchgesetzt hatte. Allerdings versuchten bayerische Adelige, Moimir zu stürzen, befreiten den von ihm gefangengenommenen Swatopluk II. und brachten ihn nach Bayern. 901 wurde ein Friedensvertrag mit Arnulfs Sohn und Nachfolger, Ludwig dem Kind, geschlossen. Moimir II. wurde als Fürst Mährens eingesetzt und auch Isanrih wurde mit dem fränkischen König ausgesöhnt.

# UND WIEDER REITER AUS DEM OSTEN – DIE UNGARN

Inzwischen mehrten sich die Einfälle der Ungarn auf fränkisches Reichsgebiet. 899 und 900 kam es zu verheerenden Überfällen in Italien. Nach der teilweisen Besetzung Unterpannoniens nahmen auch die Angriffe auf die Ostlande zu. 900 drangen die Ungarn über die Enns nach Bayern vor, wo sie einen Tag lang mordeten und plünderten und sich dann wieder zurückzogen. Nach diesem Überfall wurde die Ennsburg neu befestigt.

Aber die ungarischen Scharen waren nicht unschlagbar. Schon 900 konnte der bayerische Markgraf Liutpold einen Teil des ungarischen Heeres bei Linz vernichtend schlagen. Auch 901, 902 – in diesem Jahr gemeinsam mit den Mährern – und 903 wurden die Ungarn geschlagen.

In all diesen Jahren bevorzugten die Ungarn die Taktik des Vorstoßens und Zurückweichens. Einen entscheidenden Erfolg konnten sie zumindest im niederösterreichischen Donauraum nicht erringen. Daß das Leben hier zum Großteil ungestört weiterging, beweist vor allem das Raffelstetter Zollweistum von 904–906. Es zeigt sich, daß die Güter in den Ostlanden weiter bewirtschaftet wurden und der Handel entlang der Donau und in den slawischen Fürstentümern florierte. Auch verschiedenste Schenkungen aus dieser Zeit beweisen, daß nicht daran gedacht war, sich vor den Ungarn zurückzuziehen.

Vergoldeter Bronzebeschlag mit Darstellung des Löwen Juda auf der Wurzel Jesse. Gräberfeld Köttlach bei Gloggnitz

Fundamente der verschiedenen, über einem spätantiken Steinbau errichteten Kirchenbauten am Oberleiserberg bei Ernstbrunn

Die Wende kam erst 906, als das Mährerreich unter dem Ansturm der Ungarn endgültig zusammenbrach. Wahrscheinlich war dies auch der Grund, daß man in Bayern beschloß, mit einem Heer gegen sie vorzugehen. Daß dieses Heer kein Reichsheer war, sondern allein ein bayerisches Aufgebot, deutet an, daß man die Lage nicht als allzu gefährlich einschätzte. In einer mehrtägigen Schlacht wurde der bayerische Heerbann, der vom Markgrafen Liutpold angeführt wurde, im Juli 907 bei Preßburg praktisch völlig vernichtet. Neben Liutpold selbst fielen die Bischöfe von Salzburg, Säben und Freising und weitere 21 bayerische Adelige.

Erst jetzt mußte sich die bayerische Verteidigung wieder auf die alte Reichsgrenze an der Enns zurückziehen. Niederösterreich wurde zumindest militärisch von den Ungarn kontrolliert, während Teile Pannoniens und Karantaniens ganz verlorgengegangen waren.

Daß durch die Zurücknahme der Reichsgrenze bis zur Enns die Siedlungstätigkeit im Donauraum nicht aufhörte und die Bayern, vor allem die bayerische Kirche, das Land nicht aufgaben, geht deutlich aus der Tatsache hervor, daß 926 Bischof Drakulf von Freising im Greinstrudel auf der Donau verunglückte, als er sich offensichtlich auf Visitationsfahrt zu den Freisinger Gütern befand.

Auch die christlichen Friedhöfe des Donauraumes, seit der 2. Hälfte des 9. Jhdts. um eine hölzerne und dann meist in Stein neu erbaute Kirche angelegt, bestanden weiter. So konnte in Zwentendorf, unweit von Tulln, über den Resten des ehemaligen römischen Kastells ein ausgedehnter Friedhof freigelegt werden, der bis in das ausgehende 10. Jhdt. weiterexistierte. Nur wenige Schmucksachen deuten an, daß die hier bestatteten Frauen, den neuen ungarischen Modetrends folgend, solche Stücke neben dem üblichen bayerisch-fränkischen trugen.

Durchbrochener vergoldeter Bronzebeschlag aus dem Gräberfeld von Köttlach bei Gloggnitz

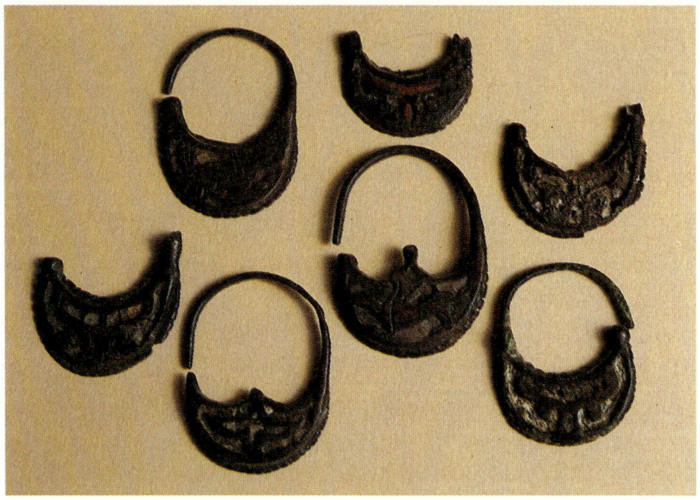

Scheibenfibeln und halbmondförmige Bronzeohrringe mit Resten von Emaileinlagen aus dem Gräberfeld von Köttlach bei Gloggnitz

1854 wurde in Köttlach bei Gloggnitz ein größerer Friedhof ausgegraben, in dem sich zahlreiche Schmuckstücke aus Bronze mit farbigen Emaileinlagen, wie halbmondförmige Ohrringe und große scheibenförmige Fibeln, fanden. Gedrehte Bronzehalsreifen und ebensolche Armbänder, aber auch die auf Halsketten aufgefädelten herzförmigen Bronzeanhänger sind ein Beweis für das Neben- und Miteinander von slawischen, bayerischen und ungarischen Siedlern. Feuervergoldete Bronzebeschläge mit Darstellungen von Löwen und Panthern in christlicher Symbolik zeigen uns die neuen westlichen Schmucksachen, die in regionaler Abwandlung von Friaul bis an die mittlere Donau beliebt waren.

In dieser Zeit entstand auch eine erste Kirche auf dem Oberleiserberg, um die ebenfalls zahlreiche Gräber mit Schmuck, vor allem sogenannten Schläfenringen, die auf Bändern von einer Haube herabhingen, gefunden wurden.

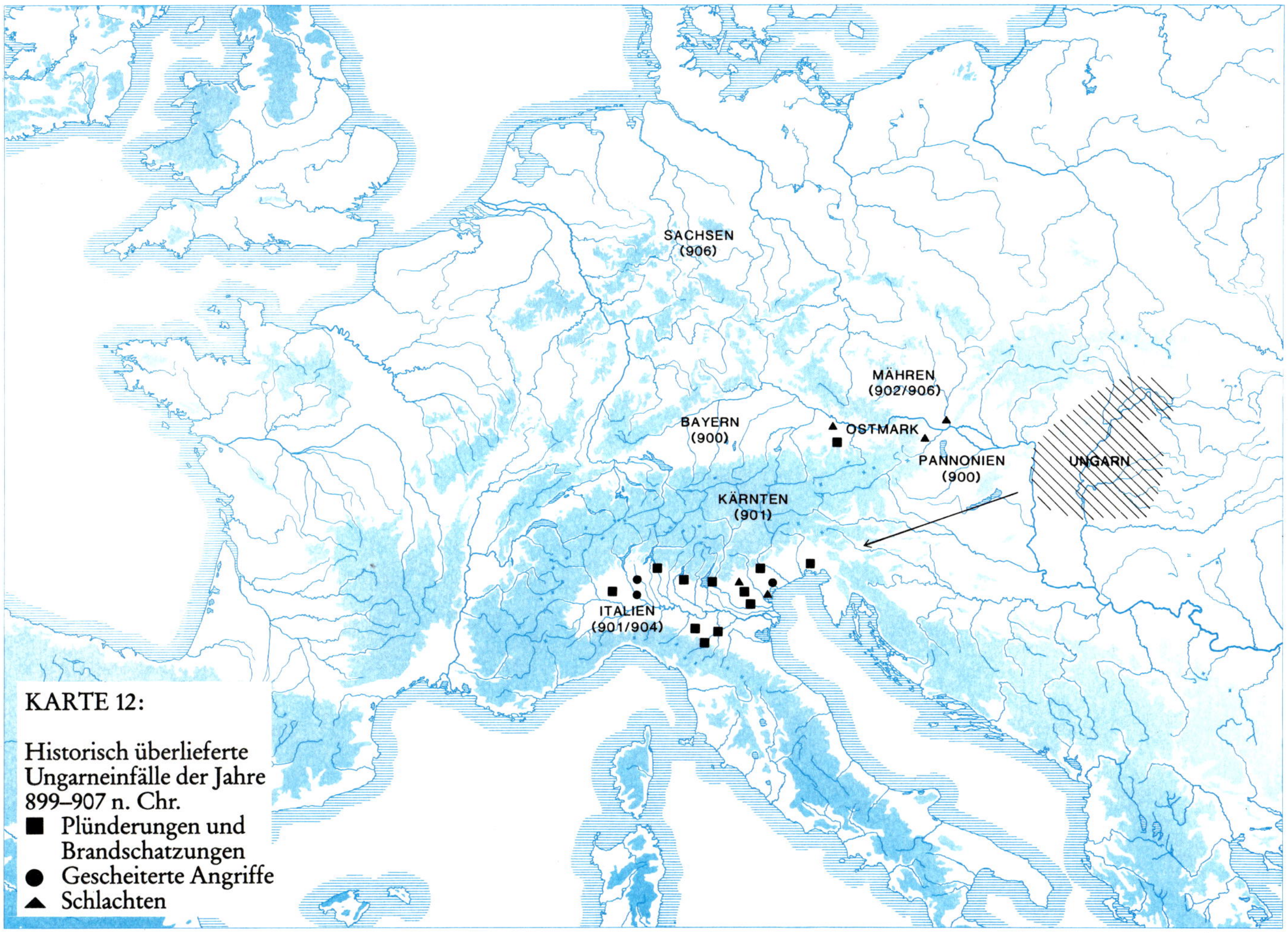


KARTE 12:

Historisch überlieferte Ungarneinfälle der Jahre 899–907 n. Chr.
■ Plünderungen und Brandschatzungen
● Gescheiterte Angriffe
▲ Schlachten

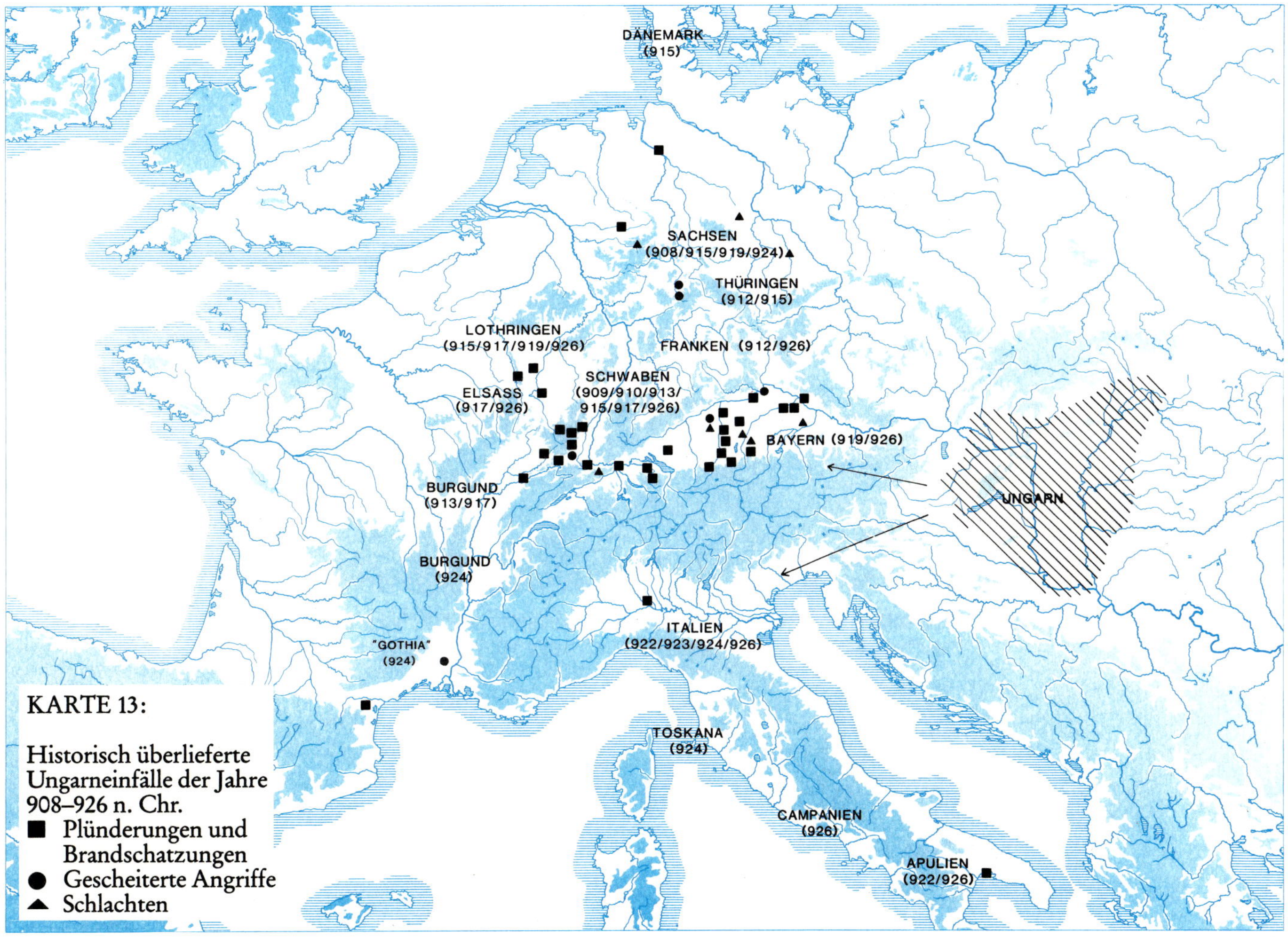


KARTE 13:

Historisch überlieferte Ungarneinfälle der Jahre 908–926 n. Chr.
■ Plünderungen und Brandschatzungen
● Gescheiterte Angriffe
▲ Schlachten

Ungarische Kriegergräber mit den charakteristischen Waffen, dem Säbel, den deltoidförmigen Schaftpfeilspitzen und den ovalen Steigbügeln des mitbestatteten Reitzubehörs sowie den reichverzierten getriebenen Taschenblechen, sind bisher zwischen Enns und Wienerwald nicht gefunden worden.

Das burgenländische Landesmuseum hingegen verwahrt eine Reihe von Funden aus Gräbern, die mit diesen alsbald seßhaft gewordenen Reitern aus dem Osten in Zusammenhang gebracht werden können.

Vereinzelt finden wir jedoch in Siedlungen und Befestigungen, wie in Thunau am Kamp und auf dem Oberleiserberg, die kleinen eisernen durchschlagkräftigen Pfeilspitzen, die auf die zeitweise Anwesenheit von ungarischen Kriegerscharen hindeuten.

Hals- und Armreifen aus gedrehtem Bronze- und Messingdraht aus landnahmezeitlichen Gräberfeldern der Ungarn im Burgenland

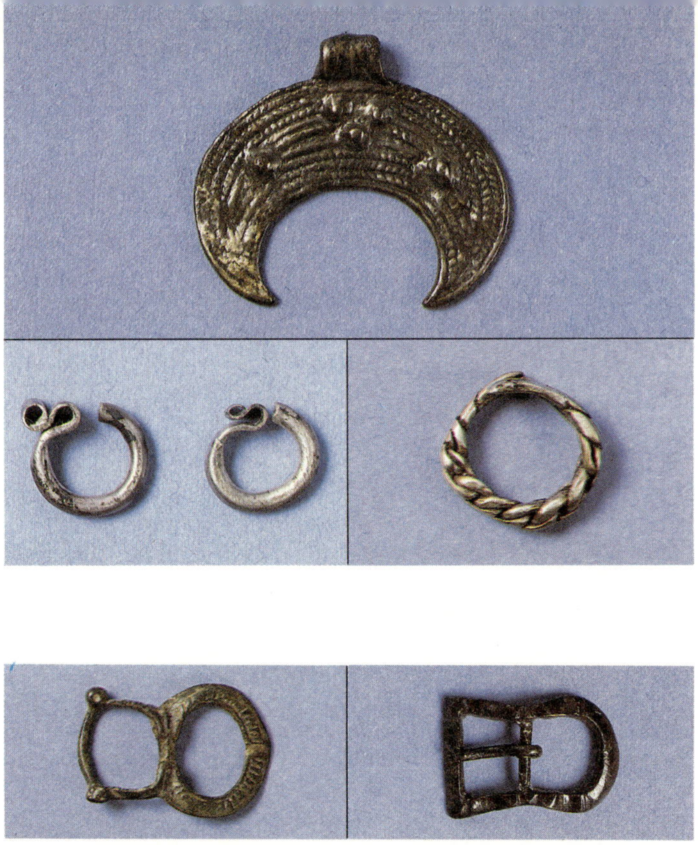

Halbmondförmiger Anhänger, silberne Schläfenringe und aus Silberdraht gedrehter Fingerring sowie Bronzeschnallen aus landnahmezeitlichen Gräberfeldern der Ungarn im Burgenland

Der Erfolg von Preßburg ermutigte die Ungarn zu weiteren Vorstößen nach dem Westen, die in weiterer Folge bis nach Bremen, an die Grenze Dänemarks, nach Lothringen, in den Elsaß und den Nordteil Burgunds führten. Erst 926 konnte König Heinrich I. durch die Entrichtung jährlicher Tributzahlungen diese Angriffe vorerst beenden, was er dazu benützte, seine militärische Organisation neu aufzubauen. Als er vorzeitig die Tribute einstellte, kam es zu neuen Überfällen, die jedoch meist abgewehrt werden konnten. In der Folge wurden nun Belgien, Nordfrankreich, Lothringen, Burgund und Aquitanien das Ziel der ungarischen Plünderungszüge. Es folgten auch Beutezüge bis weit nach Italien. Als jedoch wieder ein Überfall auf Bayern erfolgte und dabei Augsburg belagert wurde, gelang es Otto I., mit einer gewaltigen Streitmacht in einer zweitägigen Schlacht auf dem Lechfeld im Jahre 955, dieser nomadischen Gefahr aus dem Osten Einhalt zu gebieten und mit der Rückgewinnung der Ostlande zu beginnen.

Mit der Verwaltung und Organisation der neu geschaffenen Ostmark wurde 976 Markgraf Liutpold I. (= Leopold I.), betraut, der damit zum Ahnherrn der österreichischen Babenberger wurde. 20 Jahre später wird erstmals in einer Urkunde Kaiser Ottos III. der Name Ostarrichi für dieses Gebiet geprägt.

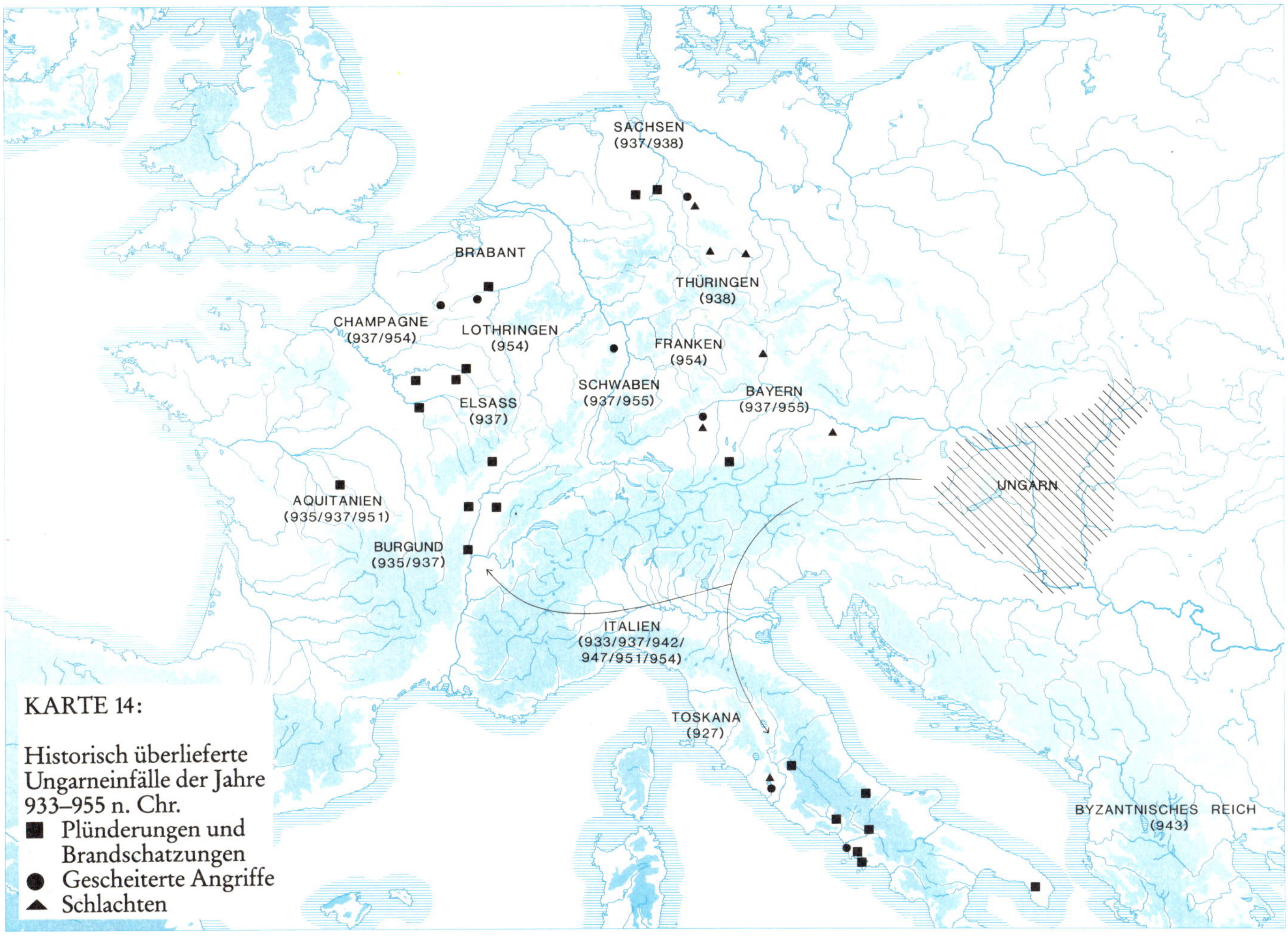


KARTE 14:

Historisch überlieferte Ungarneinfälle der Jahre 933–955 n. Chr.

■ Plünderungen und Brandschatzungen

● Gescheiterte Angriffe

▲ Schlachten

Das Lechfeld bei Augsburg, BRD

Brigitte Vacha

# Spuren-suche

# GEHEIMNISSE VOR DER HAUSTÜR

*„Das Sammeln geht der Wissenschaft immer voraus; das ist nicht merkwürdig; denn das Sammeln muß ja vor der Wissenschaft sein; aber das ist merkwürdig, daß der Drang des Sammelns in die Geister kommt, wenn eine Wissenschaft erscheinen soll, wenn sie auch noch nicht wissen, was die Wissenschaft enthalten wird. Es geht gleichsam der Reiz der Ahnung in die Herzen . . ." (Adalbert Stifter)*

*„Wer suchet, der findet. In den Steinen fand ich die Wahrheit." (Johann Krahuletz)*

Das Geviert einer Landschaft: Südlich und westlich von Flüssen begrenzt, im Norden durch dichten Hochwald abgesichert, gegen Osten zu offener, doch auch hier durch bewaldete Anhöhen gewappnet. Natürliche Grenzen? Der Historiker schreckt vor dem politisch-ideologischen Mißbrauch dieses Wortes zurück. Dennoch haben Enns und Donau, Wienerwald und „silva nortica" jahrhunderte-, jahrtausendelang Barrieren gebildet, sie haben Völkerzüge gelenkt, Besiedlungskämpfe entschieden.

Niederösterreich nördlich der Donau – zwei Viertel ergeben ein Ganzes: Das Waldviertel und das Weinviertel.

Das Waldviertel ist eine einzige mähliche Steigung von den prallen Sonnenhängen der Wachau bis zur kargen Wildnis aus Gehölz und Granit. Auf dem Weg dahin liegen das rauhe, aber gut geschützte Kamptal, das fruchtbare Horner Becken und die Eggenburger Bucht. Alles Gebiete, die seit Urzeiten bewohnt, mit wechselndem Glück verteidigt, erobert und gehalten wurden. Früheste Menschheitsgeschichte hat ihre Fährten hinterlassen.

Über die Fläche des Weinviertels streicht ein ruhiger Atem. Felder und Wiesen erstrecken sich in langgezogenen weichen Wellen an den Horizont. Da und dort wölbt die Ebene sanftgerundete Hügel auf, die – nicht ohne Kühnheit – Berge genannt werden. Eine der höchsten Erhebungen überragt mit 454 Meter den Meeresspiegel – der Oberleiserberg.

November ist's, Himmel und Erde fließen ineinander. Auf dem Oberleiserberg wandert ein Mann. Er tritt aus dem Nebel und verschwindet wieder im Nebel. Er geht kreuz und quer, aber zielgerichtet über das Plateau; taucht am Waldrand auf, wenig später auf dem großen Acker. In den Furchen keimt die Wintersaat. Gegen ihr zartes Grün sticht der dunkle Grund auffallend ab. Ja, das Erdreich ist hier beinahe schwarz. – Nun geht der Mann nicht mehr aufrecht, sondern leicht gebückt, den Blick auf den Boden geheftet. Mit der Spitze seines Stocks dreht und wendet er die feuchte Krume, hebt dann und wann einen Brocken auf, um ihn behutsam zu zerteilen. Der Hut beschattet sein Gesicht, die Stiefel versinken in der Ackerfurche. Vorsichtig, mit geduldigen Schritten mißt er das ganze Feld ab.

Unser Wanderer liebt die einsamen, grauverhangenen Tage im Spätherbst und besonders den Nebel. Kein Fremder besucht bei solchem Wetter diesen Ort. Ungestört kann der Mann sich auf Spurensuche begeben.

Leopold Laab, Tischlermeister aus dem nahen Dorf Klement, hat den Oberleiserberg zu seinem archäologischen Revier gemacht. Seit dreißig Jahren wird er hier fündig. Er pfuscht den wissenschaftlichen Ausgräbern nicht ins Handwerk, denn er begnügt sich mit dem, was der Boden freigibt, mit Funden, die durch natürliche Erdbewegung an die Oberfläche gelangen. Meist sind es nur Bruchstücke, nicht selten aber auch erkennbare Dinge uralten täglichen Gebrauchs: Münzen, Fibeln aus Eisen und Bronze, tönerne Spinnwirtel, ein Beinkamm, eine Pferdetrense. Das alles hat ihm der große Acker beschert, Leopold Laab weiß, daß die dunkle Bodenfärbung auf eine langwährende Besiedlung hinweist. Er hat gelernt, die Schichten der Vergangenheit von der Erde abzulesen.

Den Anstoß dazu gab ein Sattlermeister aus Poysdorf namens Kudernatsch. Er leistete Pionierarbeit. Von seiner Begeisterung ließ sich schon der Tischler Anton Laab anstecken – und er vererbte Interesse und Spürsinn seinem Sohn Leopold. Immer war einer da, der die Augen offenhielt, der Spuren erkannte und zu deuten wußte, dessen Phantasie versunkene Zeiten und Kulturen ans Licht holte, dessen Enthusiasmus übergriff auf andere.

Leopold Laab, heute beinahe sechzig Jahre alt, gerät noch immer ins Staunen, wenn er auf „seinem" Berg ein Stück Vergangenheit findet. Wenn der Boden, auf dem er zuhause ist, sich wie ein Fenster zur Vorzeit öffnet. Im kleinen heimatlichen Umkreis kann er die Weltgeschichte erkennen. In der Erde zeichnet sich auch die Spur ganz persönlicher Träume ab.

Der Mann hat sie schon als Kind geträumt – unter der Obhut des Vaters –, und Sagen und Legenden erweckten in ihm den Wunsch, selbst auf Schatzsuche zu gehen – doch halt, diese Geschichte kommt uns bekannt vor. Gehört sie nicht zu einer berühmten Biographie, zum „Märchen vom armen Jungen, der einen Schatz fand"?

## TRÄUMER, LAIEN UND GELEHRTE

*„Als ich im Jahre 1832, im Alter von zehn Jahren, meinem Vater als Weihnachtsgabe einen Aufsatz über die Hauptbegebenheiten des Trojanischen Kriegs und die Abenteuer von Odysseus und Agamemnon überreichte, ahnte ich nicht, daß ich sechsunddreißig Jahre später dem Publikum eine Schrift über denselben Gegenstand vorlegen würde, nachdem ich das Glück gehabt hatte, mit eigenen Augen den Schauplatz dieses Krieges und das Vaterland der Helden zu sehen, deren Namen durch Homer unsterblich geworden sind."*

So schrieb Heinrich Schliemann 1869 im Vorwort zu seinem Buch „Ithaka". Der Zehnjährige war also bereits mit dem klassischen Altertum vertraut. Doch es gab noch frühere Kindheitseindrücke, von denen Schliemann geprägt wurde. Er wuchs in Mecklenburg heran, in einem Dorf weitab der großen aufgeschlossenen Welt. Ein verfallenes Schloß und ein Hünengrab regten die Bewohner zu allerhand Spukgeschichten an. Nur der kleine Pastorensohn Heinrich Schliemann wollte dem Geheimnis auf den Grund gehen – und noch Jahrzehnte später erwog er, in seinem Heimatort die Ausgrabungen nachzuholen, die ihm als Kind verwehrt waren.

Den märchenhaften Aufstieg vom Handelsgehilfen zum Millionär und weiter zum gefeierten Altertumsforscher können wir hier nur streifen. Schliemann hat die Archäologie zur populären Wissenschaft gemacht, obwohl er selbst nur ein wissenschaftlicher Außenseiter war, mehr Abenteurer als Gelehrter, ein Autodidakt reinsten Wassers mit allen Vorzügen und Nachteilen eines solchen.

Hatte er nicht in Troja wie einer der berüchtigten Raubgräber gewütet? Zum Entsetzen der zünftigen Archäologie hatte er die höher liegen-

Heinrich Schliemann. Radierung von Ludwig Kühn

den Schichten der klassisch-griechischen und römischen Zeit rücksichtslos durchstoßen, um in die Tiefen des Schutthügels vordringen zu können. Tatsächlich lag die Stadt Homers in der zweiten Schicht von oben, und der vermeintliche „Goldschatz des Priamos" gehörte einem Fürsten, der 1000 Jahre früher geherrscht hatte.

Schliemann hatte demnach an Troja vorbeigegraben; doch seine naive Entdeckungsfreude brachte auch der Forschung unerwarteten Gewinn: *„Für die Wissenschaft hat sich das unmethodische Vorgehen Schliemanns, direkt bis auf den Urboden zu gehen, als höchst segensreich erwiesen; bei einer systematischen Ausgrabung wären die älteren Schichten, welche der Hügel birgt, und damit diejenige Kultur, welche wir als die eigentlich ‚trojanische' bezeichnen, schwerlich jemals aufgedeckt worden." (Eduard Meyer)*

Und konnte nicht Schliemanns Glauben Berge versetzen? Homer war sein Gott, seine Bibel die „Ilias". Er nahm den Dichter beim Wort, nahm die Dichtung als Wahrheit. Mit traumwandlerischer Sicherheit ließ Schliemann den Hügel von Bunarbaschi links liegen – hier hatte man bis dahin Troja vermutet – und wendete sich dem Hügel von Hissarlik zu. Welcher Gelehrte hätte sich diese Kühnheit erlaubt?

Zu Ehren Schliemanns sei gesagt, daß er bei späteren Grabungen in Troja, aber auch in Mykenae professionelle Archäologen beschäftigte. Er, der als junger Mensch in genialer Schnelligkeit Sprache um Sprache erlernt hatte, hörte auch als weltberühmter Mann nicht auf zu lernen, um seine Bildungslücken zu schließen. Vor Schliemann verstand man unter Archäologie nur die Geschichte der antiken Kunst. Schliemann sprengte diese engen Fesseln und erweiterte die Kunstgeschichte zur Kulturgeschichte. Auch Griechenland hatte seine „prähistorischen" Vorstufen, deren Entdeckung das „klassische" Bild wesentlich veränderte. Schliemann hat hier geradezu revolutionär gewirkt.

Aus dem hemmungslosen Schatzgräber war ein ernster methodischer Forscher geworden; dennoch traten immer wieder Fachleute auf den Plan, die dem Laien mißtrauten. Je erfolgreicher er war, desto öfter bekam er die Verachtung akademischer Konkurrenten zu spüren. Das bürgerliche Publikum aber verfolgte seine Kampagnen mit sensationellem Interesse. Überall, in Gesellschaft und auf der Straße, im Postwagen und in der Bahn wurde von Troja geredet, von Schliemann geschwärmt. Man stürzte sich auf seine Berichte, verschlang jede Meldung über seine Tätigkeit. Man witterte das Abenteuer und glaubte, mit dabei zu sein. Kein Gelehrter hätte eine solche Wirkung erzielen können wie der glücklich-tüchtige Dilettant Heinrich Schliemann!

Nur diese Epoche konnte allerdings ein so unbefangenes Talent hervorbringen, denn Fortschritt und Rückblick galten gleichviel. Das 19. Jahrhundert produzierte die technische Revolution und kompensierte die immer rascher werdende Gangart durch ein Zurück zur Vergangenheit. Der Zug der Gründerzeit fuhr in beide Richtungen. Selfmademan Schliemann „machte" zuerst ein Vermögen mit internationalen Geschäften – dann „stieg er aus" und wurde Schatzgräber auf eigenes Risiko – ein Kapitalist der Wirtschaft und der Wissenschaft. Denn sicherlich setzte er in die Tat um, wovon seine Epoche träumte: hinabzusteigen zu den Ursprüngen abendländischer Kultur, die eigene Historie nachzuleben, sich in der geschichtlichen Erfahrung wiederzufinden. Das 19. Jahrhundert, Schliemanns Jahrhundert, war das Zeitalter der Geschichte und der Archäologie. Und wie erging es Schliemanns Vorgängern? Sie standen zumeist vor Trümmern, die Raubgräber an den diversen Fundstätten hinterlassen hatten: geplünderte Grabkammern in Ägypten, devastierte Tempel in Griechenland. Überall zerstörte Mauern, verschüttete Grundrisse, verwüstetes Terrain.

*„Eine Grabung bedeutet in jedem Fall Zerstörung eines niemals wiederherstellbaren Zustandes, das heißt eines geschichtlichen Dokuments . . . Anfangs interessierte allein das Fundstück als solches, und nur mit Schmerz und Bedauern kann man heute daran denken, wie viele wertvolle Beobachtungen bei solchen Gelegenheiten nicht gemacht worden sind . . . Nur die Reste klassischer Kunst und Kultur galten als ausgrabungswürdig. Daß man eine Grabung grundsätzlich auf den gewachsenen Boden hinuntertreiben muß – heute Gemeinplatz jeder archäologischen Arbeit – war bei dieser Einstellung natürlich ein unmöglicher Gedanke."*[1] Die Altertumsliebhaber fanden nichts dabei, antike Überreste mit der Seele zu suchen – und mit roher Gewalt zu bergen.

Zu Lebzeiten Schliemanns, in der zweiten Jahrhunderthälfte, entwickelte die Archäologie endlich schonendere Methoden der Erkennung und Ausgrabung. Hatte man bisher die Schuttmassen vertikal abgegraben, so legte man nun die Schichten horizontal frei. Nun erst wurden viele Einzelheiten im Aufbau der Häuser deutlich, und die Wissenschafter erhielten sichere Grundlagen für eine brauchbare Rekonstruktion. Zum ersten Mal wurde auch das Pfostenloch in seiner methodischen Bedeutung voll erkannt. Der in seiner Substanz längst verwitterte Holzpfosten läßt sich immer noch feststellen. Die Verfärbung seiner Umgebung verrät ihn. Damit hatte die Archäologie ein untrügliches Hilfsmittel gewonnen, hölzerne Bauten wenigstens in ihren Grundrissen eruieren zu können. Versunkene Steinbauten zeichneten sich für den kundigen Betrachter in den Fundamentgruben ab. Wie genau diese Fundamentgruben einstigen Mauerzügen entsprechen, wird dort ersichtlich, wo noch Teile der Steinumfassung aufragen.

Pfostenloch und Fundamentgrube bleiben fast immer erhalten

Pfostenloch und Fundamentgrube – zwei nüchterne, farblose Begriffe. Sie gleißen nicht wie das Gold, das Schliemann aus der Erde holte und der Welt triumphierend entgegenhielt. Und doch üben sie auf den, der sie zu deuten weiß, den gleichen Zauber aus. Schliemanns wissenschaftliche Erben machten sich mit ihrer Hilfe auf den Weg zu neuen, größeren Ermittlungen. Fasziniert es nicht, sich vorzustellen, daß der deutsche Archäologe Robert Koldewey den Turm von Babylon und nicht nur ihn, sondern die ganze Stadt aus ihren Fundamentgruben rekonstruierte? Freilich nicht im Verlauf einer Kampagne, sondern in achtzehnjähriger, geduldiger Grabungstätigkeit und Vermessungsarbeit. Koldewey startet 1899 zu seinem babylonischen Abenteuer, und Arthur Evans landet 1900 auf der Insel Kreta. Während der Engländer die minoische Kultur wiederauferstehen läßt, den Palast von Knossos freilegt, sind in Phaistos italienische und französische Archäologenteams am Werk, dann stoßen auch noch Amerikaner hinzu.

Und Österreich? Hat es in diesem Wettstreit der Nationen nichts zu vermelden? 1893 steht Otto Benndorf, Ordinarius für klassische Archäologie an der Universität Wien, vor einer wichtigen Entscheidung. Das Ministerium für Cultus und Unterricht erteilt ihm den Auftrag, *„das Projekt zu einer größeren Ausgrabung vorzulegen, um dem österreichischen Studienbetrieb Antheil an der internationalen Erforschung des Orients fortzuerhalten.“*[2] Benndorf schlägt Ephesos vor.

Am 20. Mai 1895 erfolgt der erste Spatenstich – und bis auf den heutigen Tag arbeiten österreichische Ausgräber in den Ruinen der antiken Hafenstadt, wo einst die Göttin Artemis regierte, deren Tempel zu den Sieben Weltwundern zählte.

Von den Landkarten waren die weißen Flekken nach und nach verschwunden – also mußten Forscher und Abenteurer auf andere Gebiete ausweichen. In der Geschichte gab es sie noch – die lockende unbekannte Ferne. Und so sehen wir ein Heer emsiger Archäologen die Kontinente erobern, Fährtensucher der Vergangeheit, die Schicht für Schicht fremde Welten aufspürten. Detektive, mit Spaten und Feder ausgerüstet, deckten so manches Menschheitsgeheimnis auf, verfolgten so manche „heiße Spur“ in die Tiefe alter Kulturen. Ihre Erfolge im Ausland wirkten zurück auf die Heimat – denn warum sollte der eigene Boden keine Weltwunder bergen?

## „... DES VERGANGENEN WÜRDIG, DER GEGENWART GEWACHSEN ...“

(Erzherzog Johann)

Schliemanns Spurensuche hatte bei einem mecklenburgischen Hünengrab begonnen. Wäre er in Hallstatt aufgewachsen oder in Eggenburg, am Fuß des Dürrnbergs oder an der Donau bei Petronell, hätte er sich vielleicht damit begnügt, Heimatforscher zu werden. Die klassischen Fundstätten Österreichs waren schon im vorigen Jahrhundert bekannt, wenn auch nicht systematisch erschlossen. Ortskundige Laien pflügten erstmals geschichtlichen Grund – zur höheren Ehre der Region. Diese wissenschaftlich ambitionierten Lokalforscher leisteten wichtige Vorarbeit, doch an ihren Absichten und Aussagen haftete bisweilen der Geruch von „Blut und Boden“. Provinzialismus paarte sich mit Nationalismus. Die Völker der Monarchie erwachten zu einem neuen Selbstbewußtsein, das sie aus der eigenen und eigenständigen Geschichte abzuleiten versuchten. In den Provinzen wurde dieser Prozeß nachvollzogen.

Heimatforschung – das hieß auch Ahnenforschung. Sie blieb nicht vor familiären Stammbäumen stehen, sondern stieg zu den historischen Wurzeln hinab. Römerfunde waren stets willkommen, sie stellten eine achtbare Verbindung zur Vergangenheit her. Germanische Relikte aber hoben das Ansehen der heimatlichen Region und besiegelten das ersehnte Kontinuum. So konnte es anderen Kulturvölkern geschehen, daß sie in treuherziger Weise rückwirkend „germanisiert“ wurden. Die Kelten etwa, deren Herkunft noch ungeklärt war – was konnten sie anderes sein als Germanen!

*„Diejenigen, welche bei den Auffindungen und Ausgrabungen in der Stadt Salzburg schmerzlich immer das Germanische oder Celtische vermissen, finden hier noch einige Befriedigung“*, schrieb der Salzburger Domkapitular Schumann von Mansegg im Jahr 1842. Hier, nämlich auf dem Dürrnberg bei Hallein, hatten alte Bergleute Spuren einer frühen Besiedlung entdeckt. *„Seit 1816 häufen sich die Entdeckungen von Celtischen und Römischen Alterthümern in der Salinenstadt Hallein und am salzreichen Dürrnberg. Noch sind diese des Näheren nicht gewürdiget, nicht einmal gehörig gesammelt. Die Archeologie, die Geschichte, fordern Beydes und jene alterthüm-*

*lichen Entdeckungen sind dessen wirklich nur zu werth. Diese altgermanischen Denkmäler sind sogar die Allerersten des Flußgebietes der Salza, Albe und Saale, die Römischen wenigstens die ersten in der Stadt Hallein.*"[3] Auch dieser völkische Irrtum kann die Verdienste nicht schmälern, die sich Johann Andreas Seethaler um den Dürrnberg erworben hat. Seethaler, Oberstschiffsrichter und k. k. Kriminal- und Pfleggerichtsvorstand, verfaßte einige Fundberichte mit den dazugehörigen Zeichnungen; von ihm stammen die ersten chronologisch und typologisch verwertbaren Nachrichten über eine prähistorische Bevölkerung. Die Archäologie hat davon erst Jahrzehnte später Gebrauch gemacht. (Seethaler starb 1844.)

In Hallstatt regte ein Naturforscher die ersten Grabungen an. Friedrich Simony war kein Einheimischer, doch sein fundamentales Werk über das Dachsteingebiet verlieh ihm Heimatrecht. Adalbert Stifter hat dem vielseitigen Gelehrten in seiner Erzählung „Bergkristall" und im „Nachsommer" ein literatisches Denkmal gesetzt. Simony lockte auch andere Wissenschafter an den Hallstätter See und zu dem höher gelegenen Gräberfeld. Zwischen 1846 und 1878 wurden nicht weniger als 1180 Gräber freigelegt. Das Fundmaterial übertraf in seiner Reichhaltigkeit alles bisher Dagewesene, der Fundort selbst gab einem Kulturabschnitt seinen Namen: Hallstattzeit (ca. 750–500 v. Chr.)

1884 wurde in Hallstatt ein eigenes Museum eröffnet. Nun erst konnten die Besucher einen unmittelbaren Zugang zu der alten Kultur finden und sich ein Bild von ihr machen. Nur noch die wertvollsten Objekte kamen in die prähistorische Sammlung nach Wien, die meisten Funde aber blieben am Fundort.

Hallstatt ist nicht die einzige lokale Museumsgründung. In allen österreichischen Ländern konstituieren sich Vereine, die Landeskunde betreiben und die Ergebnisse ihrer Forschung an Ort und Stelle zeigen wollen. Vereine und Museen stehen in engem Zusammenhang. Ein bildungsstolzes Bürgertum fördert Sammlerinteressen, pflegt den Kontakt mit Berufsgelehrten, tritt gemeinschaftlich als Mäzen auf. Nehmen wir Kärnten zum Beispiel: Hier etabliert sich 1844 der Geschichtsverein, 1848 der Naturwissenschaftliche Verein. Beide Gesellschaften erblicken ihre Aufgabe nicht nur in der wissenschaftlichen Pflege kultur- und naturhistorischer Fachbereiche, sondern sind vor allem bestrebt, Sammlungen anzulegen und aufzubauen. Aus diesen Sammlungen geht schließlich im Jahr 1884 das Landesmuseum für Kärnten hervor. Der Geschichtsverein hat übrigens auch die ersten Grabungen auf dem Magdalensberg angeregt.

Vor Kärnten hatten sich bereits einige Länder zur Museumsgründung entschlossen. In zeitlicher Reihenfolge entstanden das Tiroler Landesmuseum Ferdinandeum (1823), das Oberösterreichische Landesmuseum (1833) und das Salzburger Museum Carolino Augusteum (1834). Den Anfang aber machte 1811 die Steiermark. Kein bürgerlicher Verein zeichnet für dieses erste „National-Musäum" verantwortlich, sondern ein Mitglied des Kaiserhauses – indes der bürgerlichste aller Habsburger: Erzherzog Johann. Er legte seiner Stiftung Joanneum ein umfassendes Programm zugrunde, das in der Formulierung der Aufgaben und Ziele weit ausholte. Der schwärmerische Wortlaut gibt den romantischen Zeitgeist wieder, doch hinter dem Pathos stecken bemerkenswerte Gedanken.

Einige Originalsätze aus den Statuten des Joanneums:

*„Stäte Entwicklung, unaufhörliches Fortschreiten ist das Ziel des Einzelnen, jedes Staatenvereins, der Menschheit ... Das Vorbild jener Wachsamkeit, Willenskraft, und Erfindungen, wodurch Heere, Regierung, Kunstfleiß musterhaft werden, muß den Geist unaufhörlich emporhalten, um bey jedem Aufruf des Vergangenen würdig, der Gegenwart gewachsen, für die Zukunft wohlthätig zu seyn ...*

*Die Nothwendigkeit, gründliche Kenntnis an die Stelle hohler Vielwisserey, Kraft und Festigkeit an jene der immer weiter umgreifenden Frivolität und egoistischen Zurückziehens, reges Leben an die Stelle einer schmählichen Gleichgültigkeit zu setzen ... auf die höchste National-Angelegenheit, auf die Erziehung unablässig sein Augenmerk zu richten, hat sich wohl nie so stark als in unseren Tagen ausgesprochen.*

*Das National-Musäum soll alle in den Umkreis der National-Literatur gehörigen Gegenstände in sich begreifen. Alles, was in Innerösterreich die Natur, der Zeitwechsel, menschlicher Fleiß und Beharrlichkeit hervorgebracht haben, was die Lehrer der verschiedenen öffentlichen Anstalten ihren wißbegierigen Zöglingen vortragen. Es soll dieselben versinnlichen, dadurch das Lernen erleichtern, die Wißbegierde reitzen, jenes dem Selbstdenken*

*und hiemit der Selbstständigkei so nachtheilige bloße Memoriren, jene schädliche Kluft zwischen dem Begriff und der Anschauung, der Theorie und der Praxis mehr und mehr ausfüllen helfen ...*
*Gräz, am 1. Dezember 1811.*"

Gewidmet war das Joanneum einem *„anlagenreichen biedertreuen Volk und dessen kommenden Geschlechtern"*. Das gelobte Volk wurde angeeifert, in der engeren Heimat nach historischen oder volkskundlichen „Denkmälern" zu fahnden und sie in Gewahrsam zu bringen. Rasch füllten sich die größeren Landes- und die kleineren Bezirksmuseen mit Schätzen – sehr zum Mißfallen der Regierung in Wien. Sie witterte hinter den lokalpatriotischen Interessen auch (und nicht ganz zu Unrecht) nationale Tendenzen. Per Hofkanzleidekret vom 5. März 1812 ordnete die Behörde an, daß alle Bodenfunde antiker Herkunft unverzüglich nach Wien einzusenden wären. Daraufhin nahm die Grabungstätigkeit in den Provinzen jählings ab. 1846 trat ein neues Fundgesetz in Kraft, das die Einsendepflicht wieder aufhob und die Eigentumsrechte des Finders stärkte. Es war ein Sieg des Föderalismus, von dem die Landesmuseen profitierten. Bisher hatte das k. k. Münz- und Antikenkabinett als zentrale Sammelstelle fungiert. Kustos Johann Gabriel Seidl richtete nun flehentliche Appelle an alle Privatsammler und Provinzialmuseen, sie mögen ihre Funde und Neuerwerbungen wenigstens nach Wien melden.

Wie konnte das kaiserlich-königliche Zentralinstitut sich gegen die mehrfache Konkurrenz behaupten? Seidl versprach, für *„angebotene Antikaglien bessere Preise zu stellen"* und besonders gefälligen Anbietern *„den Weg zu ehrenden Auszeichnungen anzubahnen"*. Ferner beschwor er *„die löblichen Redaktionen sämmtlicher Provinz-Zeitungen die wichtige Rubrik der archäologischen Funde nicht nur, wie bisher, mit lobenswertem Eifer zu kultivieren, sondern auch ... der Direktion des k. k. Münz- und Antikenkabinettes mindestens die Exemplare jener Nummern einzusenden, in welchen von solchen Funden im Umkreis des Landes, deren Organ sie sind, die Rede ist."* Der wackere Kustos reagierte auch deshalb so besorgt, weil er zu diesem Zeitpunkt gerade ein einschlägiges Werk in Angriff nahm, eine „Chronik der archäologischen Funde in der österreichischen Monarchie." Zwischen 1846 und 47 publizierte Johann Gabriel Seidl einige Fundberichte, doch die Gesamtansicht, wie er sie plante, kam nicht zustande. Liest man heute seine lückenhafte Chronik – sie erschien in Fortsetzungen in den „Österreichischen Blättern für Literatur und Kunst" – so begreift man rasch, warum dieses Vorhaben scheitern mußte. Zu ausgedehnt und unüberschaubar war die angestrebte „archäologische Karte Österreichs", die ja nicht nur das Gebiet der jetzigen Bundesländer, sondern auch sämtliche Kronländer erfassen sollte. Da steht Zwentendorf neben Spalato, Hallstatt neben Cilli – ein Sammelsurium von Ortsnamen, willkürlich aneinandergereiht. Hier eine Münze, dort ein Mosaik – reine Aufzählungen ohne wissenschaftliche Wertigkeit. Seidl mußte sich mit unbeständigen Nachrichten und Zufallsmeldungen begnügen und geriet überdies in die heftigen Wortgefechte rivalisierender Altertumsexperten. Letztere Misere – die keineswegs auf jene Vergangenheit beschränkt blieb – entschärfte unser verhinderter Chronist mit einem geradezu rührenden Wohlwollen:

*„Aus Eueren Früchten wird man Euch erkennen, – dieser Spruch gilt auch hier, und mag es uns einerseits unangenehm berühren, wenn literarische Fragen auf das Gebiet der Persönlichkeit hinübergezerrt werden, so ist es doch andererseits wieder erfreulich zu bemerken, welch' leidenschaftliches Interesse eine Sache dort erregt, die anderwärts vielleicht als unfruchtbares Allotrion bei Seite geschoben und kaum eines mitleidigen Lächelns gewürdigt worden wäre. Immer besser für die Wissenschaft, die Gelehrten zanken sich um eine Entdeckung, wenn auch nicht immer in den gemessensten Ausdrücken, als daß sie, abgestumpft durch die Indolenz ihrer Umgebung, die Hände müßig in den Schoos legen."*[4]

Seidls monarchieweite Mission war zwar gescheitert, aber in der kaiserlichen Haupt- und Residenzstadt liefen ab 1853 wenigstens alle administrativen Fäden zusammen: bei der „K. K. Central-Kommission für Erforschung und Erhaltung der Kunst – und historischen Denkmale". Sie vererbte ihre (mangelhaften) Kompetenzen und (begrenzten) Möglichkeiten unserem heutigen Bundesdenkmalamt. Der ebenfalls 1853 gegründete „Alterthumsverein zu Wien" widmete sich vorrangig der planmäßigen Erschließung von Carnuntum. Private Gönner und staatliche Subventionsspender förderten gemeinsam ein wissenschaftliches Projekt, das bald zum Aushängeschild der österreichischen Archäologie werden sollte. In mehreren spektakulären Kam-

„Eggenburger Ansicht". Aquarell von Hans Götzinger, 1902

pagnen wurde die römische Legionsstadt freigelegt. Versunkene Bauten traten in klaren Umrissen zutage; Badeanstalten, Amphitheater, Wohnhäuser und Heiligtümer wuchsen erneut aus dem Boden – Rom an der Donau nahm für eine staunende Nachwelt Gestalt an. Ein eigenes Museum Carnuntinum sollte das überaus reiche Fundmaterial präsentieren. 1904 war es soweit – und Franz Joseph persönlich vollzog die Weihe des Hauses. Im selben Jahr zeichnete der Kaiser ein weiteres Provinzmuseum durch seinen Besuch aus. Das Städtchen Eggenburg hatte die schönsten Blumengirlanden aufgezogen und sämtliche Fahnen gehißt, als der hohe Gast am 28. Juni einem Zug der nach ihm benannten Franz-Josephs-Bahn entstieg. Ein Bürger aber erfuhr an diesem Tag die Krönung seines Lebens: Johann Krahuletz. Der Heimatforscher durfte den Kaiser durch sein Museum geleiten, durfte Seiner Majestät all das zeigen und erläutern, was er in Jahrzehnten gesammelt, geordnet und bestimmt hatte. Diese Visite machte das Krahuletz-Museum und seinen Urheber über Stadt- und Landesgrenzen hinaus bekannt.

## DER MANN MIT DEM SPERBERBLICK – JOHANN KRAHULETZ (1848–1928)

Die Bewohner von Eggenburg hatten sich schon einmal als besonders kaisertreu erwiesen. Das war im Revolutionsjahr 1848. Ferdinand der Gütige mußte mit seiner Familie Wien verlassen. Auf dem Weg nach Böhmen kamen die hochwohlgeborenen Flüchtlinge – unter ihnen auch der achtzehnjährige Thronfolger Franz Joseph – bei Eggenburg vorbei. Johann Krahuletz schildert das Ereignis so, als wäre er dabeigewesen: *„Die kaiserliche Familie mit unserem gegenwärtigen Kaiser ... lagerte mit ihrem Gefolge und einigen Regimentern auf offenem Felde zwischen Zogelsdorf und Eggenburg. Eine Abtheilung Militär durchzog schon früher ganz unerwartet mit aufgepflanztem Bajonete und schußbereitem Gewehre die Stadt, die Fenster und Alles genau beachtend da sie für den Durchzug der Majestäten die Stimmung der Bevölkerung auszukundschaften hatten. Die Bürger von dem Herannahen des Allerhöchsten Hofes in Kenntnis gekommen allarmierten sofort die Bürgergarde, alle Glocken wurden geläutet, Pöller abgefeuert, was man überhaupt alles ohne vorherige Vorbereitung unternehmen konnte wurde in Eile aufgeboten ... Doch das Geläute und Pöllerkrachen mag im Hoflager mißverstanden worden sein, denn es wurde alsogleich halt gemacht und der commandierende General sprengte herein um Nachschau zu halten was denn das zu bedeuten habe. Als er die Nachricht erhielt, daß sich alle Bürger und Bewohner zusammengefunden haben um Ihren Majestäten auf diese Weise die treuergebenste Anhänglichkeit ‚kund zu tun' kam die kaiserliche Familie mit ihrem Gefolge an. Dieselben verblieben im Wagen, Kaiser Ferdinand welcher herausblickte weinte. Die Pferde wurden ausgespannt und die kaiserliche Familie bis vor die Stadt der gegenwärtigen Hehlering Mühle von den Bürgern gezogen ..."*[5]

Unter den Bürgern, die sich am 10. Oktober 1848 für den Kaiser solcherart ins Zeug legten, war auch der Büchsenmacher Georg Krahuletz. Des Meisters Ehefrau Anna ging in dieser Zeit hoch schwanger. Am 3. November schenkte sie einem Sohn das Leben, der nach seinem aus Böhmen stammenden Großvater den Namen Johann erhielt. Vom Vater also hatte Johann den Bericht über den Majestätsempfang geerbt. Bleibt zu vermelden, daß die Jubelstimmung

tung gelegt, hat die Funde sortiert und genaue Aufzeichnungen über Herkunft und Beschaffung der Objekte geführt. Nur dadurch wurde sein Material für die Wissenschaft so wertvoll.

Der aristokratische Privatgelehrte pflegte freundschaftliche Kontakte mit Berufswissenschaftern. So lernte Johann Krahuletz durch ihn den bedeutenden Geologen und Paläontologen Eduard Sueß kennen. Sueß hatte bereits 1865 über „Die Nachweisung zahlreicher Niederlassungen einer urgeschichtlichen Völkerschaft in Niederösterreich" geschrieben. Er bestimmte für Krahuletz viele Fossilien und spornte ihn zu weiterer intensiver Spurensuche an.

Im 19. Jahrhundert trugen erlesene Stücke aus Natur und Kunst dazu bei, das Ansehen des Besitzers zu heben. Krahuletz aber vertiefte sich in die Dokumentation von unscheinbaren Dingen, beispielsweise Artefakten aus Stein – also primitiven menschlichen Werkzeugen, die zu seiner Zeit noch als wertlose Objekte galten. Im Umkreis von Eggenburg stöberte er immer wieder neue Fundorte auf. Er entdeckte die Teufels- oder Fuchsenlucken bei Roggendorf, Österreichs einzige fossile Hyänenhöhle mit reicher jungeiszeitlicher Fauna. Er durchwühlte die Sandgruben nach Ablagergungen des tropischen Miozänmeeres, das vor etwa 28 Millionen Jahren die Eggenburger Bucht bedeckt hatte. Im Schindergraben fand er den ältesten Typus eines Gavials – nunmehr „Eggenburger Krokodil" genannt, und das Skelett einer Seekuh, von der Wissenschaft „Metaxytherium krahuletzi" getauft.

Insgesamt fand Krahuletz eine stattliche Anzahl bis dahin unbekannter urzeitlicher Tierarten und machte das Eggenburger Tertiär zu einem wissenschaftlichen Begriff. Der Name Krahuletz ist mit der geologischen und paläontologischen Erkundung des älteren Jungtertiärs in Niederösterreich untrennbar verbunden. Seine Erfolge wurden durch einen äußeren Umstand begünstigt. Die lange Friedensperiode zwischen 1866 und dem Ersten Weltkrieg brachte einen Aufschwung des Bauwesens. In den rundumliegenden Steinbrüchen herrschte Hochbetrieb, lieferten sie doch das Material für die Gründerzeit-Paläste der Wiener Ringstraße. Außerdem wurde mit dem Bau der Franz-Josephs-Bahn und der Kamptal-Bahn begonnen. Noch kamen nur Menschen und keine Maschinen zum Einsatz – ein Glück für den Forscher, denn die händisch durchgeführten Erdbewegungen und Schüttarbeiten transportierten so manchen Fund ans Tageslicht.

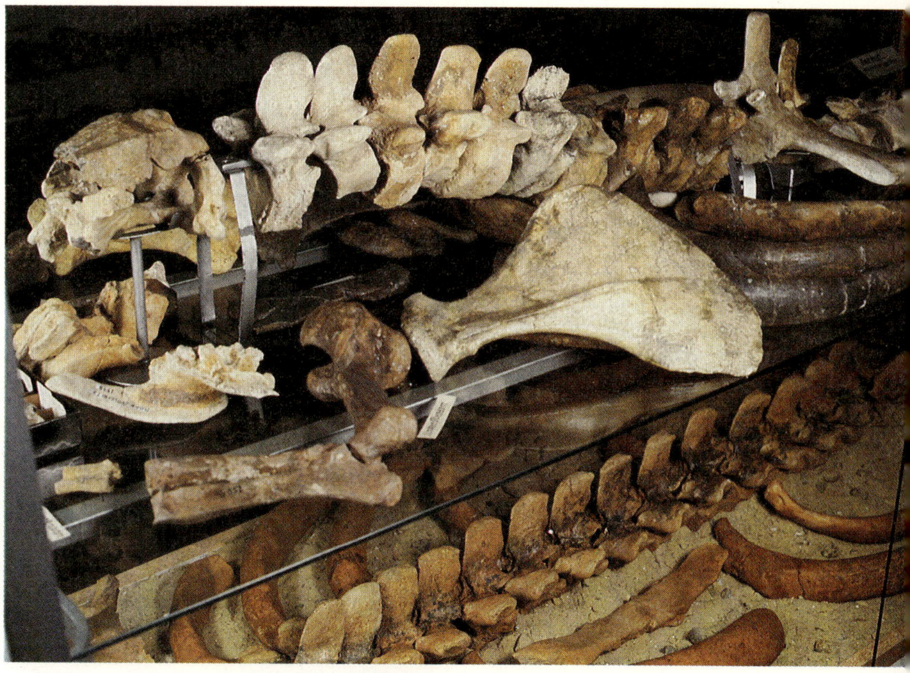

Metaxytherium krahuletzi. Eine Urform der Seekuh

Das Krahuletz-Museum in Eggenburg

In Fachkreisen erfreute Krahuletz sich bald einer angemessenen Wertschätzung; mit vielen Gelehrten stand er in dauerhafter Verbindung. Den Eggenburgern aber galt er noch lange als Taugenichts. Das Handwerk des Vaters hatte er erlernt, jedoch nie ausgeübt. Statt dessen zog er im Gelände umher, scheinbar ohne rechtes Ziel, und von seinen Spaziergängen schleppte er nichts weiter heim als einen mit Steinen, Scherben und Knochen gefüllten Rucksack. Sein Elternhaus verwandelte sich allmählich in ein Museum – nein, in eine Rumpelkammer. Auf dem Fußboden und an den Wänden, auf Tischen und Kommoden, in Schränken und Vitrinen häufte sich eine unübersehbare Menge von Steinen, Muscheln, Werkzeugen, Schmuckstücken, Waffen, Krügen usw., stapelten sich Uhren, Modeln, Teller, Kannen, tausende Dinge aus Feld und Flur, aber auch aus Bauernhäusern und Bürgerstuben – übereinander, nebeneinander, durcheinander. Kein Wunder, daß dieser absonderliche Johann Krahuletz nie eine Frau fand!

Eine erste offizielle Honorierung seiner Tätigkeit erfuhr Krahuletz im Jahr 1877. Da ernannte ihn der Statthalter von Niederösterreich zum „Aichmeister der auf die Aichung von flüssigen und trockenen Hohlmaßen ausgedehnten Faßaichstelle zu Eggenburg“, womit eine jährliche Remuneration von 70 Gulden verknüpft war. *„Zweimal die Woche amtierte nun Johann Krahuletz im Eichamt, rollte ohne Hilfskraft die Fässer, heizte den Ofen, in dem er die Brandziffern zum Glühen brachte, und füllte Formulare aus. In den Pausen aber sortierte und etikettierte er seine Funde und kittete aus Tonscherben Gefäße.“*[8]

Allmählich stellten sich immer mehr Schaulustige ein, fragten neugierige Besucher nach einem gewissen Eichmeister und dessen kurioser Sammlung. Als in den Lokalblättern die ersten lobenden Artikel erschienen, als plötzlich von der „Krahuletzstadt“ die Rede war, begannen sich auch die Eggenburger für ihn zu erwärmen.

Sie respektierten ihn trotz seiner Schrullen und bemerkten an ihm durchaus bürgerliche Tugenden (oder was sie dafür hielten). War er nicht habsburgtreu und treudeutschnational – und ein wenig liberal? Georg Schönerers Rassismus fiel im Waldviertel auf fruchtbaren Boden. Bei den meisten Heimatkundlern kam eine unkritische Germanophilie zum Vorschein. Den Liberalismus vertrat Eduard Sueß, der sich auch politisch stark engagierte und Krahuletz sicherlich beeinflußte.

Ein Eggenburger Bürger fand den Weg zur Ur- und Frühgeschichte. Der Fachbegriff „Eggenburgien“ steht für ein ganzes erdgeschichtliches Zeitalter. So verschaffte Krahuletz seiner Geburtsstadt Weltgeltung. Mit den Ehrungen, die er empfing, wurde auch die Heimat geehrt. Er, der die Grenzen Niederösterreichs kaum überschritten hatte, bekam Briefe aus aller Herren Länder, Zeugnisse einer wachsenden Anerkennung. Und dem Namen Krahuletz gesellten sich respektable Titel hinzu: staatsanwaltschaftlicher Funktionär, Privatgelehrter, Natur-, Heimat- und Altertumsforscher, Prähistoriker, Archäologe, kaiserlicher Rat, Professor der Geologie – und Museumsdirektor!

1899 wird die Krahuletz-Gesellschaft gegründet. Sie beschließt, den Sammlungen von Johann Krahuletz ein eigenes Museumsgebäude zu errichten – einen monumentalen Bau im Stil der deutschen Renaissance. Krahuletz notiert: *„Am 11. Juni 1901 klopfe ich mit meinem Hammer in der üblichen Weise auf den Grundstein des zu erbauenden staatlichen Krahuletz Museums.“* Schon am 12. Oktober 1902 registriert er die feierliche Eröffnung in Anwesenheit zahlreicher Exzellenzen, *„des Präsidenten der kaiserlichen Akademie der Wissenschaften Herrn Prof. Dr. Eduard Sueß, hervorragender Vertreter der Wissenschaft, des Klerus, der Beamtenschaft, der Gemeinden, sowie einer zahlreichen, von allen Seiten herbeiströmenden Schar Teilnehmer“.* Gegen eine Leibrente von 2 000 Kronen jährlich erwirbt die Stadtgemeinde Eggenburg seine paläontologisch-urgeschichtliche Sammlung, sodaß Krahuletz endlich den Dienst als k. k. Eichmeister aufkündigen kann, um Direktor seines eigenen Museums zu werden.

Er hatte sein Lebensziel erreicht. Dem geliebten Amt widmete er sich mit ganzer Kraft. Notgedrungen mußte er seine gewohnten Exkursionen einschränken. Er versuchte deshalb, seine Mitbürger zu aktivieren, und richtete einen dringenden Aufruf an die Bevölkerung:

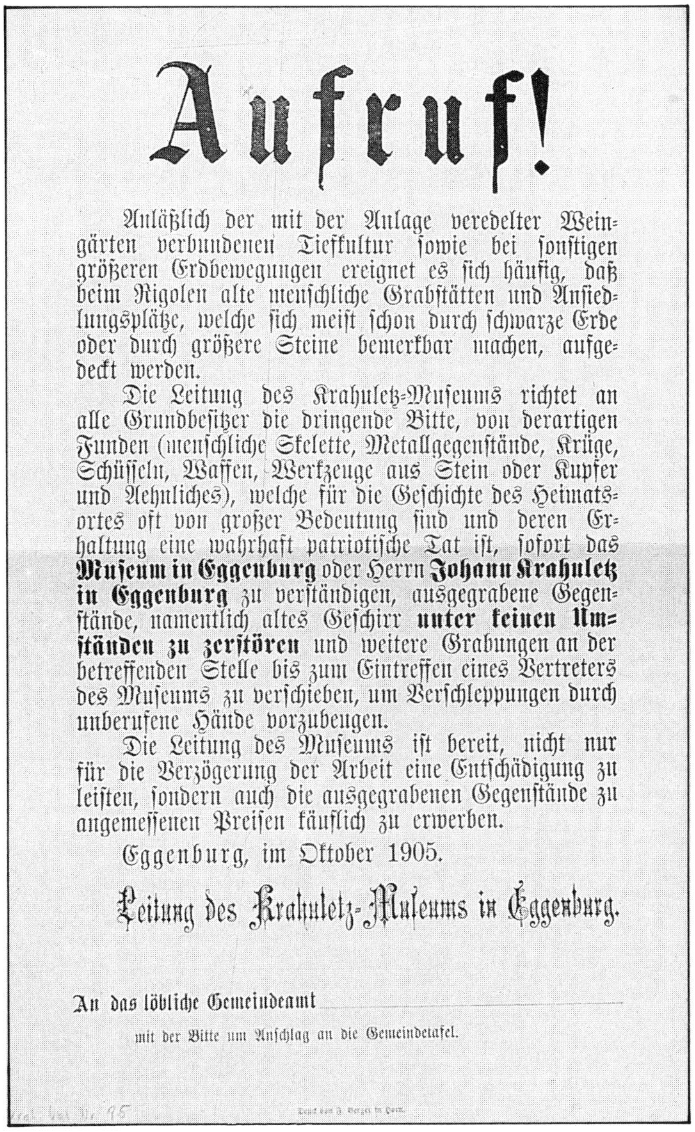

# Aufruf!

Anläßlich der mit der Anlage veredelter Weingärten verbundenen Tiefkultur sowie bei sonstigen größeren Erdbewegungen ereignet es sich häufig, daß beim Rigolen alte menschliche Grabstätten und Ansiedlungsplätze, welche sich meist schon durch schwarze Erde oder durch größere Steine bemerkbar machen, aufgedeckt werden.

Die Leitung des Krahuletz-Museums richtet an alle Grundbesitzer die dringende Bitte, von derartigen Funden (menschliche Skelette, Metallgegenstände, Krüge, Schüsseln, Waffen, Werkzeuge aus Stein oder Kupfer und Aehnliches), welche für die Geschichte des Heimatsortes oft von großer Bedeutung sind und deren Erhaltung eine wahrhaft patriotische Tat ist, sofort das **Museum in Eggenburg** oder Herrn **Johann Krahuletz in Eggenburg** zu verständigen, ausgegrabene Gegenstände, namentlich altes Geschirr **unter keinen Umständen zu zerstören** und weitere Grabungen an der betreffenden Stelle bis zum Eintreffen eines Vertreters des Museums zu verschieben, um Verschleppungen durch unberufene Hände vorzubeugen.

Die Leitung des Museums ist bereit, nicht nur für die Verzögerung der Arbeit eine Entschädigung zu leisten, sondern auch die ausgegrabenen Gegenstände zu angemessenen Preisen käuflich zu erwerben.

Eggenburg, im Oktober 1905.

Leitung des Krahuletz-Museums in Eggenburg.

An das löbliche Gemeindeamt

mit der Bitte um Anschlag an die Gemeindetafel.

Das Museum präsentiert sich dem heutigen Besucher in halbherzig erneuertem, leidlich geordnetem Zustand. Der Gang von Vitrine zu Vitrine ist ein Gang von Fundort zu Fundort. Wer durch die vollgeräumten Säle wandert, durchwandert nicht nur die Geschichte unserer Erde, sondern auch die Lebensgeschichte des Johann Krahuletz. Der Waldviertler Heimatforscher und sein lehrreiches Wirken sind immer noch gegenwärtig, etwa bei den seltenen Mineralien und Halbedelsteinen, und hier wieder bei den Amethysten, denen seine besondere Liebe gehörte: „*Wer suchet, der findet. In den Steinen fand ich die Wahrheit.*“ Er fand sie ebenso in den Fossilien wie in den Beweisstücken früher menschlicher Besiedlung und Kultur.

Krahuletz betätigte sich auch als Zeichner. Viele Funde hielt er mit penibel gezogenen Federstrichen fest. Aus Neudorf bei Staatz stammt ein ansehnlicher Bronzedepotfund, eine komplette Schmuckgarnitur. Krahuletz hat den gehobenen Schatz detailliert gezeichnet und die abenteuerlichen Begleitumstände seiner Entdekkung geschildert. Ein Arbeiter hatte die Bronzegegenstände gefunden und sie als altes Gerümpel lange Zeit unbeachtet gelassen. „*Erst als ein Hausierer ihm für ein Kilo jener Sachen, die weniger verrostet waren, 1,20 Kronen bot, fiel ihm ein, daß er seinen Fund vorteilhaft an das Krahuletz-Museum werde abtreten können. Zu meinem größten Erstaunen fand ich diese wichtigen und kostbaren Überbleibsel im Hofe unter anderen Haus- und Ackergerätschaften in einer sogenannten Mistschwinge (Kehrichtkorb) deponiert. Ich erkundete genau alle Fundumstände, schloß das Geschäft ab und trug im Rucksack meine für die Kulturgeschichte unseres Landes so kostbare Ladung von dem grauenhaften Aufbewahrungsorte heim.*“

Stadt und Land, wie Krahuletz sie erlebte – in Fotos und Bildern regionaler Künstler. Ignaz Spöttl zeigt das Revier des glücklichen, weil instinktsicheren Heimatforschers – geheimnisumwitterte Grabhügel inmitten einer offenen Felder- und Wiesenlandschaft, Steinbrüche in romantisch-bizarrer Manier, menschenleere Senken und Küsten des Urmeeres. Hans Götzinger malt den behäbigen Liebreiz des alten Eggenburg, das Bevölkerungsgemisch aus Kleinbürgern und Bauern. Endlich Krahuletz selbst, in seiner hoffnungslos überfüllten Stube. (im Vertrauen gesagt: das Depot des Museums gleicht

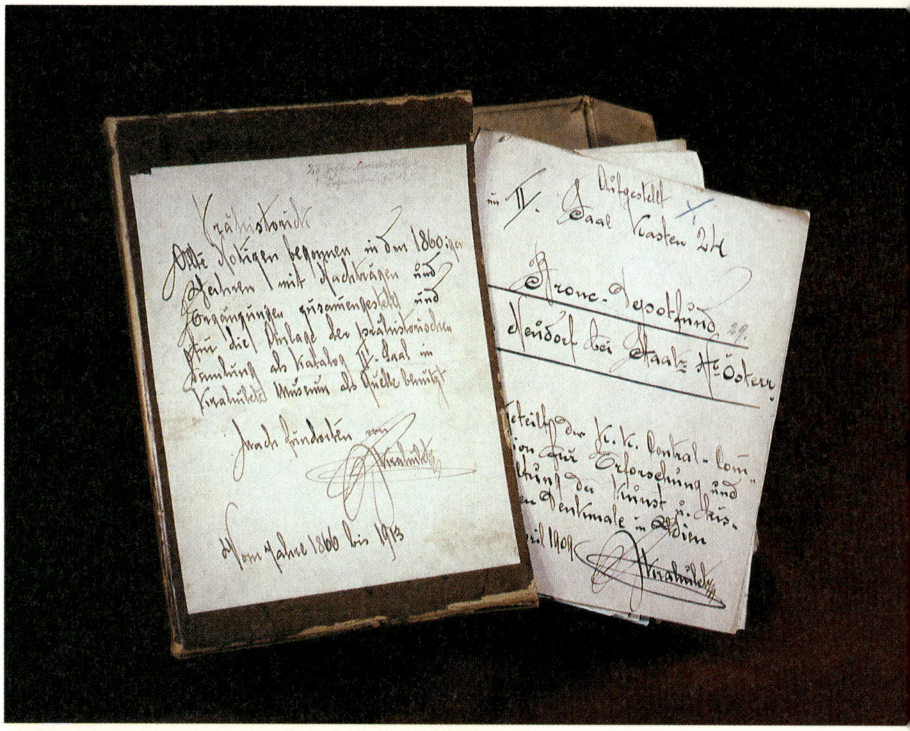

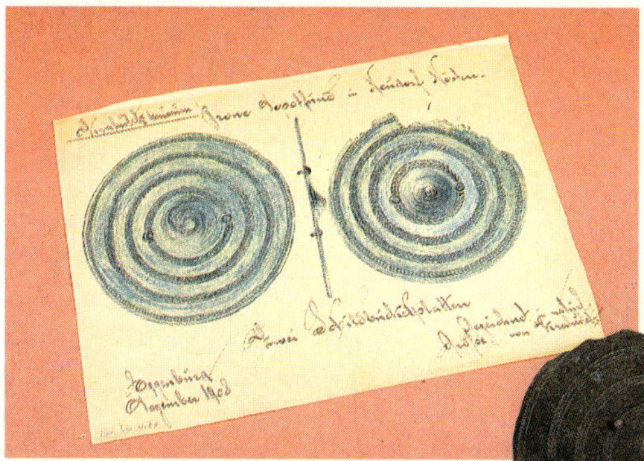

Handschriftliche Aufzeichnungen von Johann Krahuletz

Für seine Grabungen benützte Krahuletz das einfache Werkzeug eines Bergmanns

noch immer diesem Chaos aus archäologischen und volkskundlichen Objekten) Krüge, Hufeisen, Knochen, ein Hirschgeweih, Schachteln, Behälter, ein Stehpult: darauf das Grabungswerkzeug, daneben der Ranzen. Krahuletz benützte nichts weiter als Spaten, Schlegel und Eisen – die alten Geräte der Bergleute. Und so hat ihn der Maler Adolf Müllner gesehen: als einen Mann von bäuerlicher Statur, einfach und wetterfest gekleidet; die aufrechte Haltung zeugt von einem ausgeprägten Selbstbewußtsein, der Blick ist störrisch und wachsam. – „*Sein kerniges Wesen hat auch die gesunde Gedankenarbeit gefördert, die sich nur aus der Be-*

Scheibenkopfnadeln

Bronzefunde und deren zeichnerische Rekonstruktion

Armmanschette

*trachtung der Natur, nur aus dem Leben in und mit der Natur erwerben läßt. Viel Bücherweisheit hat ihn nicht beschwert. Er ist ein Naturphilosoph, ein Denker und Deuter der Natur, wie sie sich seinem verständigen Auge, seiner unbefangenen Auffassung richtiger dargestellt hat, als denen, die mit totem Wissensballast beladen ihren Blick nicht so frei für die Welt um sich bewahrt haben. Wer gesunde Augen hat, braucht keine Brille, um zu sehen, und vielleicht die größte Bewunderung verdient es, daß er es verstanden hat, zu sehen, die Fülle des Verborgenen und Versteckten zu erfassen und an das Licht zu bringen.“*

Seine Begabung, seine Tatkraft konnten ihn nicht vor dem Elend bewahren, das mit dem Ersten Weltkrieg über ihn hereinbrach. Er geriet in eine wirtschaftliche Notlage – die Inflation entwertete seine Leibrente, schließlich mußte er sogar um die tägliche Mahlzeit bangen. Johann Krahuletz litt aber auch unter den politischen Veränderungen; ratlos und verstört erlebte er das Ende der Monarchie. Nur in seiner Sammlung fand der alte Mann Trost und Sicherheit: *„Meine Steine waren mir lieber als böse Menschen.“* Sein letztes photographisches Porträt signierte er mit den Worten „Ein Altertum“. Er starb am 11. Dezember 1928, einen Monat nach seinem 80. Geburtstag. Die guten und die „bösen“ Menschen von Eggenburg und Umgebung vereinigten sich zu einem lauten Klagelied. Sicherlich hätte er bessere Reime verdient, doch kamen sie aus vollem Herzen:

*„Wein' Eggenburg und hülle Dich in Trauer!*
*Dein größter Sohn ist heimgegangen.*
*Sein stilles Haus füllt Totenschauer,*
*Die Freunde treten ein mit Bangen.*

*Vor kurzem noch so blumenreich*
*Im Fackelzug scholl Jubelchor.*
*Und heute liegst Du blaß und bleich*
*Vom Dache weht der Trauerflor.*

*Du lieber, guter Krahuletz,*
*Was hast Du uns so schnell verlassen?*
*Du warst doch unser Liebling stets*
*Hörst Du das Klagen in den Gassen?*

*Doch ein' Trost nennen wir uns eigen,*
*Daß wir Dir noch in letzter Stunde*
*Die ganze Liebe konnten zeigen*
*Mit Gaben und beredtem Munde.*

*Nicht Weib und Kind beweint Dein Scheiden,*
*Nein, eine Stadt, ein Volk, ein Land.*
*Doch erst nach schweren Schicksalsleiden*
*Die Heimat Dir den Lorbeer wand.“*

In seiner Sammlung, dies stand fest, würde Krahuletz lebendig bleiben. Wer aber sollte sein Erbe verwalten? Für das verwaiste Museum interessierte sich ein Mann, der als Nachfolger durchaus geeignet schien – einer, der aus dem gleichen Holz geschnitzt war wie Johann Krahuletz: Er stammte aus dem Weinviertel, sammelte von Kind auf mit Leidenschaft und blieb dieser Landschaft ein Leben lang treu. Kein bür-

Altersbildnis von Johann Krahuletz

„Wohnstube Krahuletz". Gemälde von Adolf Müllner

gerlicher Beruf vermochte ihn davon abzubringen, kein Ehe- und Familienglück kam seinem archäologischen Eifer in die Quere. Der Junggeselle Krahuletz hätte sich in dem Sonderling Josef Höbarth zweifellos wiedererkannt, und das Krahuletz-Museum wäre um eine schöne Sammlung reicher geworden. Aber regionale Ränke und kleinliche Rivalitäten nahmen überhand. So vergab Eggenburg eine Chance und die Nachbarstadt Horn errichtete ein eigenes Höbarth-Museum!

## DER TRAUM VON DER HOLZWIESE – JOSEF HÖBARTH (1891–1952)

*„Ich bin weder ein Mystiker, noch glaube ich an geheimnisvolle Vorzeichen, und doch habe ich selbst erlebt, daß im Jahre 1929 ein merkwürdiger Traum tatsächlich in Erfüllung ging. Mir träumte damals, ich beginne an einer Stelle zu graben. Auf einmal fand ich eine Menge schöner Urzeitgefäße; es wurden ihrer immer mehr und mehr, und ich war ganz benommen von der Fülle. Das Traumbild änderte sich: Ich stieß auf ein Gefäß und arbeitete, um es zu heben, aber es wurde immer größer und schließlich erschien es mir wie ein kleines Haus, dessen Bergung unmöglich gewesen wäre."*

Josef Höbarth vertraute der nächtlichen Erscheinung und begann auf der Holzwiese in Gars-Thunau zu graben. *„Als ich die Ackerkrume abgezogen hatte, lag eine wunderschöne Kulturschichte vor mir und bald hatte ich ein unversehrtes Schüsselchen geborgen. Nacheinander kamen nun die Fundstücke: Netzsenker in Garnituren, Töpfchen, Henkelschalen, Schüsseln, gleich drei übereinander gestülpt ... Der Erfolg ging weiter und übertraf meine kühnsten Erwartungen. Es war eine hallstättische Hausanlage, die aller Wahrscheinlichkeit nach von den Kelten niedergebrannt worden war, mit schönem Estrich, einer gut angelegten, herumlaufenden Sitzbank, sehr interessanten Pfostenlöchern, die eine Rekonstruierung der Hütte jederzeit zulassen ... Und nun begann die große Überraschung: Wirklich stieß ich auf wuchtige Scherben. Aus ihnen erwuchs in langer, mühevoller Arbeit ein riesiges Gefäß, das heute unser größtes Gefäß im Museum ist."*[9]

Dieser mächtige Vorratsbehälter der Urnenfelderzeit dominiert immer noch die prähistorische Sammlung des Höbarth-Museums – und auf der Holzwiese wurden und werden die Archäologen seit mehr als zwanzig Jahren fündig. Auch hier verdankt die Wissenschaft einem Laienforscher den entscheidenden Hinweis, die erste Spur. Josef Höbarth erreichte zwar nicht das hohe Alter eines Krahuletz, aber seine Lebensleistung nimmt sich imposant aus. Allein im Gebiet des Manhartsbergs hat er vierzig Siedlungsplätze entdeckt, hauptsächlich Neolithstationen, aber auch Bronzezeitliches, von der Eisenzeit bis zur Völkerwanderung. Seine günstige Lage, Wasserläufe und Lößboden, machten den Manhartsberg – „luna silva“ nannten ihn die Römer – zu einem begehrten Terrain. Zudem bot die Westseite des Kamps eine gewisse Sicherheit, weil dort bereits der große Urwald „silva nortica“ begann. Im Kamptal selbst hat Höbarth nicht nur die Holzwiese erforscht, sondern auch die klassische eiszeitliche Station von Kamegg oder das Gräberfeld von Maiersch.

1952 diktierte der todkranke Höbarth seine „Lebenserinnerungen“. Sie sind es wert, wieder hervorgeholt und wenigstens auszugsweise gelesen zu werden. Ihre naive, ungelenke Diktion verschafft einen unmittelbaren Zugang zu dem knorrigen Abenteurer und närrischen Sammler, der im Volk nur der „Staner-Pepi“ oder „Baner-Sepp“ hieß. Josef Höbarth berichtet über sein Wirken wie die meisten Heimatkundler – selbstgefällig und engsichtig; sie entdeckten die schönsten Geheimnisse vor der eigenen Haustür, doch ihre Weisheit endete oft beim nächsten Zaun. Sie gingen der Menschheitsgeschichte auf den Grund, doch die Lehre, die sie für ihre Gegenwart zogen, war meistens grundfalsch. Aus dem Gehege des Provinziellen wichen sie aus in die Scheingröße des Nationalismus. Auch Höbarth blieb davor nicht gefeit – dennoch sprechen uns seine Lebenserinnerungen an, sein Wissenseifer, seine unstillbare Neugier. Er stammte aus einer alten Waldviertler Familie, die bis zum Dreißigjährigen Krieg urkundlich belegt ist. Josef Höbarth wurde am 17. März 1891 in Reinprechtspölla bei Horn geboren. Der Vater übte das Schmiedehandwerk aus, die Mutter arbeitete in der Landwirtschaft. Zu den ersten entscheidenden Kindheitseindrücken zählten die sonntäglichen Wanderungen nach Thunau, wo sich die Gehöfte einiger Familienmitglieder befanden. „*Neben dem herrlichen Obst waren es die Erzählungen der Großen, der Onkel und Tanten, die mich an Thunau banden. Sie erzählten mir Begebenheiten und Sagen von den Burgruinen, geheimnisvollen Stellen im Walde oder auf den Hügeln ... Durch die erwähnten Erzählungen und die Sehnsucht nach den vergangenen Zeiten entstand in mir die Begierde, selbst etwas zu besitzen an Dingen jener Tage. So wurde ich Sammler. Einige Kreuzer und andere alte Kupfermünzen, von der Verwandtschaft gespendet, beglückten mich als Erstes. In aufeinandergeklebten Zündholzschachteln wurden sie von mir wie in einem Schatzkästchen geborgen. Auch im Heimatdörfchen bat ich verlegen die Bauern um alte Münzen ... Mittlerweile entstand das Krahuletz-Museum in Eggenburg und wurde mir zur Schule für meine Sammeltätigkeit. Die schönen alten Dinge, in reicher Menge vorhanden, zogen mich oft stundenlang magisch an, wenn ich, allerdings nur selten, das Museum besuchen konnte. Meist mangelte mir nämlich das Eintrittsgeld ... Besonders begann mich die Urgeschichte zu interessieren. Der brennende Wunsch erwachte in mir, auch für mich etwas von den Feldern heimzuholen. Wenn auch Krahuletz vieles zusammengetragen hatte, alles konnte er doch nicht gefunden haben ...*“

Es kam, wie es schon bei Krahuletz gekommen war: Ein verständnisvoller Lehrmeister nahm den Knaben bei der Hand, wanderte mit ihm über die Äcker, lenkte seine Blicke auf die Zeichen der Vergangenheit, auf Bodenmerkmale, unscheinbare Splitter – endlich auf Funde. In Höbarths Fall war es der Schullehrer und spätere Direktor Karl Süss, der die Begabung des jugendlichen Forschers erkannte und seinen Spürsinn schärfte. Er sorgte dafür, daß die Sammelleidenschaft nicht wie Strohfeuer verglühte, sondern mit jedem Fund neu angefacht wurde. Nach dem Willen des Vaters sollte Josef – wie seine Brüder – Schmied werden. „*Jedoch gerade das Schmiedehandwerk haßte ich. Auch fühlte ich gar nicht die körperliche Eignung dazu. Allein ich mußte. Stets mit Widerwillen und Verdrossenheit ging ich zur Werkstatt. Ein Zwischenfall erlöste mich von dem nichtgewollten Beruf. Meinem Vater war nach gutem, altem Handwerksbrauch das Feuer heilig. Nun geschah es, daß ich, ermüdet vom langen Blasbalgtreten, mich umwandte und verkehrt weiter trat. Der Vater, schwer erzürnt ob der Entehrung des Feuers, da meine Kehrseite zur Esse zeigte, gab mir einige schallende Ohrfeigen und jagte mich mit den Worten: ‚Du Lump, geh' mir nicht mehr herein‘, aus der Werkstatt.*“

Einige Jahre verdingte Josef Höbarth sich als Knecht bei der Mutter und bei verschiedenen Bauern. In den Augen des Vaters und der Nachbarn aber war er ein Taugenichts, der es im Leben zu nichts bringen würde. Ein Taugenichts wie Johann Krahuletz ...

Und wieder wußte der Lehrer Rat: Er empfahl Josef, zur Post zu gehen. Nach einem halbjährigen Kurs und einem weiteren halben Jahr Wartezeit bekam er die erste Anstellung und auch die ersten Gebühren. Herzlich wenig, doch er hatte einen Brotberuf und eine Existenzgrundlage. „*Wohl gab es jetzt nicht viel Zeit, meiner Leidenschaft zu frönen und dennoch, ich*

Oben: Das Höbarthmuseum in Horn
Unten: Josef Höbarth bei der Grabung in Maiersch
Rechte Seite: Höbarth-Bildnis, gemalt von E. Sandig im Jahre 1937

*blieb ihr treu! Hatte ich einmal einen Urlaubstag oder sonst eine freie Stunde, so lief ich, getrieben von der alten Begeisterung, in meine geliebten Siedlungsstätten der Urbewohner. Dort sprach so vieles zu mir, dort konnte ich in einem Buche lesen, das anderen Menschen mit sieben Siegeln verschlossen blieb. Für mich war manches kein Geheimnis, und doch umgab mich soviel Geheimnisvolles. Ich barg nicht nur verschiedenes aus der Nachlassenschaft unserer Vorväter und Urahnen, sondern erlebte im Geiste und in meiner Phantasie ihr Tun und Leben.*"

Die nächsten Etappen seiner Biographie: Soldat im Ersten Weltkrieg, Einsätze in der norditalienischen Ebene und in den Karpaten. Dann die Notzeit nach dem Zusammenbruch – Hunger, kalte Quartiere, häufiger, berufsbedingter Ortswechsel; Nachtdienste, Pendelfahrten per Bahn – jeder freie Tag gehört der Heimat, der Urgeschichte (eine kurze, verunglückte Ehe scheint in den „Erinnerungen" nicht einmal auf). „*Von dieser Zeit an wurde ich bei den Bauern und der Landbevölkerung schon zu einer etwas mystischen Gestalt, mindestens zu einem Sonderling. Aber trotzdem waren die Leute entgegenkommend, zu Auskünften bereit, und kehrte ich einmal in einem Gasthof ein, fanden sich bestimmt einige Männer, die mir Aufklärung gaben auf Fragen und Interessantes über ihre Fluren berichteten.*"

Den Landleuten mag er nicht geheuer gewesen sein, der hagere Mann in unordentlicher Kleidung, der da ihre Felder durchstreifte oder auf ihren Dachböden nach vergessenen, verstaubten Dingen stöberte. Er nahm sich keine Zeit für ein gediegenes Familienleben, ja nicht einmal für geregelte Mahlzeiten, wirkte oft abweisend und versponnen und opferte seine Nächte, um Knochenteile zu zählen, Tonscherben zusammenzufügen. Ein Kauz, der auch sogenannte Frauenarbeit nicht scheute, der sich besonders für volkskundliches Handwerk interessierte, für Sticken und Weben. Ein Garnsträhn konnte noch so verfilzt sein, er mühte sich stundenlang, bis er ihn entwirrt hatte.

Unaufhaltsam wuchs seine Privatsammlung und 1928 traf er endlich seinen wissenschaftlichen Mentor, den Eiszeitforscher Dr. Josef Bayer. In diese Ära fiel seine Entdeckung des berühmten Mesolithikums von Horn am Galgenberg und der Kamegger Paläolith-Station. „*Auch mit dem Forscher Krahuletz verbanden mich freundschaftliche Gefühle; oftmals waren wir beisammen und tauschten gegenseitig unsere Meinungen aus . . . Als Krahuletz gestorben war und seine Stelle anderweitig besetzt war, trübte sich mein Verhältnis zu Eggenburg sehr. Man wollte mir von dort aus meine Tätigkeit einstellen oder zum mindesten sollte ich unter der Kontrolle Eggenburgs arbeiten . . . Es regnete Gendarmerieanzeigen, Anzeigen an das Denkmalamt, an die Landesregierung und an andere offizielle Stellen; überdies wurden Zeitungsartikel am laufenden Band veröffentlicht.*"

Der Postbeamte Höbarth, solcherart zum Raubgräber gestempelt, dachte schon daran, seine Sammlungen zur Gänze an das Landesmu-

ÆTATIS SVÆ XXXXVI
A.D. MDCCCCXXXVII

seum in Wien abzutreten, als ihm der Gemeinderat von Horn zu Hilfe kam. Wenn Eggenburg ein Krahuletz-Museum hatte, warum sollte Horn nicht ein Höbarth-Museum gründen? Heute besitzt dieses Museum die größte urgeschichtliche Sammlung Niederösterreichs. Sie ist klar und anschaulich gegliedert, wird nicht als Überfülle, sondern in gefälliger Übersicht präsentiert. Neben den Vitrinen, dem jeweiligen Fundort entsprechend, hängen meisterhafte Fotos von Otto Tomann. Sie zeigen Höbarth in Aktion, auf der Jagd nach Altertümern; Höbarth vor dem Rest eines keltischen Töpferofens, am Rand einer freigelegten germanischen Siedlungsgrube, inmitten von Gräbern der älteren Eisenzeit. Während seine archäologischen Gehilfen mit freundlichem Stolz in die Kamera blicken, bleibt Höbarths Miene angestrengt düster. Der Jäger wittert weitere Spuren. Er weiß Bescheid über seine Fähigkeiten, aber auch über das Risiko, das seine Forschungen stets begleitet. Tatsächlich hat Josef Höbarth einige Grabungen unter Lebensgefahr absolviert:

*„So arbeitete ich einmal in der Teufelslucke, mutterseelenallein in der Winternacht. Obwohl es einige Grade unter Null hatte, war das Arbeiten in der Höhle ganz angenehm, da die Temperatur durch die Erdwärme erträglich war. Ich werkte unter einer Steinplatte, die so an die fünfzig Tonnen Gewicht haben mochte. Sie war unterhöhlt und lag auf so niedrigen Pfeilern, daß diese nur eine ausgestreckt liegende Haltung erlaubten. Es ergaben sich reichliche Knochenreste an Nashorn, Urpferd, Höhlenlöwen, Urrind und besonders zahlreich von der Höhlenhyäne. Ich hatte mit Eifer die ganze Nacht gearbeitet und die Ausbeute war reichlich. Aber im Übereifer hatte ich mir mit dem Sandmaterial den Ausgang verlegt und auch unter dem Körper reicherte sich der Sand an, so daß ich mit dem Kopfe nicht mehr in die Höhe konnte. Dabei überkam mich plötzlich das beängstigende Gefühl, die Platte senke sich und würde mich in wenigen Minuten zerquetschen. Im Moment ergriff mich fürchterliche Angst und die Schweißperlen rannen mir vom Körper. Wie jetzt dieser Todesgefahr entrinnen? Ich zwang mich, klar und nüchtern zu überlegen. In erster Linie mußte ich mich der Überkleider entledigen und nachdem ich nicht rücklings auskriechen konnte, versuchte ich, mich zu drehen, um mit dem Kopfe zum Ausgang zu gelangen. Es war eine sehr schwierige Sache. Obendrein erwartete ich jeden Augenblick das Niedergehen der Platte. Da der Einschlupf einige Meter lang war, konnte ich mir nicht anders helfen, als mit den Händen das Sandmaterial auszubaggern, um vorne etwas Luft zu bekommen. Nach mühevoller, schwerster Arbeit, von Angst gepeinigt, gelang es mir endlich, mich durchzuzwängen. Nun fühlte ich mich gerettet. Meine Kleider aber lagen drinnen; keine Macht der Welt hätte mich nochmals hineingebracht. Es blieb mir darum nichts anderes übrig, als mir von der angrenzenden Au eine Stange zu holen und so die Kleider herauszuziehen; ebenso Funde, die glücklicherweise auf einer kleinen Plache lagen . . .“*

Hallstattzeitliche Gefäße aus Gräbern in Maiersch

Aber auch die Grabungen im freien Gelände waren nicht ungefährlich. Mehr als einmal stürzten lockere Sandmassen auf den Schürfenden nieder und begruben ihn unter sich. Gewitter überraschten ihn im Gelände, und die Regengüsse zerstörten frisch ausgehobene Gräben und Gruben, schwemmten mühsam freigelegte Schichten hinweg. Doch in einzelnen Fällen hatte das Schlechtwetter auch sein Gutes: In der Siedlung auf der Holzwiese hatte Höbarth verkohlte Körnchen geborgen – Feldfrüchte, vermengt mit vielen Futter- und Getreidekörnern. Der seltene Fund enthielt unter anderem Linsen, zweierlei Wicken, Pferdebohnen, Weizen und Gerste. *„Ein Zufall brachte mich restlos in den Besitz dieses Fundes. Als ich abends wieder die Arbeitsstätte verließ, trübte sich der Himmel ein. Ich befürchtete nächtlichen Regen, der auch nicht aus-*

Gegenstände aus dem germanischen Alltag

*blieb. Am nächsten Morgen fand ich die Fundstelle bis oben mit Wasser erfüllt und auf der Oberfläche – Freude und Erstaunen war groß – schwammen alle prähistorischen Feldfrüchte. Das Wasser versickerte rasch und am nächsten Tage konnte ich die Wohnhütte restlos ausbeuten.*" Diese Schilderung ist mit ein Beleg für Höbarths lautere Denkweise. Es war ihm nicht nur darum zu tun, spektakuläre Funde zu tätigen, durch Riesengefäße oder Idolfiguren Aufsehen zu erregen; er strebte vor allem danach, das einfache, tägliche Leben der Vorzeit zu entschlüsseln. Die verkohlten Feldfrüchte hütete er deshalb wie einen Schatz, gaben sie ihm doch Aufschluß über Akkerbau und Viehzucht der Urbevölkerung. In verschiedenen Kulturschichten fand er ingsgesamt zweiunddreißig Feldfruchtbestände – und die dazupassenden Reibplatten in grober und feiner Ausführung. Höbarth konnte nachweisen, daß die Menschen der Spätbronzezeit das Getreide zuerst grob verschroteten und dann fein vermahlten. Weizenmehl streckten sie mit zerriebenen Eicheln. „*Die Holzwiese lieferte uns einige runde Platten aus Ton mit leicht aufgebogenem Saum. Wir haben es hier auf jeden Fall mit Backschüsseln zu tun, auf denen die Urmenschen auf offenem Feuer eine Art Brotfladen buken. Daß sie neben diesem Brot auch eine Art Brei gekocht haben, ist wohl anzunehmen. Ja, vielleicht hatten sie schon Küchenrezepte verschiedenster Art und waren vorgeschrittener, als wir ahnen.*"

Seinen Glauben an die Fortschrittlichkeit der Vorfahren sah Höbarth mehrfach bestätigt. Viele Bronzegegenstände, die im Waldviertel zutage kamen, sind Importware gewesen, waren durch Handelsbeziehungen und Tauschgeschäfte von auswärts bezogen worden. Höbarth konnte den Beweis erbringen, daß es auch bodenständige Bronzegießer und -schmiede gegeben hatte. Bei Ober-Ravelsbach entdeckte er einen Schmelzofen in der Form eines Backofens, zum Großteil eingestürzt, doch ließ er sich durch das noch erhaltene Material einwandfrei rekonstruieren. Das Zubehör: Reste von Gußformen, kindskopfgroße Knollen aus gebranntem Ton, die wahrscheinlich zum Verschließen der Zuglöcher dienten, Tonhaken zum Auflegen der Gußpfannen – und eine Serie von Hals- oder Barrenringen in roher Form. Der Bronzeschmied sollte diesen Halbfabrikaten wohl erst Gestalt verleihen. In verschiedenen Stationen traten Schlackenreste von Bronze und Eisen auf.

Die Schmiedekunst dürfte in jener Zeit als eines der edelsten Handwerke gegolten haben.

„*Nicht uninteressant sind auch die Töpferöfen. So fand sich in Baierdorf ein keltischer Töpferofen, der in mühevollster Arbeit zur Gänze im Original gehoben wurde und wohl als Unikum in unserem Museum zur Aufstellung gelangte. Eine Doppfelfeuerung war unterhalb einer Tonplatte angebracht. Die Platte, durchwegs mit Löchern, sogenannten Hitzpfeifen versehen, ermöglichte eine ausgezeichnete Brennung der Gefäße.*"

Immer gründlicher, immer professioneller vertiefte sich Höbarth in die Urgeschichte seiner Heimat. Bereits 1932 hatte er sich vom Postdienst beurlauben lassen, um als Kustos des Höbarth-Museums wirken zu können. Dafür nahm er auch eine Verringerung seines ohnehin schmächtigen Einkommens in Kauf. 1937 wurde er vorzeitig pensioniert. Während des Zweiten Weltkriegs setzte Höbarth seine Forschungen mehr oder minder ungestört fort. Auf freiwillige Helfer mußte er zwar verzichten – alle Wehrtauglichen wurden eingezogen –, aber ein französischer Kriegsgefangener namens Jean wurde Höbarth zugeteilt und machte den Verlust an heimischen Kräften wett. „*Da er sehr stark und fleißig war, wurde er mir und dem Museum zum größten Nutzen. Er war viereinhalb Jahre bei mir und erlernte hiebei gut den Waldviertler Dialekt, ich lernte von ihm ziemlich viel Französisch, nur gestaltete sich unsere Sprache so, daß sie kein*

*Deutscher und kein Franzose verstanden hätte ... Seine Sorgfalt galt dem Museum. Waren wir auf Grabung, so war seine Freude groß, wenn wir einen guten Fund gemacht hatten. Besonders stolz war er, wenn es ihm gelang, ein schönes Stück zu entdecken. Mit einem ‚Souvenir de moi' überreichte er mir das Gefundene. War es ein kleiner Gegenstand, ließ er mich oft raten, was es sei. Ich kann wohl behaupten, daß wir in der Zeit seiner Anwesenheit die größte Anzahl schönster Funde heimbrachten und sich Erfolg an Erfolg reihte, bis der Zusammenbruch dem Ganzen ein jähes Ende bereitete. Schweren Herzens verließ mich Jean. Er wollte durchaus, daß ich mit ihm nach Frankreich flüchte, was ich natürlich ablehnte ...*" Für Josef Höbarth begann eine sorgenschwere Zeit. Sicherlich hat er, wie die meisten seiner Mitbürger, für Hitler und den Nationalsozialismus gestimmt (doch darüber ist in Horn bis heute nichts Schlüssiges zu erfahren). Fest steht, daß die Gemeinde ihre regelmäßigen Zahlungen an den Kustos des Höbarth-Museums einstellte und erst 1947 vom Bundesdenkmalamt wieder dazu verpflichtet wurde. Höbarth, der Waldviertler Querkopf, harrte dennoch aus, führte seine Grabungen mit unvermindertem Eifer weiter – bis zur totalen körperlichen Erschöpfung.

Ehrungen erfuhr er erst, als er schon vom Tod gezeichnet war; den Professorentitel verlieh man ihm einen Monat vor seinem Ableben. Das letzte Foto, das Otto Tomann von ihm machte, zeigt ein abgemagertes, altersmüdes Gesicht. Nachdenklich und mild blickt Höbarth auf ein keramisches Gefäß, stellvertretend für seine ganze, in Jahrzehnten gewachsene Sammlung. Vom Krankenbett aus brachte er seine Erinnerungen zur Niederschrift. Das Schlußwort sollte tatsächlich seine letzte Aussage sein:

„*Oft, wenn ich durch das Museum wandere und die Fülle der urgeschichtlichen Objekte betrachte, wundere ich mich, ohne mich überheben zu wollen, über das Geleistete. Wenn man bedenkt, wieviele Gänge die Entdeckung einer Siedlung erfordert, das Auffinden der Hütten und Gruben, das mühevolle Ausgraben und Bergen der Hinterlassenschaft der Urbewohner, der Heimtransport, der von mir mit Ausnahme der ganz großen Stücke durchwegs im Rucksack erfolgte, das Reinigen, teilweise auch das Präparieren und Restaurieren der Unzahl von Gefäßen und die museale Aufstellung, so kann ich behaupten, keine geringe Lebensarbeit geleistet und so der Wissenschaft bestimmt gedient zu haben ...*

Das letzte Foto von Josef Höbarth

*Ich habe über fünfzig Jahre praktisch gearbeitet und vielleicht auch durch meine Bodenständigkeit mit der Heimaterde enger vertraut, ja geradezu verwurzelt, die Kraft herausgeholt, besser zu erkennen und logischer zu denken als viele meiner Gegner. Außerdem begab ich mich nie in das Reich der Phantasie, sondern blieb auf fester, realer Grundlage stehen ...*

*Sehr verpflichtet fühle ich mich den Bauern unserer Heimat, die mir oft durch außergewöhnliches Entgegenkommen große Dienste erwiesen haben und mir meine Tätigkeit erleichterten. Auch auf dem Gebiet der Volkskunde und der jüngsten Vergangenheit unserer Gegend haben sie mir viel Gutes erwiesen. So manches alte Hausratsstück schenkten sie dem Museum oder traten es gegen geringes Entgelt ab, wohl nicht zuletzt von dem Bewußtsein getragen, daß es dort für dauernde Zeit erhalten blieb für alle ...*

*Möge das Museum, dem seit seinem Bestand all mein Denken, Handeln und Sorgen gilt, auch weiterhin aufwärts steigen und sich für Heimat und Wissenschaft immer reicher und reicher entfalten. Mögen auch nach mir einst sorgende und schützende Hände in meinem Sinne weiterarbeiten und es so der Heimat zum Stolze und der Wissenschaft zu wertvollstem Dienste überantworten!*"

Josef Höbarth starb am 16. Dezember 1952 und wurde in einer von der Gemeinde Horn gestifteten Ehrengruft beigesetzt. Das Museum aber durfte sich nach seinem Wunsch immer reicher und reicher entfalten. Berufsarchäologen folgten den Spuren Höbarths, forschten die alten Fundstätten systematisch aus und entdeckten im Umkreis neue, ebenso ergiebige Plätze. Ihr wissenschaftlicher Ertrag kam dem Höbarth-Museum zugute, das Fachleuten und Laien gleicherweise viel zu bieten hat. Und ganz im Sinne seines Gründers wurde es 1973 in das ehemalige Bürgerspital von Horn übersiedelt, wo die Landes-Urgeschichte prächtig mit der Stadtgeschichte harmoniert. Das mittelalterliche Haus führt ein dezentes Eigenleben – die schönen Gewölbe, die tiefen Fensterleibungen schaffen eine geradezu wohnliche Atmosphäre für den Betrachter. Die Sammlung protzt nicht mit Masse und Vollständigkeit, sondern möchte durch eine klare Auswahl der Objekte vermitteln, eine Verbindung herstellen zwischen Vorzeit und Gegenwart. Ähnelt das Krahuletz-Museum mehr einem Raritätenkabinett, so bietet das Höbarth-Museum sachlichen Anschauungsunterricht – wie es gewesen ist oder gewesen sein könnte vor -zigtausend Jahren. Nicht gezeigt wird eine unscheinbare braune Holzkassette, die Hälften zugenagelt, die Vorderseite aus Glas; darin, säuberlich aneinandergereiht und fixiert, einige typische Kleinfunde – prähistorisches Nähzeug, einfacher Schmuck, Dinge für den täglichen Gebrauch. Hinter der Scheibe verblaßt ein Schriftzug: *„Meiner einstigen Schule gewidmet, Josef Höbarth Postoffizial.“* Wie oft war er beim Gang über die Felder auf solche Dinge gestoßen, und keiner außer ihm hat sie wahrgenommen! Er brauchte sich nur zu bükken nach dem, was die atmende Erde aus tieferen Schichten emporgeholt und der Regen reingewaschen hatte. Dann kam noch der Pflug, schob Steine und harte Brocken beiseite, lokkerte den Grund, legte den Schatz frei – doch nur er hat danach gegriffen.

Höbarth und Krahuletz: Sie haben die engere Heimat nie verlassen und dennoch ganze Erdzeitalter durchmessen. Sie haben den Boden bereitet, auf dem die Wissenschaft heute mehr denn je fündig wird. Für ihre Mitbürger waren sie Tagträumer und Wirrköpfe, vernarrt in Steine, Scherben, Schlacke und Knochen. Den „Brotgelehrten“ fielen sie oft unangenehm auf mit ihrem Lokalstolz und ihrer zänkischen Geheimnistuerei. Und doch zeichnete sie eine Fähigkeit aus, ohne die auch der Gescheiteste verkümmern müßte – die grenzenlos schöpferische Neugier, das besondere „Seh-Vermögen“, das im geringsten Bruchstück ein Ganzes zu erkennen vermag.

Leopold Laab ist ein ruhiger Nachfahre der beiden Heimatforscher. Den Oberleiserberg „teilt“ er völlig konfliktfrei mit Archäologen der Ur- und Frühgeschichte, die hier Frühjahr für Frühjahr eine längere Grabungsperiode abhalten. Bisher haben sie Spuren der bronzezeitlichen Wallanlage gesichert, drei Häuser aus dem ersten vorchristlichen Jahrhundert, einen herrschaftlichen germanischen Landsitz in spätrömischer Bauweise – und zuletzt zwei frühmittelalterliche Kirchen. An Regentagen oder am Abend trifft man sich in der Werkstatt des Tischlermeisters. Der öffnet bereitwillig seine Schränke und Laden, schichtet Kartons und Säckchen auf: die Ausbeute seiner Sammeltätigkeit. Auf der Werkbank liegen sie ausgebreitet, die Fibeln und Pfeilspitzen. Auch eiserne Sporen sind dabei und eine Pferdetrense. Drei Stücke von einem Beinkamm – einzeln in aufeinanderfolgenden Jahren gefunden: Laab hat festgestellt, daß sie zusammengehören. Ist der Kamm jetzt komplett? Nein, die Suche müßte noch weitergehen, doch ohne viel Hoffnung. *„Es ist ja schon ein Glück, wenn man nach rund zweitausend Jahren etwas findet, was damals in Gebrauch war.“*

Zwischen Hobel und Hammer nehmen sich Wetzstein und Spinnwirtel zeitlos-nützlich aus. *„Und da gibt es Spinnwirtel, die verziert sind. Sehen Sie die feinen Linien? Das waren keine Primitiven!“* Immer wieder Staunen über die Begabung derer, die *„so lange vor uns waren“*.

Leopold Laabs Zugang zu der Vergangenheit: Seine Hände begreifen den Sinn der alten Form, sie sprechen mit den Dingen aus Stein, Bronze und Eisen. Unter seinen kundigen Blikken werden sie noch einmal gebrauchsfertig gemacht, er weiß, warum sie so und nicht anders aussehen müssen. Dem Handwerker ist sie selbstverständlich, die Schönheit aus der Funktion: *„Und das waren ja auch Handwerker damals, die haben sich ja auch etwas gedacht.“* Verbundenheit über Jahrtausende mit den Erzeugnissen und ihren Erzeugern. Eine genaue Datierung und Zuordnung steuern die Wissenschafter bei; Leopold Laab registriert sie, wichtig sind sie

für ihn nicht – sein Verständnis braucht keine Etiketten.

Natürlich kennt er die Sammlungen von Johann Krahuletz und Josef Höbarth. Seine Funde würden nicht für ein Museum reichen. Ein wenig Neid klingt mit. Wird die Spurensuche nicht immer schwieriger? Als die Franz-Josephs-Bahn gebaut wurde, konnte Krahuletz noch nebenher graben. Wenn heute eine Erdbewegung geschieht, im Steinbruch oder querfeldein für eine neue Straße, wühlen die Maschinen den Grund nur auf und schütten ihn gleich wieder zu. Dem Oberleiserberg kann glücklicherweise nichts passieren, er wurde unter Schutz gestellt – wegen seiner seltenen Vegetation und seines fundreichen Bodens. Also wird Leopold Laab noch viele Male hinaufsteigen, um über „sein“ Feld zu wandern und etwas, irgend etwas zu finden, das die Zeiten überdauert hat. Und was wird von uns bleiben? *„Ob da etwas wertvoll ist und gesammelt werden wird? Ich zweifle daran.“*

Der Tischler und Hobby-Archäologe Leopold Laab in seiner Werkstatt

rung. Für den, der sie damals in den Brunnen geworfen hat (oder ist sie ihm entfallen?), hatte die Münze nur geringen Wert, für die Archäologen aber entpuppt sie sich als ein Musterexemplar ihrer Art. Vielleicht birgt der Schlamm noch weitere Schätze? Und der Brunnen selbst ist Schatz genug. Vierzehn Tage lang wird die Vergangenheit aufgewühlt, dann stirbt sie zum zweiten Mal. Dann wird das Wasser abgepumpt, der Brunnenschacht zugeschüttet, mit Beton versiegelt – und außer vereinzelten Funden existiert nur noch der wissenschaftliche Befund. „Notgrabung" nennt man das, ein schmerzlich treffendes Wort.

Vom Klima und seiner geographischen Lage her war Niederösterreich seit jeher als Siedlungsgebiet begünstigt. Schon seit dem 6. Jahrtausend v. Chr., mit Beginn des Ackerbaus, hat der Mensch formend und gestaltend in diese Naturlandschaft eingegriffen und sie kultiviert. Spuren vielfältiger Tätigkeit blieben bis zum heutigen Tag erhalten, sie haben sich dem Boden eingeprägt: Spuren von Wohnbauten, Befestigungen, Kultplätzen und Friedhöfen, aber auch die Konturen der Straßen und Wege. Zusammen mit den Fundgegenständen wie Gefäßen, Werkzeugen, Waffen und Schmuck ergeben sie ein detailreiches Bild der Geschichte vor der Geschichte. Die „Quellen der Urgeschichtsforschung" haben noch keinen schriftlichen Rückhalt, doch sie sprechen in einer gewissermaßen ur-menschlichen Sprache zu uns. Funde und Befunde bilden eine Beweiskette für Alltagsleben und Sozialverhalten, für Fähigkeiten und Fertigkeiten, kurz für alle Façetten menschlicher Existenz. Und wer gelernt hat, die Dinge nicht nur zu betrachten, sondern sie wirklich anzuschauen, wird auch eine Ahnung von der Gefühlswelt bekommen, der sie entstammen.

*„Leider sind diese Quellen, wenngleich sie auch in relativ großer Zahl erhalten sind – vergessen wir nicht, daß jedes einzelne menschliche Individuum im Laufe der Geschichte eine Reihe solcher Spuren hinterlassen hat –, durch die moderne technische Fähigkeit des Menschen, sich die Erde untertan zu machen, aufs äußerste bedroht."*[10] Eine Fähigkeit, die in den meisten Fällen zur Zerstörung von ur- und frühgeschichtlichen Fundplätzen führt. Unter fruchtbarem Humus liegen oft mehrere Kulturschichten, und der gesunde Boden hat sie über Jahrtausende hin konserviert. Jetzt verschwinden sie endgültig unter Asphalt und Beton. Straßen- und Kanalbauten, Steinbrüche, Schottergruben, Reihensiedlungen und Industrieareale breiten sich aus, versperren den Zugang zur Vorzeit. Selten, ganz selten fahren die Bagger im Sold der Wissenschaft . . . Auch die moderne Landwirtschaft schadet den Bodendenkmalen: Tiefgehende Pflugmaschinen zerstören alle ur- und frühgeschichtlichen Spuren, die sich einen halben Meter unter der Erde befinden, und der bedenkenlos ausgestreute Kunstdünger vergiftet nicht nur den Humus, sondern zersetzt auch die Metallfunde.

Nach einer Definition des griechischen Historikers Thukydides bedeutet Archäologie „Erforschung der Anfänge". Diese Erforschung gleicht – immer noch – einem detektivischen Abenteuer. „Detektive mit dem Spaten" hat man die Archäologen oft genannt und etwas geringschätzig von einer „Spatenwissenschaft" gesprochen. Nun gehört der Spaten längst nicht mehr zum technischen Rüstzeug der Archäologen; sogar die illegalen, die „wilden Sammler", bedienen sich bereits hochentwickelter elektronischer Suchgeräte. Die Methodik hat sich gewandelt, nicht aber die Motivation. Jeder Wissenschafter sollte bestrebt sein, einer Sache auf den Grund zu gehen – für den Archäologen ist diese Forderung handgreifliche Realität. Seine Sache ist der Urgrund der Menschheitsgeschichte. Trotz aller technischen Hilfen braucht er nach wie vor den Spürsinn eines Sherlock Holmes und die Phantasie eines Robinson. Trotz aller Beobachtungen und Berechnungen spielt der Zufall eine wichtige Rolle. Jede Grabung kann – theoretisch – das bisherige Geschichtsbild verändern, schon ein Fund kann das bisher Gedachte in Frage stellen, ein Fund – wenn, ja, wenn er dem Forschenden in die Hände fällt. Mit dieser Ungewißheit lebt der Archäologe, durch sie wird seine Arbeit zum Abenteuer. Hat er den richtigen Punkt gewählt, um zu den „Quellen" vordringen zu können? Wird es ein Ziel geben, das den Weg in die Tiefe lohnt? Und wann wird er es erreichen? Heute oder morgen – kein Zeitmaß für ihn. Zwischen seinem Gestern und dem Heute liegen Jahrtausende! Wie verrückt und widersinnig, daß auch der Fährtensucher der Vergangenheit immer häufiger unter Zeitdruck gerät, daß Notgrabungen ihn verstärkt in Zeitnot bringen –, bis zuletzt im Wettlauf mit der Zeit die Forschung auf der Strecke bleibt. Gegen Rollkommandos des Straßenbaus sind nicht einmal die Römer in Carnuntum oder die Kelten auf dem Dürrnberg gefeit. Selbst vor Österreichs bekanntesten Fundstätten machen die Planierraupen nicht halt; welchen Schutz können die Archäologen da für ihre unzähligen kleineren Unternehmungen erwarten? Zum Sehen geboren, zum Sammeln bestellt – so lautete das Lebensmotto der begabten Einzelgänger Höbarth und Krahuletz. Mit ihren beschaulichen Streifzügen, ihren einsamen Exkursionen läßt sich eine moderne Grabung nicht vergleichen. Archäologie heute – das ist Teamwork, rationell organisierte Gruppenarbeit, die in knapper Frist getan wird. Einst konnte Johann Krahuletz den Bau der Franz-Josephs-Bahn archäologisch begleiten oder vom Ausbau des Kamptals als Sammler profitieren. Heute treiben die Maschinen die Wissenschaftler vor sich her; immer schneller, immer tiefgreifender, immer großflächiger zerstören sie allfällige Spuren im Gelände.

Notgrabung – das klingt wie ein Hilferuf: SOS für die Vergangenheit! Aber wer haftet dafür? In Österreich ist es der Staat, meist auf dem Umweg über das ohnehin schwach dotierte Bundesdenkmalamt. Anderswo, in der Schweiz, in den USA muß der Verursacher einer solchen Notgrabung die Kosten tragen, die ja lediglich einen Bruchteil der Bausumme ausmachen. Am wichtigsten wäre es jedoch, die Archäologen rechtzeitig zu informieren, das heißt, in die Planung größerer Bauvorhaben einzubinden. Nur dann wird eine Rettungsaktion sinnvoll ablaufen, kann auch die Planung noch geändert, etwa die Trasse einer Straße verlegt werden. Flächenwidmungspläne halten jeden Quadratmeter unseres Bodens fest – und das, was mit ihm geschehen soll. Um hier entsprechend eingreifen zu können, muß der Archäologe im Sinne der vorsorgenden Denkmalpflege zuerst einen Fundstättenkataster erstellen. Ein Fundstättenkataster beinhaltet alle bis dato bekannten Fundplätze – also die sichtbaren Bodendenkmale, Grabhügel, Befestigungen usw., aber auch die in der Erde verborgenen unsichtbaren Bodendenkmale. Nur die Umwandlung des betroffenen Gebiets in eine Schutzzone bewahrt diese Fundplätze vor der Zerstörung.

Wie kommt man zu einem Fundstättenkataster? – Er ist das Ergebnis einer vielfältigen Spurensuche. Sie beginnt, wie von altersher, mit dem Gang übers Feld, mit der genauen Beobachtung des Bodens und dem Aufsammeln von Funden. Schon Krahuletz hat diese Fundplätze akkurat beschrieben und in vorhandene Karten eingetragen.

Spurensuche heute wird durch den Einsatz technischer Hilfsmittel erweitert. Der moderne Archäologe betreibt seine Prospektion auch aus der Luft, bedient sich aller Möglichkeiten der Luftbildtechnik – doch davon später. Dann gibt es noch geophysikalische Methoden: Jede zugeschüttete Grube, jedes Pfostenloch wird als Anomalie der Bodenstruktur registriert und über Computerprogramme planmäßig ausgewertet. Hier spielt die geoelektrische Untersuchung, zum Beispiel Bodenradar, eine wichtige Rolle. Bei all diesen Methoden werden umfangreiche Rechenprogramme ausgearbeitet und den Zentralcomputern der Technischen Universität Wien eingegeben. Dennoch bleibt die alte Feldforschung für den Archäologen unentbehrlich, denn er kann nur mit Hilfe der Funde datieren. Die Karteien des Bundesdenkmalamtes speichern alle Fundangaben, wie es Johann Gabriel Seidl einst gefordert hatte, und bis zum heutigen Tag erscheinen die jährlichen Fundmeldungen in den „Fundberichten aus Österreich". So erwächst aus vielen Informationen ein Fundstättenkataster. Zusätzlich werden Schwerpunktprogramme der Forschung in mehrjährigem Turnus realisiert – wie etwa das Kamptalprojekt. Die interdisziplinäre Zusammenarbeit verschiedenster Fachbereiche aus Natur- und Geisteswissenschaft führt dann zur umfassenden Siedlungs- und Kulturgeschichte eines streng abgegrenzten Gebiets, einer schon historisch fest umrissenen Region. In Studien und Grabungskampagnen sollen Historiker und Archäologen die geschichtliche Kontinuität dieser Region möglichst lückenlos dokumentieren und an die Gegenwart anschließen. Wissenschafter stellen sich die Frage: Was kann man in einer bestimmte Zeit, unter Anwendung aller modernen Methoden und Mittel aus einer Landschaft herausbekommen? Sie möchten aber auch die heutigen Bewohner dieser Landschaft zu eigenen Fragen anregen: Woher kommen wir? Wie haben wir gelebt? Wer hat das Land gerodet und bebaut, auf dem wir heute wohnen?

Über der Holzwiese waltet ein guter Stern oder, besser gesagt, ein segensreicher Fluch. Seit die Babenberger im 11. Jahrhundert an diesem Ort Krieg geführt, etliche Slawen niedergemetzelt und schließlich die gesamte Einwohnerschaft vertrieben hatten, wurde die große Lichtung nicht mehr besiedelt. Über das unselige

Gars-Thunau: Blick vom Manhartsberg auf den Gföhler Wald
Gars-Thunau: Rekonstruktion des Torturmes der Slawenfestung im Maßstab 1:1. Ansicht von außen (rechte Seite) und von innen (unten)

Ende wuchs Gras, längst verwischt waren die Spuren noch älterer Kultivierung –, der traditionsreiche Grund wurde nur noch von einzelnen Bauern aus dem Kamptal gepflügt. Erst Josef Höbarth durchbrach den Bann des Vergessens und eröffnete der Ur- und Frühgeschichte ein weites Feld. Jeden Sommer beginnt ein Archäologen-Team unter der Leitung von Herwig Friesinger an einem anderen Punkt zu graben, und die Erfolge der letzten zwanzig Jahre lassen sich offenbar ungehemmt prolongieren. Mittlerweile haben die Archäologen im nahen Wald ein festes Lager gebaut, aus Zelten, Bretterverschlägen und primitiven Hütten rund um eine offene Feuerstelle. Sie führen ein herzhaft-rustikales Pionierleben, bei Sonnenschein und Regenschauern – und haben sich zumindest daran gewöhnt, daß ihr wechselnder Arbeitsplatz selten Komfort bietet. Tatsächlich zieht der Troß der Ausgräber im Verlauf eines Sommers von einer Grabung zur andern. Allein im Kamptal gilt es, fünf Orte zu betreuen, da entfallen nur wenige Wochen auf eine Kampagne. Umso intensiver müssen die technischen Hilfsmittel genützt werden. Herrschen im Archäologen-Camp auch muntere Urständ', auf der Grabung regiert das Instrumentarium des 20. Jahrhunderts.

Jener Teil der Holzwiese, der partienweise freigelegt wurde, sieht aus wie ein riesiges Reißbrett. Exaktheit und Sauberkeit sind oberstes Gebot. Das jeweilige Grabungsniveau wird ständig gereinigt, mit Pinsel, Spachtel und Kompressor, der den feinen fliegenden Staub absaugt. Zeichner und Fotografen registrieren jede Phase der Erdbewegung. Spezialkameras, auf hohen Gerüsten montiert, ermöglichen Senkrechtaufnahmen, die für die nachträgliche Berechnung und Auswertung des lokalen Befundes herangezogen werden. Meßschnüre spannen sich kreuz und quer über die eingesenkte Fläche. Auf Millimeterpapier trägt eine Studentin die Situierung aller Funde ein, die sich allmählich aus dem Boden herausschälen: das Skelett eines Bärenschädels, ein geborstener Mühlstein, die Reste eines Backofens – endlich auch ein Holzbalken. Die Anzeichen für eine ertragreiche Fundstätte mehren sich, und zusehends erwacht in den Archäologen die alte kindliche Entdeckerfreude. Technik – gut und schön, aber wenn etwas Interessantes zum Vorschein kommt, läßt man doch die Geräte fallen und greift mit bloßen Händen zu, und das Reißbrett verwandelt sich für Augenblicke in eine Spielwiese.

Grabung auf der Holzwiese im Kamptal

Äußerlich betrachtet, sind die Archäologen eine launige Schar, braungebrannte Freiluftmenschen, leger im Umgang und in der Kleidung. Mädchen und Burschen teilen sich die leichte wie die schwere Arbeit. Archäologie ist Gemeinschaftsarbeit, eine systematische Grabung kann nur von einem Kollektiv bewältigt werden. Zu diesem Kollektiv treten noch Wissenschafter anderer Fachrichtungen hinzu, Anthropologen und Paläontologen, die sich direkt am Fundort mit den Ergebnissen auseinandersetzen. Monate danach, über Herbst und Winter hin, werden aus all diesen Freiluftmenschen notgedrungen Stubenhocker, denn die eigentliche Forschung geschieht im Labor, in der Präparation, am Computer . . . Bei der Grabung aber geht es darum, die Materialien der Vergangenheit zu bergen und fürs erste zu konservieren, sie zumindest transportfähig zu machen. Tragkörbe und Obststeigen füllen sich mit Scherben und Knochen; im Wohnlager werden sie sortiert, gewaschen, gezählt und zugeordnet. Die Anthropologen vermessen menschliche Skelettreste, die Paläontologen Tierknochen aus den stets so ergiebigen prähistorischen Abfallgruben. Restauratoren sitzen im Freien an langen Tischen, vor sich ganze Kollektionen von Keramik und Metall. Splitter und Bruchstücke, die sie zunächst versuchsweise angleichen und zusammenfügen. Wenn sie Glück haben, nimmt das tönerne Puzzle sogar schon die Gestalt einer Schale, eines Kruges an. Aus der richtigen Reihung einzelner loser Scherben läßt sich die ursprüngliche

Erste Arbeiten am Fundort: Sammeln, Ordnen und Restaurieren im Freien

Gefäßform errechnen. Das Sammelsurium auf den Tischen: Plastikwannen, mit Sand gefüllt, in dem noch unbearbeitete Keramikbrüche stekken, Dosen mit Leim, Bindemittel und Farbe, Spachteln, Schmirgelpapier und Pinsel. Zuletzt färbt eine Restauratorin die grellweißen Gipsflecken ein. Am Ende einer Grabungsperiode gleicht das Lager einem Töpfermarkt. Die Bronze- und Eisenfunde – Nägel, Schlüssel, Fibeln, Werkzeug und Waffen – können nur vom gröbsten Schmutz und Rost befreit werden, ihre Bearbeitung erfolgt im Labor, aber auch in der Röntgenkammer. Holz zu konservieren bereitet die meisten Schwierigkeiten. Ab dem Zeitpunkt, da ein Holzfund zutage tritt, muß er konstant feucht gehalten werden, um nicht augenblicklich zu zerfallen, zu verwittern. Holz, der älteste Bau- und Werkstoff, gehört von Anbeginn zum Alltag des Menschen. Selten war es „für die Ewigkeit" bestimmt, für Kultobjekte und Denkmale, die den Lebenden überdauern sollten. Aus Holz waren die Dinge des täglichen Leben geschnitzt – der Pfosten, der das Haus stützte, der Balken, der das Dach trug; aus Holz waren Löffel, Becher und Schüsseln, Kämme, Seile und Schreibtäfelchen. Gerade die schlichten Gegenstände erzählen in vertrauter Weise von menschlichem Tun und Handeln, vom Sein und von der Vergänglichkeit. Unmittelbar berührt ihre Form, weil sie sich in Zeitläufen nicht geändert hat, und vor allem berührt die Tatsache, daß sich diese leicht verletzbare Materie, dieses nützlich-wertlose Gebrauchsgut, erhalten hat. Funde aus Holz werden oft jahrelang in Wasser und in chemische Laugen gebettet, dann gehärtet und so gründlich präpariert, bis sie von Schädlingen befreit und schließlich dauerhaft konserviert sind.

Der Balken auf der Holzwiese ragt halb aus dem Erdreich, er muß erst vom Untergrund losgelöst werden. Die Archäologen wickeln den angefeuchteten Stamm in Alufolie und besprühen das Ganze mit einer Kunststoffmasse. Sobald das schäumende Gemisch erstarrt, können sie den Holzbalken, der jetzt in einer festen Form ruht, vom Boden schneiden und unverzüglich fortschaffen.

Wohin kommen die Funde, wenn eine Grabung abgeschlossen ist, und was geschieht mit ihnen?

Das Institut für Ur- und Frühgeschichte der Universität Wien wendet mannigfaltige Methoden zur Auswertung und Bestimmung an. Zu erfassen ist der Zustand eines Objekts, aber auch seine Substanz; anzustreben ist die Rekonstruktion ebenso wie die Analyse. Ein Fund steht nicht für sich allein. Er gibt Aufschluß über den Ort seiner Herkunft, über das Umfeld einer Grabung. Ein Fund ist Teil des Befunds. Natürlich freut sich auch der Archäologe über ein besonders schönes Stück, und doch wird er sich mehr um die Schicht als um den Schatz bemühen. Der Befund, das heißt, die systematische Erhebung und theoretische Beschreibung eines erforschten Gebiets, bringt die Geschichtswissenschaft weiter als irgendein goldglänzender

lich zusammen. Diese Analysen geben aber auch dem Restaurator Anhaltspunkte, wie er bei der Ausbesserung und Konservierung des Fundes verfahren sollte.

Ist ein Fund auf alle Daten und Fakten hin geprüft, durchleuchtet, ausgewertet, ist er beschrieben, skizziert und fotografiert, so stellt sich vielleicht heraus, daß er ergänzt oder erheblich restauriert werden müßte. Die meisten Zeugnisse der Ur- und Frühgeschichte sind stark versehrt, oft bis zur Unkenntlichkeit verstümmelt. Beigaben aus Brandgräbern weisen die ärgsten Defekte auf. In einem germanischen Brandgrab bei Laa an der Thaya wurde ein spektakulär großer Klumpen geborgen, zwölf Kilo schwer, bestehend aus mehreren Elementen: einem Schildbuckel, einem Schwert, der Urne selbst und vier oder fünf Bronzegefäßen, einem Henkelring und verschiedenen Kleinfunden – das alles restlos verbogen, ineinander verkeilt, zusammengeschmolzen. Jedes dieser Elemente wäre für sich interessant und aufschlußreich –, aber wer könnte den gordischen Knoten entwirren, ohne ihn zu zerschlagen? In derartig heiklen Fällen kennt der Archäologe nur einen Ausweg, und der führt nach Mainz, ins Römisch-Germanische Zentralmuseum.

In den Schauräumen häufen sich die berühmtesten Funde, von der Urzeit bis zum Mittelalter. Und wäre die Sammlung nicht so seriös, es anzuschreiben, kein Besucher würde erkennen, daß es sich hier ausschließlich um originalgetreue Kopien handelt. Schon 1852, am Beginn der großen archäologischen Feldzüge, wurde das Museum eigens für diesen Zweck gegründet. Ahnte man den Konkurrenzkampf voraus, der sich zwischen den Nationen und, auf wissenschaftlicher Ebene, zwischen den Staatssammlungen und Nationalmuseen abspielen sollte? Das Römisch-Germanische Zentralmuseum war von Anfang an als zentrale Anlaufstelle konzipiert, als Reparatur- und Restaurierwerkstätte für alle Museen Deutschlands. Denn bedeutender noch als die Schausammlung war und ist der Betrieb hinter den Kulissen. Dort werden nicht nur die hauseigenen Repliken hergestellt, dort werden in hochspezialisierten Verfahren beschädigte Fundobjekte saniert. Heute haben die Mainzer Werkstätten Weltruf, und auf ihrer (langen) Warteliste stehen Kunden aus ganz Europa und Übersee. Auch die österreichischen Archäologen wenden sich mit heiklen Funden an die Fachleute in Mainz.

Zusammengeschmolzener Waffenfund aus einem Brandgrab aus Laa/Thaya

Europas größte Restaurierwerkstätte: Das Römisch-Germanische Zentralmuseum in Mainz

Rechte Seite: Bearbeitung von Originalen aus Ton, Glas und Metall

Reinigung und Konservierung einer antiken Fischreuse

Den Berufstitel „archäologischer Restaurator" gibt es nicht, doch wer im Zentralmuseum ausgebildet wurde, gilt als Experte. „Lehrer" und „Schüler" sind stolz darauf, daß sie vielfach ohne chemische Hilfsmittel auskommen und auch komplizierte Behandlungen mit selbstgefertigtem Werkzeug durchführen. Kein Material, das nicht durch ihre Hände geht. Sie behandeln Glas und Eisen, Bronze und Holz, Keramik und Leder. Sie kitten römische Gläser, entkrusten Metallspiegel, modellieren Goldfibeln. Aus Kautschuk und Gips schälen sie Bronzeabgüsse antiker Skulpturen. Statuen und Reliefs aus Marmor werden täuschend ähnlich in Kunststoff reproduziert, auch Elfenbein wird in Plastik nachgeformt; nur Gold bleibt immer Gold. Die Restauratoren von Mainz retten Originale und stellen originalgetreue Kopien her, deren Ausführung oft ebensoviel Mühe bereitet wie die Arbeit am echten Objekt. Sie üben ein künstlerisches Handwerk aus – mit wissenschaftlicher Akribie und technischer Perfektion. Das Ergebnis: Nachbildungen, die kein Außenstehender vom originalen Vorbild unterscheiden kann, – und behutsam restaurierte Funde, die erst durch diese Bearbeitung an Wert gewinnen. Auch das Konglomerat aus Laa an der Thaya wird sich in seine Bestandteile auflösen, wird nach langwierigen Prozessen entwirrt und geordnet Mainz verlassen, um als attraktives Fundensemble wiederzukehren.

Was ist ein geschlossener Fund und warum ist er für den Fachmann so wichtig? Sagt eine Schale weniger über seinen Besitzer aus als ein komplettes Service? Suchen wir die Erklärung im eigenen Lebensbereich: Für ein längst fälliges Familientreffen wird der Tisch gedeckt. Tassen, Teller, Kaffeekanne, Zuckerdose, Silberlöffel – ja, die sind älter, stammen noch aus dem Hausrat der Großmutter. Stellen wir uns nun vor, dieses Arrangement fiele dermaleinst einem Archäologen in die Hände. Er würde versuchen herauszufinden, was man gegessen und getrunken hat und er würde Spuren und Gegenstände mit dem Anlaß kombinieren. Aus bestimmten Gründen hat man gemeinsam getafelt, gemeinsam dies und jenes verzehrt und dabei diesen und jenen Gegenstand benützt. Die älteren Silberlöffel brächten den Archäologen dabei nicht aus dem Konzept, denn er wüßte, daß Dinge eine ungebundene Lebenszeit haben, daß nur das jüngste Stück als Teil eines geschlossenen Fundes die Chronologie „macht". Aus der

Ein Kunstwerk wird nachvollzogen: die Wittislinger Bügelfibel

Rechte Seite: Herstellung originalgetreuer Repliken und Kopien

Rechte Seite oben: Nachbildung einer antiken Skulptur in Pfauengestalt

Rechte Seite Mitte: Gold kann durch keinen anderen Werkstoff ersetzt werden

Rechte Seite unten: Keltischer Goldhelm, Original und Nachbildung; der Helm in Röntgenaufnahme

Summe der Vergleiche solcher geschlossenen Funde ergibt sich eine Art Leitersystem, ein tragfähiges Netz. Und die Verbreitungskarte zeigt, was in welcher Gegend einmal Mode war, was importiert beziehungsweise in andere Gegenden exportiert wurde.

Dinge beantworten also gezielte Fragen nach dem Menschen, der vor uns war. Deutlicher, gegenständlicher wird dieser Mensch nur in den Studiensälen und Werkstätten der Anthropologie. Da ist er, der Stoff, aus dem wir alle sind. Am Skelett, im Leichenbrand erkennt der Anthropologe nicht nur Alter und Geschlecht, er nimmt auch Krankheiten wahr, Unfälle, ärztliche Kunstfehler. Ein abgenützter Wirbel, ein kariöser Zahn, ein schlecht verheilter Bruch enthüllen allgemeine Lebensumstände und physische Besonderheiten einer Population. Aus sterblichen Überresten erwächst „beinharter" Anschauungsunterricht.

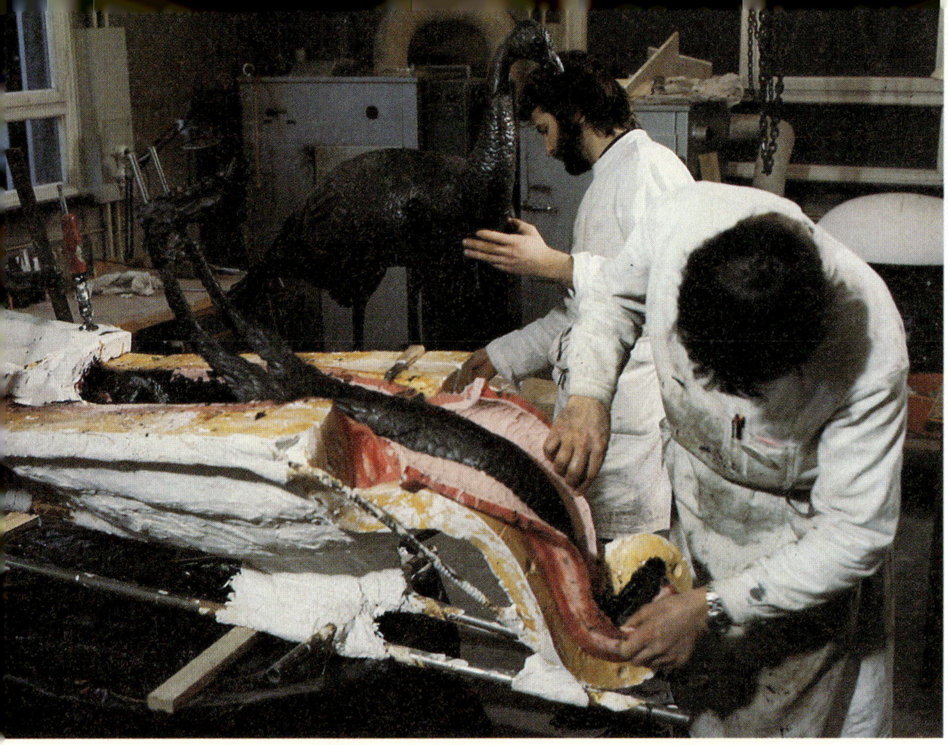
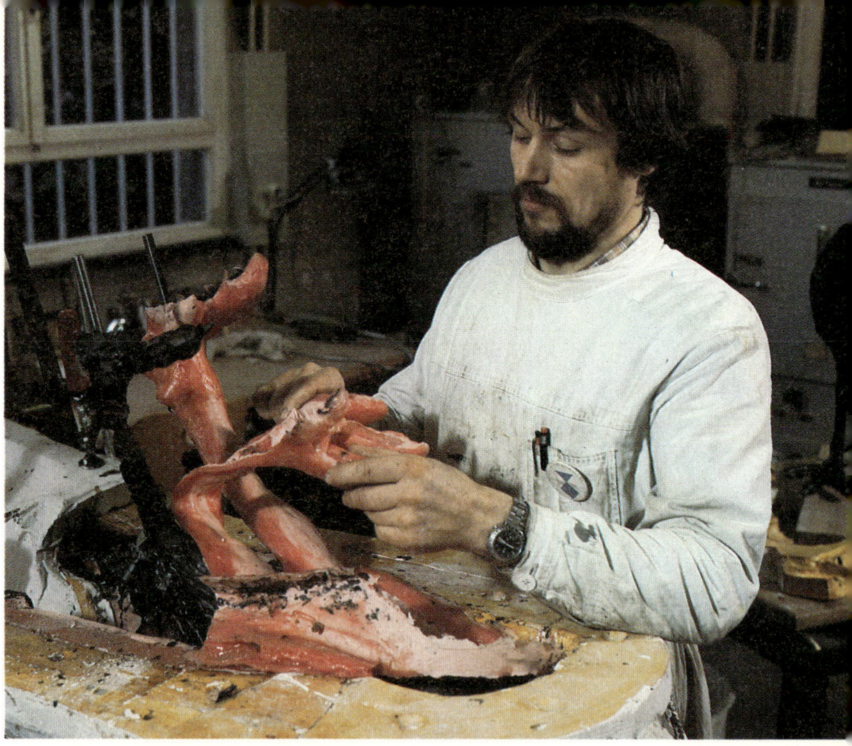

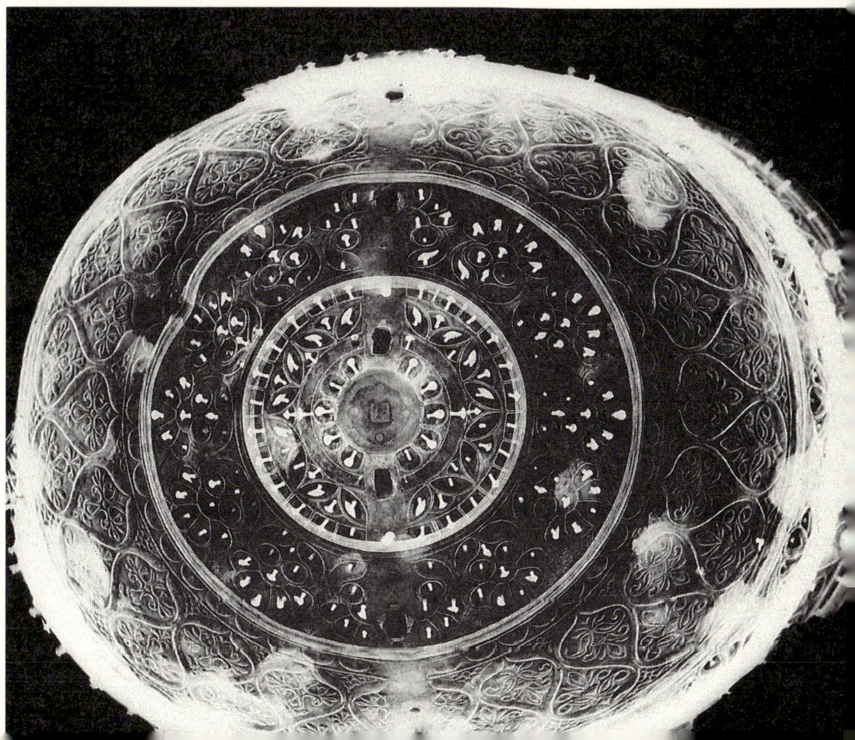

# IM FLUG ÜBER DIE VERGANGENHEIT

Woher kommen wir? Wie haben wir gelebt? Wie hat die Welt ausgesehen vor weiß Gott wievielen Jahren? Naive Fragen, die der Laie an den Fachmann richtet, den Historiker, den Archäologen. Wir alle möchten wissen, wie es damals war, wir möchten uns von der Vergangenheit ein Bild machen. Aber je weiter wir zurückschauen, desto blasser wird das Bild, desto unschärfer die Gestalt, in der wir uns erkennen wollen. Gibt es etwas Gemeinsames zwischen uns und einem Zeitgenossen Severins oder Karls des Großen? Denn wir suchen doch immer Anhaltspunkte, Vergleichsmöglichkeiten –, und letztlich scheint die Vergangenheit ein geistiges Produkt der wechselnden Gegenwart zu sein. Was aber ist mit der Zeit davor, der schriftlosen, in der die Menschen für uns keinen Namen tragen? Da versagt das (Spiegel-)Bild endgültig, und wir sind auf die „Erzählkunst" des Geschichtsforschers angewiesen. Er vermag mit spärlichen Fakten Gedankenspiele zu treiben, karge Bruchstücke so zu legen, daß ein Lebensmuster entsteht.

Warum wird man Archäologe? Es müssen wohl dieselben Fragen mitbestimmend wirken, darüber hinaus die Lust an der Spurensuche und der unbändige Wille, selbst Antworten zu finden. Der Archäologe ist Kriminalist aus Neigung, ist Fährtenjäger und Schatzgräber mit wissenschaftlicher Legitimation. Diese Legitimation hat in Österreich ihre Tücken. Nach akademischer Auslegung darf sich nur Archäologe nennen, wer sich mit der Antike befaßt, konkret, wer hierzulande das römische Provinzialreich erforscht. Doch der Prähistoriker oder Frühmittelalter-Experte übt die gleiche Tätigkeit aus, und der Eisenzeit wie der Völkerwanderung kommt man nur mit archäologischem Rüstzeug auf die Spur. Für uns sind daher die Vertreter der Ur- und Frühgeschichte, die auf der Holzwiese graben, schlicht und einfach Archäologen. Was trennt den Historiker vom Archäologen? Der Historiker greift auf schriftliche Quellen zurück, auf Urkunden, Namensverzeichnisse, Stammbäume, Chroniken, aber auch auf solche Dinge, die der Laie gar nicht als historische Quellen erkennt, wie Gerichtsakten, Privatbriefe und vieles anderes, ja sogar Einkaufslisten von Klöstern. Auch in tendenziöser Geschichtsschreibung – Taten waren zu preisen und Feinde zu verteufeln –, auch in der Tatsachen-Fälschung steckt Wirklichkeit, nicht die ganze, aber ein Quantum Wahrheit, wie es gewesen ist. Und so kann der Historiker politische Zusammenhänge und Herrschaftsverhältnisse enthüllen, er kommuniziert mit den Machthabern einer Zeit – und mit seinesgleichen, dem Chronisten, dem frühen Geschichtsschreiber. Dem Archäologen hilft kein Chronist. Die Erde ist ein stummes Buch, er selbst muß die Seiten, die er aufschlägt, die Schichten, die er freilegt, zum Sprechen bringen. Der Wissenschafter, der sich mit urgeschichtlichen Zeitläufen beschäftigt, kann überhaupt nie zu einem Individuum vordringen, dem Frühmittelalterarchäologen gelingt dies äußerst selten. Es ist schon ein großer Glücksfall, ein Grab zu entdecken, das einer bestimmten Persönlichkeit zugeordnet werden kann. Ein solcher Glücksfall war die Auffindung eines Fürstengrabes, in dem der Tote einen Ring an der Hand trug mit der Aufschrift „Childerich rex" und damit der Beweis erbracht war, daß dieser Tote der Merowingerkönig Childerich war. Aber wie oft kommt so etwas vor? Der Archäologe heimst Realien ein, aber besitzt er damit auch verläßliche Bausteine, signifikante Beweisstücke für eine Kultur, eine Sozietät? Dinge können keine Geschichtslügen verbreiten, doch sie müssen nicht immer die gewisse Lücke schließen. Oft klärt erst der nächste Fund über die Bedeutung des vorangegangenen auf, und jede neue Entdeckung kann einen Umsturz bringen. Der Zufall als Notwendigkeit, das Risiko als Arbeitselixier. Aus Bodenfunden kann man keine politische Geschichte schreiben. Heute sieht sich der Archäologe außerdem in die Rolle eines Arztes versetzt. Sein Patient ist die Landschaft, in der er gräbt oder zu graben wünscht. Um die Zerstörung wertvoller wissenschaftlicher Funde und Befunde zu verhindern, führt der Archäologe Voruntersuchungen durch, die unter dem Begriff Prospektion zusammengefaßt werden. Er wird das bedrohte Areal eingrenzen und genau vermessen, er wird seinem Patienten mit geophysikalischen und chemischen Analysemethoden zu Leibe rücken, Röntgen und Radar bemühen. Auch im archäologischen Bereich gibt es akute Notfälle, und zwischen Diagnose und Operation liegt oft nur eine geringe Zeitspanne. Von besonderem Nutzen ist die Früherkennung – unter gezieltem Einsatz des Luftbilds.

Arbeit der Archäologen während des Sommers ... und im Winter: Zeichnen am Stereomikroskop

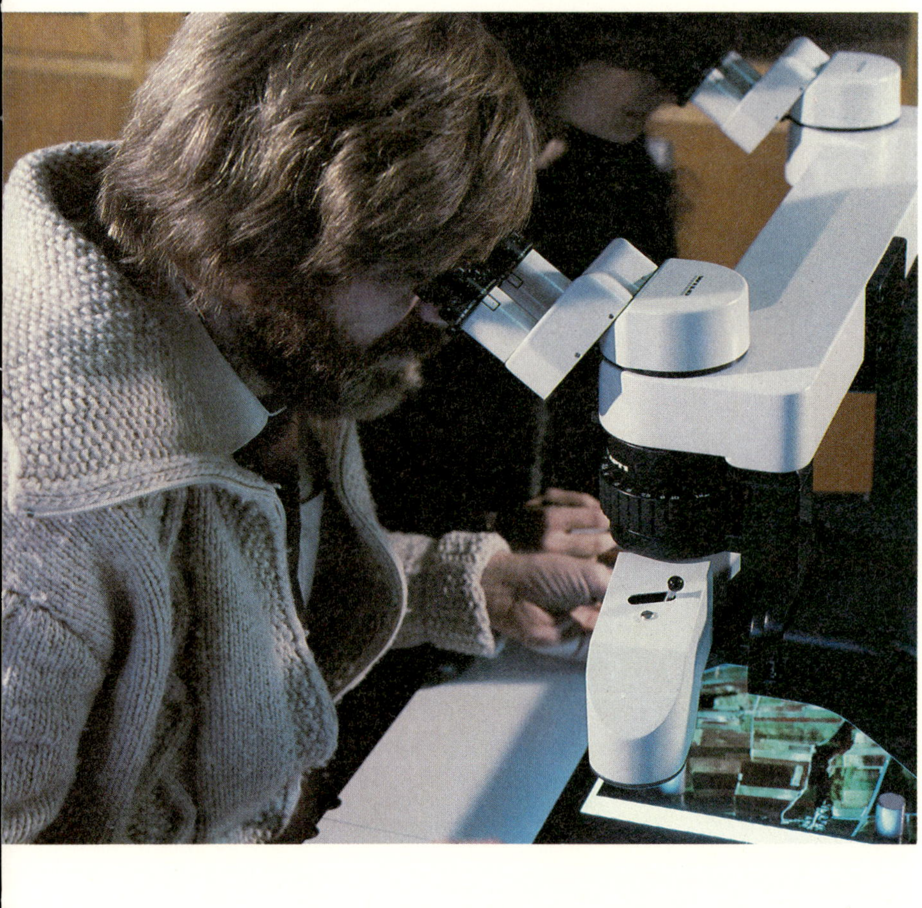

Stellen Sie sich eine Katze vor, die über einen Perserteppich schleicht. Was kann sie so knapp über dem Boden ausnehmen? Allenfalls farbige Flecken und ein Wirrwarr von Linien, während Sie aus Ihrer Augenhöhe ein wohlgestaltetes Muster erblicken. Erinnert Sie das nicht an Ihr erstes Flugerlebnis? Als Sie Ihre vertraute Umgebung aus der Vogelperspektive kennenlernten und eine fremde Welt bestaunten? Wie sehr überraschte das abstrakte Landschaftsmuster – das Netz der Straßen und Wege, stellenweise zu Siedlungsknoten verdichtet, die verschiedenfarbig gefältelte Ebene, das getäfelte Hügelland und die mehrreihigen Gebirgsketten. Bei der Betrachtung von Luftbildern tritt derselbe Effekt ein. Auch hier wirkt die Landschaft aufgeräumt, mosaikartig gegliedert. Wer Luftbilder zur Verfügung hat, besitzt buchstäblich den rechten Überblick. Kein Wunder, daß die Fotographie aus der Luft in erster Linie zur militärischen Erkundung entwickelt wurde. Schon am 24. Juni 1859 stieg der Franzose Nadar mit einem Fesselballon auf, um die österreichischen Stellungen bei Solferino zu eruieren und zu fotografieren. Wenige Jahre später startete er einen Großballon mit eingebauter Dunkelkammer. Da mit nassem Aufnahmematerial gearbeitet wurde, war das Verfahren sehr umständlich. Erst die trockene Silber-Gelatine-Emulsion in Verbindung mit lichtstarken Objektiven ermöglichte kurze, handliche Belichtungszeiten. Gegen Ende des 19. Jahrhunderts experimentierte der österreichische Linienschiffleutnant Theodor Scheimpflug mit Orthofotos, also mit Senkrechtaufnahmen und schuf damit die Voraussetzung für die Luftbild-Kartographie.

Das Bild einer Landschaft ist ja nicht nur von den natürlichen Gegebenheiten, sondern auch tiefgreifend von menschlichen Spuren geprägt. Nun eignet sich die Luftaufnahme hervorragend dazu, diese Einflüsse deutlich zu machen. Was keiner geographischen Karte gelingt, zeigt das Luftbild bis ins Detail: den kausalen Zusammenhang zwischen Landschaftsreform und Art der Besiedlung. Die meisten europäischen Städte haben ihren Ursprung in römischer Zeit oder im Mittelalter. Von der Geschichte ihres Wachstums zeugen das Alter und der Stil ihrer Bauwerke, aber auch ihre Gesamtanlage. Diese wird nirgends anschaulicher als im Luftbild. Römische und mittelalterliche Wälle mögen von späteren Bauten überlagert, gänzlich zugedeckt sein, aus der Vogelschau werden ihre Grundzüge klar erkennbar. Dem Archäologen eröffnete sich eine neue Perspektive; endlich konnte er der dauernden Bodenhaftung entrinnen und einen höheren Standpunkt einnehmen.

Die Anfänge der Luftbildarchäologie sind in England zu suchen. Bei einem Übungsflug mit Ballons im Jahr 1906 fotographierte ein Leutnant Sharpe das steinerne Rund von Stonehenge. So entstand das erste Luftbild einer archäologischen Stätte. Während des Ersten Weltkriegs wurden Flugzeuge sporadisch für die Altertumskunde eingesetzt, und in den zwanziger Jahren erhob Osbert G. S. Crawford die Luftbildarchäologie zur wissenschaftlichen Methode. *„Crawford verstand es, in den Bewuchs-, Boden- und Schattenmerkmalen zu lesen und die Feldarchäologie sinnvoll mit seinen Erkenntnissen aus dem Luftbild zu kombinieren. Gemeinsam mit Alexander Keiller führte er 1922 eine systematische archäologische Landesaufnahme von Wessex aus der Luft durch. In wenigen Tagen hatte er eine Ausbeute von 300 Fotos, die für die archäologisch am besten bearbeitete Landschaft Englands vor Überraschungen strotzten.“*[11]

In Deutschland regte Theodor Wiegand die Armee zu Bildflügen mit archäologischen Zielen an. Als nach dem Ende des Ersten Weltkriegs Deutschland und Österreich mit einem Flugverbot belegt wurden, stockte diese Entwicklung. In Österreich war es erst 1961 soweit. Von da an konnten die Archäologen regelmäßig und systematisch „in die Luft gehen“. Zwischen der Fliegerdivision des österreichischen Bundesheeres und dem Institut für Ur- und Frühgeschichte gibt es feste Kontakte; der wissenschaftliche Erfolg zahlreicher Einsätze schlug sich in einem eigenen Luftbildreferat nieder. Heute hat die Fernerkundung made in Austria ein Niveau erreicht, das international beachtet wird.

Der Archäologe ist geschult, bestimmte Bodenmerkmale als Signale aufzufangen. Jeder menschliche Eingriff verändert den natürlich gewachsenen Boden, seinen Humusgehalt, seine mineralische Zusammensetzung. So verarmt das Erdreich über verwitterndem Mauerwerk, trocknet daher schneller aus und wird sich hell vom übrigen Grund abheben, während der lok-

Oben: Schattenmerkmal; jedes erhabene Bodendenkmal ist zu erkennen
Mitte und unten: Boden- und Bewuchsmerkmale; Mauerreste und Abfallgruben verändern die Humus-Struktur
Rechte Seite: Kreisförmiger Umriß einer neolithischen Kultstätte; Friebritz

kere, gut durchlüftete Humus über Vorrats- und Abfallgruben die Feuchtigkeit länger hält und dunkel verfärbt ist. Feuerstellen und Schmelzplätze zeichnen sich ebenso ab wie die Pfostenlöcher einstiger Holzbauten. Seit langem weiß der Archäologe diese Hinweise zu orten und zu deuten, doch fehlt ihm bei der herkömmlichen Prospektion, bei seinem Gang übers Feld – wie der Katze – der richtige Abstand. Ein Lokalaugenschein aus der Luft wird seinen Horizont im wahrsten Sinn des Wortes erweitern; die sporadischen Signale, die er vom Boden empfängt, summieren sich, von oben betrachtet, zur veritablen Botschaft – Spuren im Gelände nehmen mit wachsender Entfernung plastische Gestalt an. Die Landschaft wird durchsichtig; helle Streifen, die einander kreuzen, werden als Straßen erkennbar, Flecken und Kreise als Baureste, Hügelgräber und Wallanlagen. Gewiß können diese Denkmale vom Boden aus erkannt werden, das Luftbild aber vervollständigt die Methoden dieser Erkennung. Beispiel Hügelgrab: Es bildet eine seichte Erhebung, ragt nur um Weniges über das vorgegebene Bodenrelief hinaus. Werden nun Aufnahmen bei extrem tiefem Sonnenstand gemacht, so wirft auch der flachste Hügel einen Schatten. (s. Abb. S. 192)

Beispiel Wall und Graben: Beide Anlagen sind kaum mehr sichtbar, überwuchert von Bäumen und Sträuchern des Waldes. Hier haben sich entsprechende Winteraufnahmen bewährt. Leichte Schneereste in den Schattenzonen des Grabens oder am Wallfuß „skizzieren" den ehemaligen Verlauf. Wurzeln die Bäume direkt im Graben beziehungsweise auf dem Wall, so gibt es naturgemäß Unterschiede in der Wuchshöhe. Auch dieser Unterschied tritt bei tiefem Sonnenstand deutlich hervor und kann als „Schattenmerkmal" registriert werden.

Beispiel Mauerreste: Noch im 19. Jahrhundert wurden die Steine und Ziegel antiker Bauten wiederverwendet, wurden etwa die Ruinen von Carnuntum sukzessive abgetragen, dem Erdboden gleichgemacht. Doch im Luftbild sind die Umrisse der eingeebneten Bauwerke wahrzunehmen. – Unauslöschlich hat die Vergangenheit der Landschaft ihren Stempel aufgedrückt. Wechselnde Zeiten haben den Abdruck verwischt, das Signum getilgt, und dennoch blieben die Grundzüge erhalten – unterirdisch besiegelt. Zu den unsichtbaren Denkmalen zählen vor allem Wege, Befestigungsgräben, verackerte Wallbauten, Häuser, Hütten, Speichergruben und nivellierte Baureste sowie durch Feldanbau zerstörte Hügel- und Flachgräber. Derartige Spuren menschlicher Existenz lassen sich nur unter bestimmten Voraussetzungen erfassen und sicherstellen.

Über die Bodenmerkmale haben wir schon berichtet, über strukturelle Veränderung und äußerliche Verfärbung. Diese Phänomene werden bei Luftaufnahmen sichtbar, wenn in der bewuchsarmen Zeit, also im Frühling und im Herbst, große Trockenheit herrscht. Sie zeigen sich aber auch in relativ feuchten Böden, wenn die Pflugschar den „antiken Humus" heraufbefördert. (s. Abb.) Unterschiedliche Bodenverhältnisse bewirken unterschiedliche Temperaturen – die Erde ist stellenweise kälter und wärmer. Bei Reif und flüchtigem Schneefall tauen diese Flächen ungleichmäßig auf. All das kann der Archäologe nur aus der Vogelschau erspähen.

Von der Qualität des Bodens hängt die Güte der Vegetation ab. Phosphate im Humus, Wassergehalt und Temperatur regeln das Wachstum der Pflanzen, ihre Grünintensität und ihren Reifegrad. Ein Acker mit „antikem Innenleben" wird demnach unterschiedliche Früchte tragen. Schon in der ersten Wachstumsperiode erzeugt das dichter und höher aufgeschossene Getreide eine gute Schattenwirkung – im Gegensatz zu den zurückgebliebenen Halmen, die über einem Mauerrest kümmerlich sprießen. Hier führt die geringere Bodenfeuchtigkeit auch zu einer Notreife der Pflanzen: Etwa acht bis zehn Tage vor der Gesamtreife des Feldes verfärben sich die „notleidenden" Ähren ins Braune und markieren so die Kontur des versunkenen Mauerwerks. (s. Abb. S. 192 und 193)

Natürlich beeinflussen Klima und Wetter in gleicher Weise das Gedeihen der Feldfrucht. Während das Klima langfristig stabil ist, kann das Wetter von Jahr zu Jahr wechseln. Bewuchsmerkmale, die in einer Saison ideal zu beobachten sind, bleiben in der nächsten verborgen. Will der Archäologe ein Gebiet in seiner Gesamtheit erkunden, muß er es über Jahre hin regelmäßig befliegen. Zur Prospektion eignen sich am besten trockene, regenarme Jahre. Die Luftbilder selbst, Senkrecht- und Schrägaufnahmen, erfordern eine komplizierte, hochtechnisierte Auswertung. Es gilt nicht nur, Boden- und Bewuchsmerkmale zu sichten, mögliche Fundorte zu sondieren – in vielen Fällen kommt es zur Übertragung der Bildinformation auf Katasterpläne oder maßstabgetreue Zeichnungen. Hat

Bodenmerkmal eines Kreisgrabens; Kamegg im Kamptal

der Luftbild-Archäologe ein Gebiet solcherart genau umrissen und belegt, kann er vielleicht auch die zuständigen Behörden davon überzeugen, daß dieses Gebiet „schutzwürdig" wäre – zumindest für die Dauer einer Grabung.

Das Institut für Ur- und Frühgeschichte hat in mehreren Jahren, beinahe schon Jahrzehnten, das gesamte Weinviertel erfaßt – Geländezonen, die seit Jahrtausenden intensiv besiedelt worden sind. Ausgewertet wurde der Raum zwischen der Höhe des Manhartsberges im Westen, der Brünner Straße im Osten, Großharras im Norden und der Donau im Süden. Die bisherige Ausbeute – unzählige Aufnahmen in schwarzweiß, in Farbe und auf Infrarotfilmen festgehalten – dient zur Einrichtung eines eigenen Fundstellenkatasters. Weitere gezielte Flüge und Geländebegehungen sollen noch offene Fragen beantworten helfen. Wird man tatsächlich alle Fundplätze in diesem Gebiet benennen können? Immer wieder kann es geschehen, daß Baufahrzeuge eine Humusschicht abtragen, und zum Vorschein kommt ein Gräberfeld. Der SOS-Einsatz mit Kamera und Fotoapparat ermöglicht wenigstens eine Bild-Dokumentation des kaum entdeckten und schon wieder verlorenen „Schatzes".

Im Weinviertel, das steht jetzt bereits fest, hat sich die Anzahl der Fundplätze verdoppelt. Die Luftaufnahmen demonstrieren, daß die Siedlungsdichte weitaus höher lag und die einzelnen Siedlungen bedeutend größer waren, als bisher angenommen. So beschert die archäologische Nutzung von Luftaufnahmen neue Erkenntnisse für die Wirtschafts- und Sozialgeschichte einer Region.

Das Geviert einer Landschaft, unserer Landschaft – von oben gesehen. Im Flug über die

Vergangenheit – Geschichte auf- und abwärts.

Wir fliegen entlang der Donau, entlang des römischen Limes, den die Römer so oft überschritten haben, um nordwärts zu ziehen, ins Barbarenland. Bis Mähren kamen sie; unterwegs schlugen sie ihre Marschlager auf, für eine einzige Nacht! Errichteten Palisaden aus frisch gefällten Bäumen, hoben Gräben aus – zum Schutz gegen die verbündeten Germanen, deren Frieden sie nicht trauten. Am nächsten Morgen brachen sie ihre Zelte ab und verließen für immer diesen Ort, doch der Umriß des nächtlichen Lagers hat sich dem Boden eingeprägt. Wir fliegen das Kamptal entlang, von Plank nach Gars-Thunau. Die Ruinen der Babenbergerfestung beherrschen den Blick, während sich die Holzwiese im Wald verbirgt. Da, eine Lichtung, eine Bresche im grünen Dickicht: die Toranlage der alten Slawensiedlung samt Mauern und hölzernem Wachturm – eine „lebensechte" Rekonstruktion der Archäologen. Nun sehen auch wir den Weg, der rund um die Waldkuppe läuft – es ist der Kamm des ehemaligen Siedlungswalls. Auch die Bewohner der Holzwiese wußten sich zu verschanzen und zu wehren, gegen den Machtanspruch der Babenberger aber waren sie machtlos. Wir kreisen über dem Oberleiserberg und erkennen jetzt auf Anhieb seine günstige geographische Lage, im Schnittpunkt der alten Handelsstraßen. Von hier sieht man nach allen Himmelsrichtungen weit ins Land, vom finsteren Nordwald bis an die Donau. Von der Jungsteinzeit bis ins frühe Mittelalter reicht die archäologische Perspektive: Am Rand des Plateaus deutet sich eine bronzezeitliche Wallburg an; in enger Nachbarschaft liegen die Fundamente des germanischen Herrensitzes und der beiden frühen christlichen Kirchen.

Wir verlassen den Oberleiserberg, wir fliegen über die Eggenburger Bucht und das Horner Becken. Aus großer Höhe wirkt die Landschaft zeitlos – Felder, Orte, Straßen wie von altersher. Nein, die Straßen schneiden heute härtere Linien quer durch das Bauernland, und auch die Traktoren ziehen breitere Striemen. Jahrhundertelang ist der Pflug über die Reste vieler, einstmals blühender Siedlungen hinweggegangen und hat die Schichten gewendet, die Spuren zerkrümelt. Das Luftbild macht die Erde transparent, es schenkt uns eine Vision: Unübersehbar breitet sich die Vergangenheit aus, eine grenzenlose Zeitlandschaft, ein Mosaik aus Wällen und Gräben, Weilern und Dörfern, aus Bergwerken, Kultplätzen, Friedhöfen. Die Zeiten überlagern sich, und aus der Tiefe tauchen noch ältere Arbeitsstätten und Wohnungen auf. Das tätige Leben ist aus ihnen entwichen, und doch sind sie nicht tot – solange Menschen befähigt sind, in den Spuren der Vergangenheit zu lesen und Dinge zum Sprechen zu bringen. Viel, viel mehr liegt im Boden begraben, als wir ahnen konnten. Aber je mehr wir wissen, desto knapper wird die Frist, desto gefährdeter erscheint uns das Erbe. Was Pflugscharen in Jahrhunderten nicht vermochten, was Heerscharen von Raubgräbern nicht gelang, das vollbringt die Bauwut unserer Tage: die unwiderrufliche, radikale Zerstörung von Fundplätzen durch Beton und Asphalt. In vielen Fällen wird nur noch die archäologische Aufklärung aus der Luft letzte Hinweise auf ihre Lage und Struktur geben können.

Werden wir uns dessen bewußt?

*„Im Grunde aber sind wir alle kollektive Wesen, wir mögen uns stellen, wie wir wollen. Denn wie Weniges haben wir und sind wir, was wir im reinsten Sinn unser Eigentum nennen! Wir müssen alle empfangen und lernen, sowohl von denen, die vor uns waren, als von denen, die mit uns sind . . ." (J. W. Goethe)*

Rechte Seite:
Großmugl: das größte hallstattzeitliche Hügelgrab in Österreich und dessen zeichnerische Rekonstruktion

[1] Friedrich Behn: „Ausgrabungen und Ausgräber", Kohlhammer Verlag

[2] Wolfgang Oberleitner: „Ephesos", Ueberreuter Verlag

[3] Ernst Penninger: „Geschichte der archäologischen Forschung auf dem Dürrnberg", Katalog „Die Kelten in Mitteleuropa"

[4] J. G. Seidl in „Ö. Blätter für Litteratur und Kunst", 10. 11. 1846

[5] Johann Krahuletz, Aufzeichnungen – veröffentlicht im Katalog der Sonderausstellung der Krahuletzer-Gesellschaft, Eggenburg 1973

[6] Heinrich Reinhart: „Johann Krahuletz" ebd.

[7] J. Krahuletz, ebd.

[8] Heinrich Reinhart, ebd.

[9] Josef Höbarth: „Lebenserinnerungen", Mitteilungsblatt der Museen Österreichs, Wien 1953.

[10] Herwig Friesinger, Reinhold Nikitsch: „Methoden und Möglichkeiten der Luftbildarchäologie in Niederösterreich", 1982.

[11] Helmut Windl: „Die Entwicklung der Luftbildarchäologie", Katalog zu der Ausstellung „Fenster zur Urzeit", Luftbildarchäologie in Ö, 1982.

AUTOREN UND VERLAG DANKEN FOLGENDEN MUSEEN UND SAMMLUNGEN (IN ALPHABETISCHER REIHENFOLGE) FÜR DIE ERLAUBNIS, FUNDGEGENSTÄNDE AUFNEHMEN UND VERÖFFENTLICHEN ZU DÜRFEN.

Akademie der Wissenschaften der ČSSR, Zweigstelle Brünn, ČSSR.
Burgenländisches Landesmuseum, Eisenstadt, Bgld.
Grabungsdokumentation, Martinskirche, Klosterneuburg, NÖ.
Grabungsdokumentation, Martinskirche, Traismauer, NÖ.
Grabungsdokumentation Thunau, Gars/Kamp, NÖ.
Heimatmuseum Bernhardsthal, NÖ.
Heimatmuseum Guntramsdorf, NÖ.
Heimatmuseum Tulln, NÖ.
Höbarth-Museum, Horn, NÖ.
Institut für Ur- und Frühgeschichte der Universität Wien
Krahuletz-Museum, Eggenburg, NÖ.
Kunsthistorisches Museum, Antikensammlung, Wien
Kunsthistorisches Museum, Waffensammlung, Wien
Mährisches Landesmuseum, Brünn, ČSSR
Museum für Urgeschichte des Landes Niederösterreich, Asparn/Zaya, NÖ.
Naturhistorisches Museum, Anthropologische Abteilung, Wien
Naturhistorisches Museum, Prähistorische Abteilung, Wien
Niederösterreichisches Landesmuseum, Wien
Oberösterreichisches Landesmuseum, Linz, OÖ.
Prähistorische Staatssammlung, München, BRD
Römisch-Germanisches Zentralmuseum, Mainz, BRD
Sammlung Laab, Klement, NÖ.
Stadtmuseum Mödling, NÖ.
Stadtmuseum Wiener Neustadt, NÖ.

DIE IN DIESEM BAND ENTHALTENEN FARB- UND SCHWARZWEISSAUFNAHMEN WURDEN ZUM ÜBERWIEGENDEN TEIL VON HELMUT STROHMER HERGESTELLT.

AUTOREN UND VERLAG DANKEN NACHSTEHENDEN INSTITUTIONEN UND PERSONEN FÜR DIE ZUSÄTZLICHE BEISTELLUNG VON FOTOS:

Bildarchiv der Österreichischen Nationalbibliothek
Fliegerdivision des österreichischen Bundesheeres
Fotoarchiv der Akademie der Wissenschaften der ČSSR, Zweigstellen in Nitra und Brünn
Fotoarchiv des Instituts für Ur- und Frühgeschichte der Universität Wien
Fotoarchiv des Niederösterreichischen Landesmuseums
Dr. Horst Adler
Univ.-Doz. Dr. Falko Daim
Univ.-Prof. Dr. Herwig Friesinger
Gabriele Gattinger
Fotostudio Gartler
Dr. Johannes-Wolfgang Neugebauer
Dr. Otto Urban

DIE VERWENDETEN LUFTAUFNAHMEN WURDEN MIT ZAHL 13086/30-1-6/82 VOM BUNDESMINISTERIUM FÜR LANDESVERTEIDIGUNG ZUR VERÖFFENTLICHUNG FREIGEGEBEN.

SCHLIESSLICH DANKEN AUTOREN UND VERLAG NACHSTEHENDEN INSTITUTIONEN FÜR DIE BEREITWILLIGKEIT, BEI IHREN WISSENSCHAFTLICHEN UNTERNEHMUNGEN AUFNAHMEN MACHEN ZU DÜRFEN:

Akademie der Wissenschaften der ČSSR, Zweigstelle Brünn
Bundesdenkmalamt, Abteilung für Bodendenkmale
Freilichtmuseum und Werkstätte des Museums für Urgeschichte des Landes Niederösterreich, Asparn/Zaya
Institut für Ur- und Frühgeschichte der Universität Wien
Prähistorische Staatssammlung in München
Werkstätten des Römisch-Germanischen Zentralmuseums in Mainz

DIE ZEICHNUNGEN FERTIGTE LEO LEITNER, KREMS

JUTTA FAHNLER, HELMUT STROHMER UND ALFRED ZOUBEK GESTALTETEN DAS BUCH.

Abbildung auf den Vorsatzseiten: Ostarrichi-Urkunde, Bayrisches Hauptstaatsarchiv München; nach einer Faksimile-Ausgabe der Akademischen Druck- und Verlagsanstalt Graz